普通高等学校土木工程专业"互联网＋"创新教材
中国土木工程学会教育工作委员会　审订

建筑 CAD 技术

（第 4 版）

主　编　刘剑飞
副主编　段亚明　张永胜

武汉理工大学出版社
·武　汉·

内 容 简 介

本书通过典型案例分析,突出了 AutoCAD 2022 绘图技术的实用性,对 AutoCAD 的软件架构、应用方向和命令应用都作出了详细的解析,并适当补充了一些专业软件,以提高读者的使用能力,巩固学习技能。本书共分 11 章:第 1 章介绍了建筑 CAD 绘图技术的一般步骤和 AutoCAD 2022 的新功能;第 2 章介绍了现行建筑制图标准,并说明了如何在 AutoCAD 2022 中实现这些制图标准;第 3 章介绍了建筑施工图;第 4 章介绍了建筑绘图的常用技能;第 5 章通过介绍一个标准间客房平面图的绘制,全面地说明了用 AutoCAD 2022 绘制建筑图的步骤和方法;第 6 至 9 章,分别介绍了用 AutoCAD 2022 绘制建筑总平面图、平面图、立面图和剖面图的步骤和方法;第 10 章介绍了用天正建筑软件绘制建筑平、立、剖面图的步骤和方法;第 11 章介绍了用 PKPM 软件绘制结构图的过程,以使读者对专业结构绘图软件有所认知。

本书结构合理、实例丰富、内容翔实、系统性强,适合作为土木工程专业、建筑学专业及相关专业的学生教学用书或参考书,也可供建筑设计和装修人员、电脑制图员、计算机爱好者作为自学教材使用。

图书在版编目(CIP)数据

建筑 CAD 技术/刘剑飞主编. —4 版. —武汉:武汉理工大学出版社,2024.4
ISBN 978-7-5629-7021-7

Ⅰ.①建… Ⅱ.①刘… Ⅲ.①建筑制图-AutoCAD 软件 Ⅳ.①TU204.1-39

中国国家版本馆 CIP 数据核字(2024)第 065740 号

项目负责人:王利永(027-87290908)   责 任 编 辑:黄玲玲
责 任 校 对:张明华   封 面 设 计:许伶俐
出 版 发 行:武汉理工大学出版社
社   址:武汉市洪山区珞狮路 122 号
邮   编:430070
网   址:http://www.wutp.com.cn
经   销:各地新华书店
印   刷:武汉乐生印刷有限公司
开   本:880mm×1230mm 1/16
印   张:16.25
字   数:550 千字
版   次:2008 年 8 月第 1 版 2012 年 7 月第 2 版 2018 年 5 月第 3 版 2024 年 4 月第 4 版
印   次:2024 年 4 月第 1 次印刷 总第 12 次印刷
印   数:34001—37000 册
定   价:42.00 元

前　言

（第 4 版）

　　AutoCAD 是目前使用最广泛的绘图软件之一，在建筑工程设计领域中的二维绘图任务大多数是通过它来完成的。简便灵活、精确高效等特点和它在绘图领域占据的绝对的主导地位使其成为工程设计人员的"标准工具"，掌握了 AutoCAD 绘图技术也就具备了强大的竞争力。本书在介绍了 AutoCAD 绘图的一般步骤并绘制了整套建筑施工图后，使用一些专业软件绘制同样的施工图，达到突出重点、兼顾其他的效果。本书在编写过程中参考了国内外大量的 CAD 图书及软件，并考虑建筑工程设计的实际，由浅入深、循序渐进，注重实际，以提高学习者的绘图技能。

　　本书具有以下特色：

　　（1）完整的案例分析

　　全书讲述了一套完整的施工图的绘制过程，包括总平面图、平面图、立面图、剖面图和结构图，自成系统，本书还对建筑施工图作了比较详细的介绍，而不是只阐述 CAD 绘图技术。可以说，本书是重应用、求创新，不是对 AutoCAD 软件作全面详细的讲解，而是对在建筑制图中可能会使用到的命令作重点介绍，这样书本内容少而精，而且配合大量的插图，相信会在短时间内提高学习者的绘图效率。

　　（2）独特的经验汇集

　　本书的作者是多年从事建筑设计工作的注册建筑师和多年主讲建筑 CAD 的教师，对初级用户的易错知识点和绘图习惯非常了解，在图书编写过程中将给出"提示"模块，以提高读者的绘图能力。本书不具体讲述某个命令的用法，而是将具体命令与建筑施工图相结合，总结绘图经验和技巧，避免了用户将时间浪费在极少用到的命令和功能上。再加上本书的编写者有一定的绘图基础，相信可以使读者在短期内掌握绘制建筑施工图的方法。其中第 5 章通过标准间的绘制全面阐述了使用 AutoCAD 绘制建筑施工图的过程。

　　（3）严格反映规范内容

　　建筑制图标准在 2017 年作了修改，而 CAD 课程是一门会在多门设计类课程中使用的基本技能课程，因而建筑绘图技术要在设计过程中遵循规范要求。本书严格按照新规范的要求编写，配合高等学校的教学改革和课程建设出版，满足了高校及社会对土木类专业教材的多层次需求。本书将绘图规范和建筑制图技巧有机结合，使读者能尽快掌握建筑制图的方法和技巧。

　　（4）突出专业软件

　　目前有关 CAD 的绘图书籍多为单一软件的介绍，而实际工程设计可能需要引入多个软件，因此在本书中除了介绍 AutoCAD 外，还使用湘源控制性详细规划 CAD 系统绘制了小区规划图，使用天正建筑软件绘制了建筑平面图、立面图、剖面图，使用 PKPM 绘制了结构图，而且这些专业软件绘制的图形与AutoCAD所绘制的施工图一致，这样可以对比这些软件的异同。通过对有代表性的软件进行讲解，可以使同学们在熟练掌握所学专业所要用到的绘图软件的同时，对其他相关软件也有大致的了解。相信应用一些专业软件不但可以减轻绘图强度，而且还可以提高绘图效率和质量。

（5）丰富的多媒体素材

本书附带多媒体素材，其内容与本书内容相对应，是本书内容的辅助工具和必要补充，其中包含本书中使用的图库、实例、绘图素材、相关规范和本书中所有施工图的绘图录像。多媒体素材资源丰富，图形可以任意修改，素材可以直接使用，屏幕录像可以调整其播放进度，这样可以使读者在短时间内掌握 CAD 绘图技能。

本书由河南理工大学刘剑飞任主编，段亚明和张永胜任副主编。具体编写分工如下：刘剑飞编写第 1、10 章，郑州市建筑节能与装配式建筑发展中心冯伟军编写第 2 章，河南理工大学张永胜编写第 3、4 章，郑州大学段亚明和河南城建学院贾森春编写第 5 章，郑州大学段亚明编写第 6 章，郑州大学李静斌编写第 7 章，河南省城乡规划设计研究总院股份有限公司李胜杰编写第 8 章，河南城建学院贾海鹏编写第 9 章，河南理工大学丁书学编写第 11 章。

尽管在编写过程中我们始终坚持严谨求实的作风、结合实际工程解决实际问题的目标和通俗易懂的风格，但是由于编者水平有限，书中错误和不足之处在所难免，敬请广大读者、专业人士和同行批评指正。

编　者

2024 年 1 月

目　　录

数字资源目录

1 建筑 CAD 概述

📖 **知识导读**

　　AutoCAD 是目前使用最广泛的绘图软件之一,在建筑工程设计领域中的二维绘图任务大多数是通过它来完成的。它简便灵活、精确高效等特点和在绘图领域占据的绝对的主导地位使其成为工程设计人员的"标准工具",掌握了 AutoCAD 绘图技术也就具备了强大的竞争力。本章就 CAD 软件作简要的介绍,并阐述使用 AutoCAD 2022 绘制建筑施工图的一般步骤。

❖ **知识重点**

➢ 建筑设计与 CAD 技术
➢ 常见的 CAD 软件
➢ 使用 AutoCAD 2022 绘制建筑施工图的一般步骤
➢ AutoCAD 2022 的新功能

1.1 建筑学概述

　　建筑学是研究建筑物及其环境的学科,也是关于建筑设计艺术与技术结合的学科,旨在总结人类建筑活动的经验,研究人类建筑活动的规律和方法,创造适合人类生活需求及审美要求的物质形态和空间环境。建筑学是集社会、技术和艺术等多重属性于一体的综合性学科。

　　从广义上来分析,它与地理学、环境科学、社会科学、交通、动力及经济学等区域性的科技文化研究有联系;从狭义上来分析,它又直接与结构工程、建筑设备工程、园林工程、交通与道路工程等相关;从艺术上来分析,它又与美学、艺术、哲学、人文科学的相关部分发生联系。

　　建筑一词在汉语中有多种含义,作为动词是指工程技术与建筑艺术的综合创作,它包含各种土木工程的建筑活动,这一活动是人类基本的也是原始的实践活动之一,是人类生存的基本需要;建筑作为名词是指一切建筑物和构筑物,也可以指其设计风格与建造方式,它是为了满足人类生活与生产劳动的需要,利用所掌握的结构技术手段与物质生产资料,在科学规律与美学法则的指导下,通过对空间的限定、组织而形成的社会生活环境。

1.2 建筑设计与 CAD 技术

　　建筑设计是在一定的思想和方法指导下,根据各种条件,运用科学规律和美学规律,通过分析、综合和创作,正确处理各种使用要求,如处理结构、施工、材料、经济等之间的相互关系,为创造良好的空间环境提供方案和建造蓝图所进行的一种活动。它既是一项政策性和技术性很强的、内容非常广泛的综合性工作,也是一个艺术性很强的创作过程。广义的建筑设计是指设计一个建筑物所需要的全部工作,涉及建筑学、城市规划、土木工程、建筑环境、建筑设备、工程估算等多方面的知识,需要各学科人员密切协作。而狭义上的建筑设计是指实现建筑物内部使用功能和使用空间的合理安排,最终目的是使建筑物做到适用、经济、坚固和美观。

　　随着数字时代的到来,建筑设计表达的途径和成果在数字媒介影响下飞速发展,计算机辅助设计发挥越来越重要的作用。对于大多数建筑师来说,立意构思的过程仍是在大脑和图纸上完成的,电脑技术在这方面确实还不能与传统的方法相抗衡;而在建筑设计过程中,无论是方案设计、初步设计还是施工图设计都广泛地采用了计算机辅助设计(Computer Aided Design,CAD)乃至建筑信息模型(Building

Information Modeling,BIM)技术。使用 CAD 技术可以缩短设计周期、提高图纸质量和设计效益,可以产生直观生动的建筑空间效果,还可以促进新型设计模式的产生。

1.3 常用的 CAD 软件

CAD 的本意是计算机辅助设计,它在一定程度上影响了建筑业的发展。建筑师利用 CAD 技术设计图纸,进行建筑内外空间三维的预览,并利用照片合成技术、三维建筑演示动画及虚拟现实等手段进行全方位的设计服务。但同时也要注意到:CAD 技术的复杂性和建筑师自身的专业技术学习存在矛盾。CAD 技术对建筑设计思想的束缚以及 CAD 技术发展的持续性对建筑业在经济和效益等方面存在负面影响。常用的建筑 CAD 软件有 AutoCAD、天正、PKPM、广厦、理正、中望、3DS MAX 等,常用的绘图软件基本情况见表 1.1。

表 1.1　常用的绘图软件基本情况

名称	开发公司	主要应用
★AutoCAD	美国欧特克（Autodesk）公司,成立于 1982 年,是一家二维和三维设计、工程与娱乐软件公司	机械、测绘、采矿、地质、航空、水利、环境、建筑、服装
3DS MAX		多用于建筑效果图和建筑动画,其工作流程分为四个阶段:① 建模;② 材质;③ 灯光;④ 后期处理
Revit		专为建筑信息模型构建,可帮助建筑设计师设计、建造和维护更好的建筑
★天正系列	北京天正工程软件有限公司,是 Autodesk公司在中国的第一批注册开发商	建筑设计、建筑设备、市政规划、协调设计、工程造价等
★PKPM 系列	中国建筑科学研究院建筑工程软件研究所,是中国建筑行业计算机技术开发应用最早的单位之一	建筑、结构、设备设计管理,房产测量、房产地理信息、工程造价、施工管理、施工技术、信息化类等
★湘源控规	长沙市勘测设计研究院	地形、道路、用地规划、控制指标图、总平面图、园林绿化图、管线综合图、土方计算等
草图大师 SketchUp	Google 公司,成立于 1998 年,是一家以网络信息服务为主的公司	建筑、规划、园林、景观、室内设计和工业设计等
鸿业系列	鸿业信息科技股份有限公司,是国内最早开发工程 CAD 软件的公司之一	给排水、暖通空调、规划总图、市政道路、市政管线、日照分析及规划设计等
广厦建筑结构 CAD	广东省建筑设计研究院和深圳市广厦软件有限公司联合开发	钢筋混凝土结构、钢结构、打图管理系统和结构施工图设计实用图集等
Photoshop	美国 Adobe 公司,成立于 1982 年,是一家广告、印刷、出版和 Web 领域的图形设计、出版和成像软件设计公司	图形设计、图像制作、数码视频和网页制作

提示:加★号的软件是本书中使用的软件。

AutoCAD 的开发公司是 Autodesk,它是世界领先的设计和数字内部创建资源提供商。该公司提供软件和 Internet 门户服务,借助设计的优势,推动客户的业务发展,在工程和设计领域及电影、广播和多媒体领域提供服务。作为代表产品,AutoCAD 目前已被确定为工业标准,其便利、快捷、灵巧的设计和绘图能力,正迅速而深刻地影响着人们从事设计和制图的基本方法。

TArch(天正)应用于专业对象技术,有能力在满足建筑施工图功能大大增强的前提下,兼顾三维表现,模型与平面图同步完成,不需要建筑师额外劳动,快速、方便地达到施工图的设计深度,同步提供三维模型是天正建筑软件的设计目标。三维模型除了提供效果图外,还可以用来分析空间尺度,有助于设计者与设计团队的交流、与业主的沟通及施工前的交底。天正开发了一系列专门面向建筑专业的自定义对象表示专业构件,具有使用方便、通用性强的特点。

PKPM 的开发单位是中国建筑科学研究院建筑工程软件研究所。该软件是一套集建筑设计、结构设计、设备设计及概预算、施工软件于一体的大型建筑工程综合 CAD 系统。PKPM 采用独特的人机交互输入方式,使用者不必填写烦琐的数据文件,输入时只需用鼠标或键盘在屏幕上勾画出整个建筑物即可。软件有详细的中文菜单指导用户操作,并提供了丰富的图形输入功能,有效地帮助输入。

鸿业信息科技股份有限公司成立于 1992 年,一直致力于市政、建筑、工厂和城市信息化建设领域应用软件的研发,其市政道路系列软件实现了道路平纵横设计、交叉口设计、地形图处理、场地土方计算等,同时提供了设计计算和出图工具,提供设计过程中实时规范检查,可辅助完成施工图设计和工程量自动统计出表等工作,极大地提高了设计效率。

广厦建筑结构 CAD 系统是一个面向民用多、高层建筑的结构 CAD 软件,由广东省建筑设计研究院和深圳市广厦软件有限公司联合开发。可以完成从建模、计算到施工图自动生成及处理的一体化设计工作,结构材料可以是砖、钢筋混凝土或钢,结构计算部分包括空间薄臂杆系计算和空间墙元杆系计算。主要模块有钢筋混凝土结构、钢结构、打图管理系统和结构施工图设计实用图集等。

深圳市斯维尔科技股份有限公司成立于 2000 年 5 月,专业致力于提供工程设计、工程造价、工程管理和绿色建筑等的建设行业信息化解决方案与软件产品。所开发的绿色建筑系列软件包括建筑节能设计、日照分析、采光分析、风环境分析和噪声计算等,帮助用户进行绿色建筑设计和规范检查验算。工程造价软件直接利用设计模型,根据中国国标清单规范和全国各地定额工程量计算规则,直接完成工程量计算分析,快速输出计算结果,计算结果可供计价软件直接使用,软件能同时输出清单、定额、实物量,软件还提供了按时间进度统计工程量功能。

图像后期处理软件种类更为繁多,其主要用途是致力于提高图像的表现力,多用于平面设计、封面印刷和工业设计中。经过有效处理后的建筑渲染图在表达和艺术深度方面可能有质的飞跃,但同时要涉及艺术表现技巧,使用此类软件多与用户个人艺术修养和创造力有关。Photoshop 和 Coreldraw 以其多个提高图像表现力的强有力工具已成为计算机美术界的代表性软件。

1.4　AutoCAD 2022 用户界面与一般绘图步骤

启动 AutoCAD 2022 后的操作界面如图 1.1 所示。相比以前版本的 AutoCAD,这个界面是一个新的界面风格,它主要由以下几个区域组成。

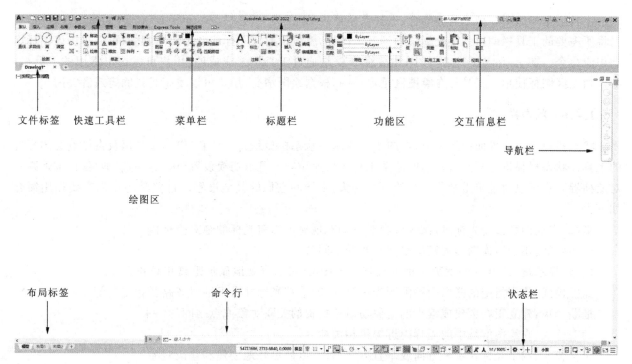

图 1.1　AutoCAD 2022 的操作界面

1.4.1　标题栏

在 AutoCAD 2022 操作界面的最上端是标题栏,其中显示当前正在使用的图形文件。此时在绘图区右击,在弹出的快捷菜单中选择"选项"对话框,并选择"显示"选项卡,在"窗口元素"选项组的"配色方案"中选择"明",则操作界面会变得明亮。

1.4.2　菜单栏

在 AutoCAD 2022 快速访问工具栏处调出菜单栏。共包含有文件、编辑、视图、插入、格式、工具、绘图、标注、修改、参数、窗口和帮助 12 个一级菜单。用户可以根据需要,在菜单栏上右击关闭不需要的菜单。

1.4.3　功能区

AutoCAD 2022 在默认情况下,功能区包括默认、插入、注释、参数化、视图、管理、输出、附加模块、Express Tools 和精选应用选项卡,如图 1.2 所示,每个选项卡都集成了相关的操作工具,用户可以单击功能区后面的三角按钮控制功能的展开与收缩。用户可以根据需要,在功能区上右击关闭不需要的功能。

图 1.2　AutoCAD 2022 操作界面中的功能区面板

1.4.4　绘图区

绘图区就是用户创建和修改对象,完成设计的区域,所有的绘制结果都显示在这个区域中。在绘图区不仅可以反映当前的绘制效果,还显示了坐标系图标、十字光标、ViewCube 和导航栏等绘图控件。

1.4.5　工具栏

工具栏是一组图标型工具的集合,选择菜单栏中的"工具/工具栏/AutoCAD"命令,如图 1.3 所示,可以将所需要的工具栏调出。将光标移动到某个图标,就显示出该图标的命令提示,此时可以单击该图标启动相应命令。在 AutoCAD 老版本中,主要命令就是通过工具栏来完成的,用户可以调出常用的工具栏,配合功能区图标使用。工具栏在绘图区是浮动的,根据绘图情况,用户可以将工具栏固定或者关闭。

1.4.6　状态栏

状态栏位于操作界面的最下方,如图 1.4 所示。状态栏显示光标位置、绘图工具以及会影响绘图环境的工具。状态栏提供对某些最常用的绘图工具的快速访问。可以切换设置(例如,夹点、捕捉、极轴追踪和对象捕捉),也可以通过单击某些工具的下拉箭头,来访问它们的其他设置。这些状态栏的主要作用简介如下:

坐标:在绘图区移动光标时,该区域会实时动态地显示当前光标的绝对坐标值。

模型空间:用于转换图形的模型空间和布局空间。

栅格:显示覆盖 UCS 的 XY 平面的栅格填充图案,可以直观地显示距离和对齐方式。

捕捉模式:使用指定的栅格间距限制光标移动,或追踪光标并沿极轴对齐路径指定增量。

推断约束:建立正在创建或编辑的对象与对象捕捉的关联对象或点之间的约束。

动态输入:在绘图区域中的光标附近提供相关命令。

正交模式:约束光标在水平方向或垂直方向移动,以便更好地创建和修改对象。

极轴追踪:将光标以指定的角度移动定位。

等轴测草图:沿三个主要的等轴测轴对齐对象,模拟三维对象的等轴测视图,但此时仍然是二维图形。

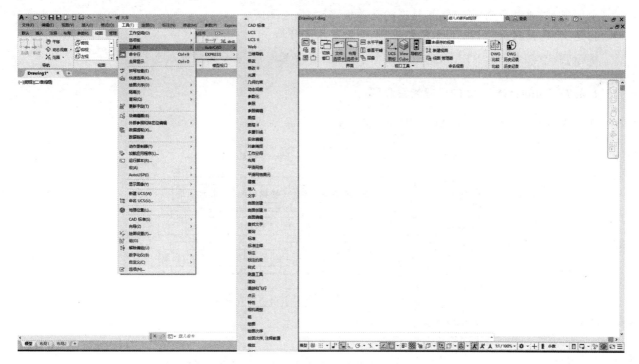

图 1.3 在 AutoCAD 2022 操作界面中调出工具栏

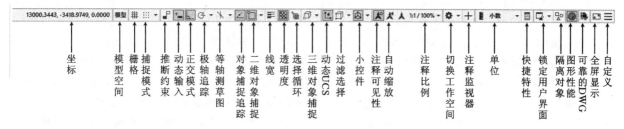

图 1.4 AutoCAD 2022 操作界面中的状态栏

对象捕捉追踪：从对象捕捉点沿着垂直对齐路径和水平对齐路径追踪光标。

二维对象捕捉：精确定位对象的指定捕捉点。

线宽：显示指定给对象的线宽，一般情况下不需要显示真实线宽。

透明度：控制指定给单个对象或 ByLayer 的透明度特性是可见还是被禁用。

选择循环：控制当您将鼠标悬停在对象上或选择的对象与另一个对象重叠时的显示行为。

三维对象捕捉：将光标捕捉到相对三维实体、曲面和点云线段的特有精确位置。

动态 UCS：在创建对象时，临时将 UCS 的 XY 平面与三维实体上的平整面等对齐。

过滤选择：指定将光标移动到子对象上方时，哪些子对象类型将会亮显。

小控件：显示三维小控件，帮助用户沿三维轴或平面移动、旋转或缩放一组对象。

注释可见性：控制是否显示所有的注释性对象，或仅显示那些符合当前注释比例的注释性对象。

自动缩放：当注释比例发生更改时，自动将注释比例添加到所有注释性对象。

注释比例：设置注释性对象的注释比例，系统提供了常用比例，用户也可以自定义比例。

切换工作空间：将当前工作空间切换到带有自己的工具栏、选项板和功能区面板集的其他工作空间。

注释监测器：通过放置标记来标记所有非关联注释。

单位：设置当前图形中坐标和距离的格式，有建筑、小数、工程、分数和科学等单位。

快捷特性：选中对象时显示"快捷特性"选项板。

锁定用户界面：为用户界面锁定工具栏、面板和可固定窗口的位置和大小。

隔离对象：使指定的对象暂时不可见，或恢复之前隐藏的对象。

图形性能：启用后可以通过图形卡上的处理器来提高图形性能。

可靠的 DWG：打开 Autodesk 公司图形查看器网页。

全屏显示:通过隐藏功能区、工具栏和选项板,最大化绘图区域。

自定义:选择状态栏上要显示的图标,从而设置绘图环境。

> **提示:**命令行中输入 STATUSBAR,输入 1 则显示状态栏,输入 0 则隐藏状态栏。

1.4.7 AutoCAD 2022 的一般绘图步骤

图 1.5 说明了使用 AutoCAD 绘图的一般步骤。

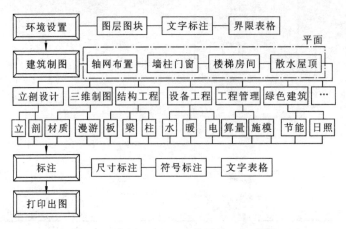

图 1.5   使用 AutoCAD 绘图的一般步骤

广义 CAD 要对全生命周期建筑物的所有属性进行设计,而狭义 CAD 只是绘制建筑施工图。拥有良好的绘图习惯必然可以提高绘图速度。绘图一般可以分为以下四个步骤:第一步是环境设置,包括绘图范围、精度、角度、图层(命名、颜色、线宽和线型)、图块、文字样式、标注样式和表格样式的设置,然后把这些设置保存为一个样板文件,以供多次绘图使用。第二步是建筑元素绘制,按照平面图、立面图和剖面图的顺序绘制,使用 AutoCAD 绘制标准层平面图时,应该先绘制定位轴线,只要轴线确定了,其他所有的图形位置也就基本确定了,然后绘制墙柱门窗,之后绘制必要的楼梯,并根据需要决定是否布置家具和洁具,之后说明房间的名称和房间的面积。标准层绘制好后,根据工程需要,将标准层图形修改为底层平面图,其显著特征是有散水、台阶和单元门;如果顶层平面与标准层相似,也可以在标准层的基础上增加形式各异的屋顶。如果使用的是 AutoCAD 软件,再根据制图规则绘制立面图和剖面图;如果使用的是专业绘图软件,由于其绘制对象具有三维属性,可以直接生成三维图、立面图和剖面图。之后再为三维图增加材质属性、灯光环境、天空和草地等配景,渲染出建筑效果图和建筑动画。在建筑图的基础上,分别绘制地基、板、梁和柱等结构施工图,绘制水暖电气等机电施工图,分析得到风、光、热、声和建筑节能等绿色建筑评价报告,统计混凝土、钢筋等用量进而套取定额得到工程造价,再做出标书和施工模拟。第三步是标注,包括建筑实体标注、标高标注、符号标注、文字和必要的表格。第四步,将绘制好的图形与统一的标题栏合并,打印出图。

1.5   AutoCAD 2022 新增功能

1.5.1   跟踪

AutoCAD 2022 的跟踪功能为跨平台操作提供了便利,跟踪提供了一个安全空间,可用于在 Web 和移动应用程序中向图形添加更改,而无须修改现有图形。如同一张覆盖在图形上的虚拟协作跟踪图纸,方便协作者在图形中添加反馈。在桌面端可以查看跟踪,在 Web 端和移动设备端可以创建或编辑跟踪。

在桌面端,单击 TraceFront 或 TraceBack 将跟踪切换到前面或后面,从而使跟踪几何图形或图形几何图形更清晰地显示。在 Web 端,进入 https://web.autocad.com/login 网页,打开 AutoCAD Web,它是一款独立产品,可在 Web 和移动设备上访问 AutoCAD 的核心命令和基本绘图功能。AutoCAD Web 提供基于云的 CAD 解决方案,可随时随地通过浏览器或移动设备查看、创建、编辑和共享图形,而无须在计算机上安装软件。打开图形文件后,将标记或其他设计详细信息添加到跟踪,如图 1.6

所示,在原始图形中添加"检查窗户高度"的标记,关闭跟踪,保存图形,并将其与协作者共享。跟踪是图形文件本身的一部分,因此共享某个图形时,也会共享该图形中的任何跟踪。在 Web 和移动应用程序中,当跟踪处于打开状态时,QSAVE、SAVEAS 和 SAVE 被禁用。当协作者在 AutoCAD 桌面中打开图形时,会收到新跟踪的通知。协作者可以打开跟踪以查看添加的内容,然后根据所包含的反馈做出决定。

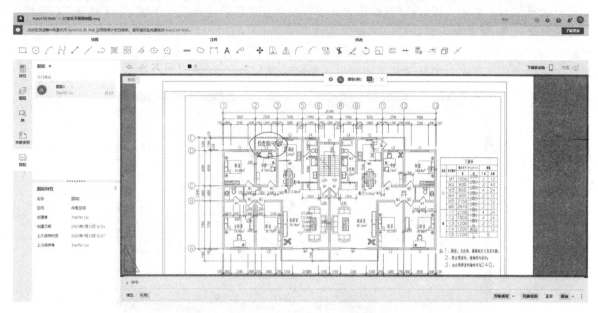

图 1.6 AutoCAD Web 的跟踪界面

使用 TraceFadectl 控制图形中几何图形的淡入程度。使用 TracePaperctl 控制跟踪图纸效果的不透明度。创建跟踪时,最好选择一种独特颜色,以方便定位跟踪中的几何图形。创建跟踪并退出跟踪环境时,图形将保留上一个视图。退出时要共享视图的跟踪环境,以使跟踪几何图形更易于识别。

1.5.2 计数

AutoCAD 2022 可以快速、准确地计数图形中对象的实例。计数报告还将包含嵌套在其他块中的块。

打开图形文件后,执行【视图】/【计数】命令,弹出"块统计"属性框,如图 1.7 所示,在属性框中显示出当前图形文件中所有块的名称和数量。在属性框中点击某一块名称时,在图形文件中会相应地亮显该块。点击"块统计"属性框上方的创建表格命令,可以在当前文件中生成块统计表。当文件新增或者删除块时,块的名称和数量会在保存文件后自动更新。

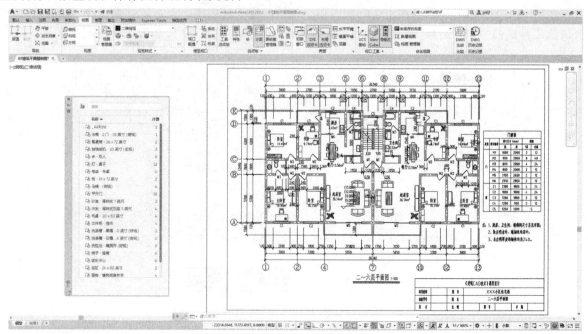

图 1.7 新增的"计数"功能

1.5.3　浮动图形窗口

浮动图形窗口是指一种可以在屏幕上自由移动、不与其他窗口相互干扰的窗口。浮动窗口的特点是可以自由拖动、缩放、最小化、最大化等操作,使用户可以根据需要进行调整,从而提高了用户的体验感。浮动窗口也可以通过锁定位置、自动隐藏等方式进行设置。在当前建筑设计领域,设计师通常需要两个显示屏完成一个任务,浮动图形窗口则为此提供了便利。AutoCAD 2022 可以将图形文件选项卡拖离应用程序窗口,这样当需要显示多个图形文件或者在文件间复制图形元素时,无须在选项卡之间切换,如图1.8所示。也可以将一个或多个图形文件移动到另一个显示器上。

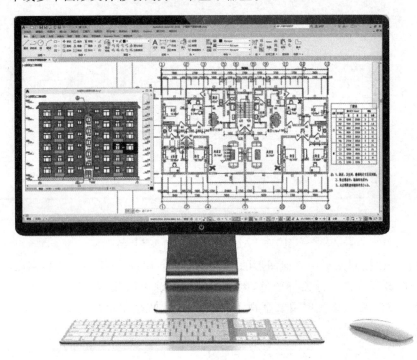

图 1.8　"浮动图形窗口"演示

1.5.4　共享图形

共享指向当前图形副本的链接,以在 AutoCAD Web 应用程序中查看或编辑。图形副本包含所有外部参照和图像。共享文件包括所有相关从属文件,例如外部参照文件和字体文件。任何有该链接的用户都可以在 AutoCAD Web 应用程序中访问该图形。该链接将于其创建七天之后过期。在 AutoCAD 2022 点击快速工具栏的"共享"图标,或者在命令行输入 Share,则弹出共享窗口,如图 1.9 所示。

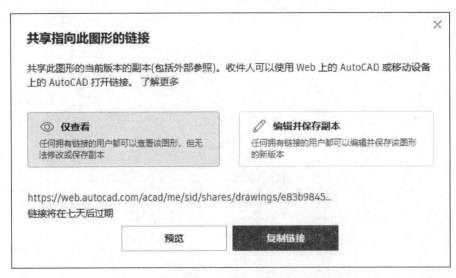

图 1.9　共享窗口

共享时可以为收件人选择两个权限级别："仅查看"和"编辑和保存副本"。"仅查看"是仅查看的图形，点开是一个网页端，只支持查看，图形不可修改。网页端只需要注册一个 Autodesk 账号就可以查阅。"编辑和保存副本"是指分享可编辑的图形，选择编辑并保存副本选项。打开之后是可以做一些绘图、注释、修改的任务。

1.5.5 "开始"选项卡

AutoCAD 2022 可以更轻松地管理最近使用的图形、查找样板等。新版本重新设计"开始"选项卡和 Autodesk 别的产品保持一致。"开始"选项卡会亮显最常见的需求。如图 1.10 所示，界面左侧可以开始新工作，即从空白状态、样板内容或已知位置的现有内容开始新工作。界面左下方可以浏览产品、学习新技能或提高现有技能、发现产品中的更改内容或接收相关通知，也可以参与客户社区、提供反馈或者联系客户帮助或支持。界面的中间部分，以缩略图的形式显示最近打开的文件，可以继续从上次离开的位置工作，当前图形中显示的是本书要绘制的标准间平面图、建筑总平面图和建筑平立剖图。界面的右侧是 Autodesk 公司的一些公告，在此可以看到一些绘图技能的描述。

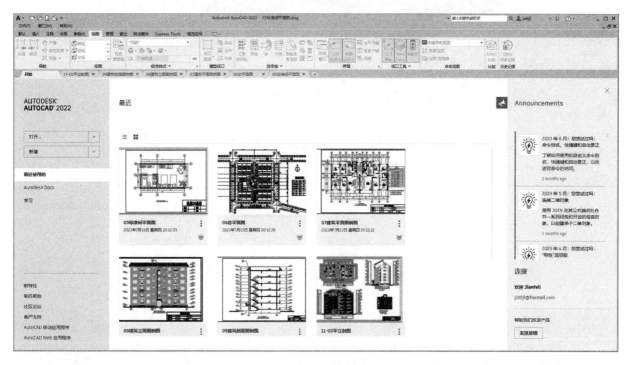

图 1.10 "开始"选项卡

提示：系统变量 startmode 控制是否显示"开始"选项卡。

1.5.6 三维图形预览

AutoCAD 2022 包含为 AutoCAD 开发的全新跨平台三维图形系统的技术预览，以便利用所有功能强大的现代 GPU 和多核 CPU 来为比以前版本更大的图形提供流畅的导航体验。默认情况下，该技术预览处于禁用状态。要将其"打开"，在命令行中输入 3DTECHPREVIEW，并将其值设置为"On"，然后，重新启动 AutoCAD。启用后，图形系统将采用"着色"视觉样式接管视口，如图 1.11 所示。

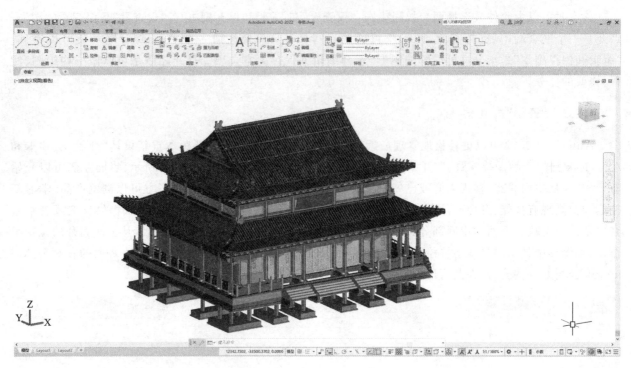

图 1.11   三维图形预览

2 建筑制图标准

📖 知识导读

建筑设计是较早应用计算机技术的领域之一,近50年来计算机技术取得了飞速的发展,已经深入到建筑设计中的各个环节。但建筑和计算机技术并不属于同一学科,两个学科的交叉点就是住房城乡建设部颁布实施的六项制图标准,其中《房屋建筑制图统一标准》(GB/T 50001—2017)是具有总纲性质的。本章将介绍该标准,并绘制了一个符合标准的A3图框。

❖ 知识重点

- ➤ 图纸幅面、线宽和线型的设置
- ➤ 文字样式和标注样式的设置
- ➤ 计算机制图规则
- ➤ 使用 AutoCAD 2022 绘制 A3 图框

2.1 图纸幅面规格

2.1.1 图纸幅面

《房屋建筑制图统一标准》(GB/T 50001—2017)对图纸幅面与格式、标题栏格式均提出了具体的要求,其中对图纸幅面的规定应符合图2.1和图2.2的格式及表2.1的规定。

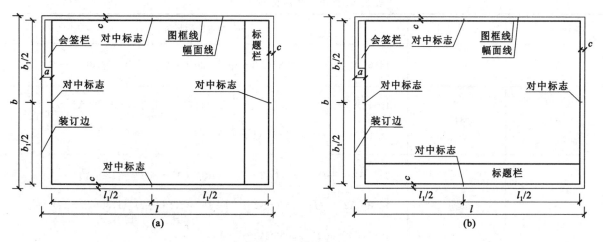

图 2.1 横式幅面

(a) A0~A3 横式幅面(一);(b) A0~A3 横式幅面(二)

表 2.1 幅面及图纸尺寸(mm)

尺寸代号	幅面代号				
	A0	A1	A2	A3	A4
$b \times l$	841×1189	594×841	420×594	297×420	210×297
c	10			5	
a	25				

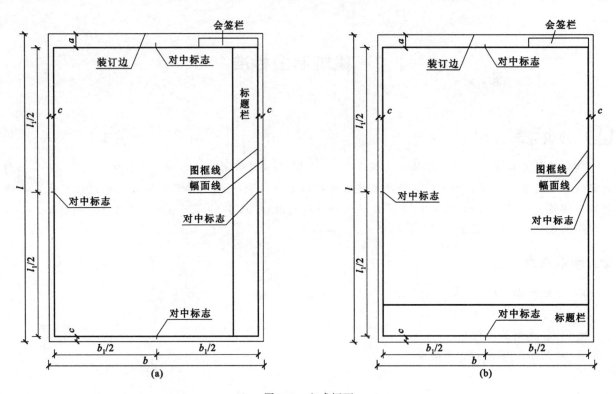

图 2.2　立式幅面

(a)A0～A4 立式幅面(一);(b)A0～A4 立式幅面(二)

另外还有以下规定:

图纸以短边作为垂直边称为横式,以短边作为水平边称为立式。一般 A0～A3 图纸宜横式使用;必要时,也可立式使用。一个工程设计中,每个专业所使用的图纸,一般不宜多于两种幅面(不含目录及表格所采用的 A4 幅面)。图纸的短边一般不应加长,长边可加长,但应符合表 2.2 的规定。

表 2.2　图纸长边加长尺寸(mm)

幅面尺寸	长边尺寸	长边加长后尺寸			
A0	1189	$1486(A0+\frac{1}{4}l)$　$1783(A0+\frac{1}{2}l)$　$2080(A0+\frac{3}{4}l)$　$2378(A0+l)$			
A1	841	$1051(A1+\frac{1}{4}l)$　$1261(A1+\frac{1}{2}l)$　$1471(A1+\frac{3}{4}l)$　$1682(A1+l)$ $1892(A1+\frac{5}{4}l)$　$2102(A1+\frac{3}{2}l)$			
A2	594	$743(A2+\frac{1}{4}l)$　$891(A2+\frac{1}{2}l)$　$1041(A2+\frac{3}{4}l)$　$1189(A2+l)$ $1338(A2+\frac{5}{4}l)$　$1486(A2+\frac{3}{2}l)$　$1635(A2+\frac{7}{4}l)$　$1783(A2+2l)$ $1932(A2+\frac{9}{4}l)$　$2080(A2+\frac{5}{2}l)$			
A3	420	$630(A3+\frac{1}{2}l)$　$841(A3+l)$　$1051(A3+\frac{3}{2}l)$　$1261(A3+2l)$ $1471(A3+\frac{5}{2}l)$　$1682(A3+3l)$　$1892(A3+\frac{7}{2}l)$			

提示:有特殊要求的图纸,可采用 $b×l$ 为 841 mm×891 mm 与 1189 mm×1261 mm 的幅面。

2.1.2　标题栏和会签栏

图纸的标题栏及装订边的位置,应按图 2.1 和图 2.2 所示的形式布置。

标题栏应按图 2.3 所示,根据工程需要选择确定其尺寸、格式及分区。签字区应包含实名列和签名列。

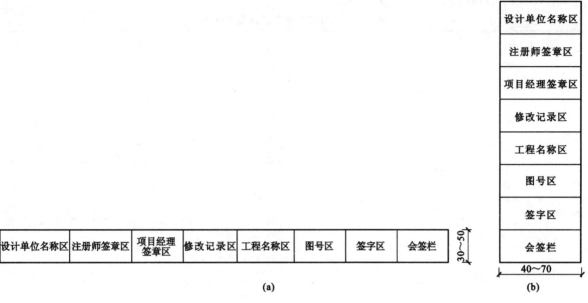

| 设计单位名称区 | 注册师签章区 | 项目经理签章区 | 修改记录区 | 工程名称区 | 图号区 | 签字区 | 会签栏 |

(a)

| 设计单位名称区 |
| 注册师签章区 |
| 项目经理签章区 |
| 修改记录区 |
| 工程名称区 |
| 图号区 |
| 签字区 |
| 会签栏 |

40~70

(b)

图 2.3 标题栏格式(mm)

2.2 图 线

2.2.1 基本规定

每个图样,应根据其复杂程度与比例大小,先选定基本线宽 b,再选用表 2.3 中相应的线宽组。图线的宽度 b,宜从 1.4 mm、1.0 mm、0.7 mm、0.5 mm 线宽系列中选取。

表 2.3 线宽组(mm)

线宽比	线 宽 组			
b	1.4	1.0	0.7	0.5
$0.7b$	1.0	0.7	0.5	0.35
$0.5b$	0.7	0.5	0.35	0.25
$0.25b$	0.35	0.25	0.18	0.13

注:① 需要微缩的图纸,不宜采用 0.18 mm 及更细的线宽;
② 同一张图纸内,各不同线宽中的细线,可统一采用较细的线宽组的细线。

同一张图纸内,相同比例的各图样,应选用相同的线宽组。图 2.4 所示是建筑图例中线宽的示意。

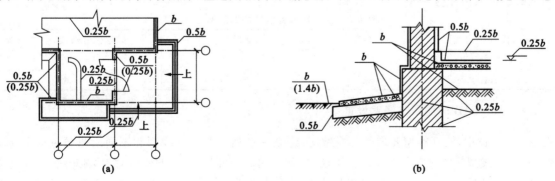

(a)   (b)

图 2.4 建筑图例中线宽的选择示意

2.2.2　工程建设制图的线型与线宽

工程建设制图应选用表 2.4 所示的图线。

表 2.4　工程建设制图的线型与线宽

名称		线型	线宽	一 般 用 途
实线	粗	——	b	主要可见轮廓线
	中粗	——	0.7b	可见轮廓线、变更云线
	中	——	0.5b	可见轮廓线、尺寸线
	细	——	0.25b	图例填充线、家具线
虚线	粗	- - - -	b	新建建筑物的不可见轮廓线;结构图上不可见的钢筋和螺栓线
	中粗	- - -	0.7b	不可见轮廓线
	中	- - - -	0.5b	建筑构造不可见的轮廓线;平面图中的起重机(吊车)轮廓线;拟扩建的建筑物轮廓线
	细	--------	0.25b	图例线,细部的不可见轮廓线
单点长画线	粗	-·-·-	b	起重机(吊车)轨道线
	细	—·—·—	0.25b	分水线、中心线、对称线、定位轴线等
细双点长画线		—··—	0.25b	假想的轮廓线;成型前的原始轮廓线
折断线		—√√—	0.25b	不需画全的断开界线
波浪线		〜〜	0.25b	不需画全的断开界线;构造层次的断开界线

在 AutoCAD 中单击【格式】/【线宽】菜单,在弹出的"线宽设置"对话框(图 2.5)中,可设置所需线宽。

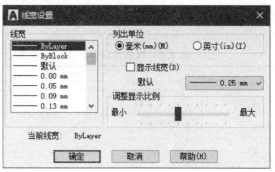

图 2.5　"线宽设置"对话框

2.2.3　图框线和标题栏线的线宽

图纸的图框线和标题栏线可采用表 2.5 所示的线宽。

表 2.5　图框线和标题栏线的线宽(mm)

幅面代号	图框线	标题栏外框线	标题栏分格线、会签栏线
A0、A1	b	0.5b	0.25b
A2、A3、A4	b	0.7b	0.35b

2.2.4　AutoCAD 的图层与线宽设置

在 AutoCAD 中,实现线型要求的习惯做法:建立一系列具有不同线型和不同绘图颜色的图层;绘图时,将具有同一线型的图形对象放在同一图层,也就是说,具有同一线型的图形对象会以相同的颜色显示。表 2.6 列出了常用的图层设置(用户可以根据实际需要来设置图层),图 2.6 是在 AutoCAD 图层中对线型和线宽的设置示例。

表 2.6　AutoCAD 图层设置

绘图线型	颜　色	线　宽	AutoCAD 线型
粗实线	白色	b	默认
细实线	白色	$0.25b$	默认
波浪线	绿色	$0.25b$	默认
虚线	黄色	$0.25b$	DASHED
中心线	红色	$0.25b$	CENTER
尺寸标注	绿色	$0.25b$	默认
文字标注	绿色	$0.25b$	默认
剖面线	白色	$0.25b$	默认
其他	黄色	$0.25b$	默认

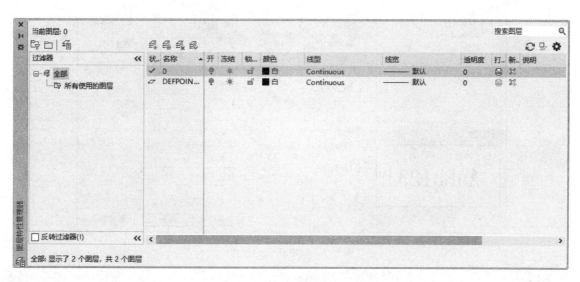

图 2.6　AutoCAD 图层中的设置

提示:系统默认新层使用颜色号 7(白色),系统默认新层使用实线线型(Continuous)。线宽的默认值为 default(线宽为 0.01 in 或 0.25 mm)。

2.3　字　　体

2.3.1　字高与字宽

图纸上所需书写的文字、数字或符号等,均应笔画清晰、字体端正、排列整齐;标点符号应清楚正确。文字的字高,应从表 2.7 中选择。字高大于 10 mm 的文字宜采用 True Type 字体,如需书写更大的字,其高度应按 $\sqrt{2}$ 的比值递增。习惯上,在绘制 3、4 号图纸时,一般采用 3.5 号字;绘制 0、1、2 号图纸时,一般采用 5 号字。

表 2.7　文字的字高(mm)

字体种类	中文矢量字体	True Type 字体及非中文矢量字体
字宽	3.5、5、7、10、14、20	3、4、6、8、10、14、20

图样及说明中的汉字,宽度与高度的关系应符合表 2.8 的规定,一般地,字的宽度约等于字的高度的 2/3。

表 2.8　汉字高宽关系(mm)

字高	20	14	10	7	5	3.5
字宽	14	10	7	5	3.5	2.5

2.3.2　字体设置

　　图样及说明中的汉字,宜采用长仿宋体,AutoCAD 本身提供了可标注符合国家制图标准的中文字体:gbcbig. shx。另外,当中英文混排时,为使标注出的中、英文的高度协调,AutoCAD 还提供了符合国家制图标准的英文字体:gbenor. shx 和 gbeitc. shx,前者用于标注正体,后者用于标注斜体。

　　在 AutoCAD 中,所有文字都要有与之相关联的文字样式。用户可以根据需要创建文字样式,单击【格式】/【文字样式】菜单,在弹出的"文字样式"对话框中来进行字体的设置。图 2.7 所示为设置好的文字样式。

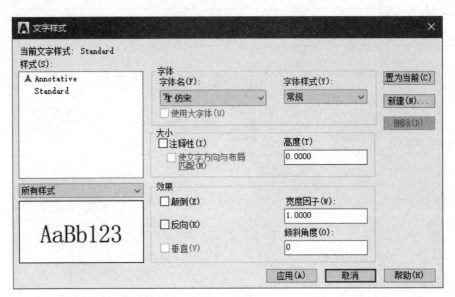

图 2.7　文字样式的设置

　　提示:图纸文字高度没有取值,仍然为零,这样做的好处是可以在输入单行文字时任意设定文字的高度;而一旦设定某个具体数值,则使用该文本样式的所有文字高度均为该数值。

2.4　比　　例

2.4.1　基本规定

　　图样的比例,应为图形与实物相对应的线性尺寸之比。比例的大小是指其比值的大小,如 1∶50 大于 1∶100。比例的符号为"∶",比例应以阿拉伯数字表示,如 1∶1、1∶2、1∶100 等。比例宜注写在图名的右侧,字的基准线应取平;比例的字高宜比图名的字高小一号或二号。

2.4.2　常用比例

　　建筑制图中常用比例如表 2.9 所示。

表 2.9　建筑制图中常用比例

图　　名	常　用　比　例	必要时可用比例
总平面图	1∶500;1∶1000;1∶2000;1∶5000	1∶2500;1∶10000
竖向布置图、管线综合图、断面图等	1∶100;1∶200;1∶500;1∶1000;1∶2000	1∶300;1∶5000
平面图、立面图、剖面图、结构布置图、设备布置图	1∶50;1∶100;1∶200	1∶150;1∶300;1∶400
详图	1∶1;1∶2;1∶5;1∶10;1∶20;1∶25;1∶50	1∶3;1∶15;1∶30;1∶40

2.5　常 用 符 号

2.5.1　剖切符号

剖切符号宜选择国际通用法或常用方法表示,同一套图纸应选用一种表示方法。建(构)筑物剖面图的剖切符号应注在±0.000 标高的平面图或首层平面图上。局部剖面图(不含首层)的剖切符号应注在包含剖切部位的最下面一层的平面图上。采用常用方法表示时,剖面的剖切符号应由剖切位置线及剖视方向线组成,均应以粗实线绘制,线宽宜为 b。剖面的剖切位置线的长度宜为 6～10 mm;剖视方向线应垂直于剖切位置线,长度应短于剖切位置线,宜为 4～6 mm。剖视剖切符号的编号宜采用粗阿拉伯数字,按剖切顺序由左至右、由下向上连续编排,并应注写在剖视方向线的端部。

2.5.2　索引符号

索引符号是由直径为 8～10 mm 的圆和水平直径组成,圆和水平直径均应以细实线绘制,如图 2.8 所示。

索引符号用于索引剖面详图时,应在被剖切的部位绘制剖切位置线,并以引出线引出索引符号,引出线所在的一侧应为剖视方向,如图 2.9 所示。

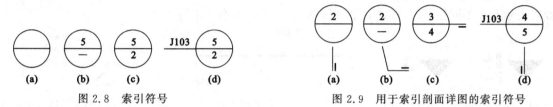

图 2.8　索引符号　　　　　　　　　　　图 2.9　用于索引剖面详图的索引符号

2.5.3　引出线

引出线应以细实线绘制,宜采用水平方向的直线,与水平方向成 30°、45°、60°、90°的直线,或经上述角度再折为水平线,如图 2.10 所示。

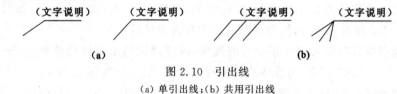

图 2.10　引出线
(a) 单引出线;(b) 共用引出线

多层构造或多层管道共用引出线,应通过被引出的各层,如图 2.11 所示。

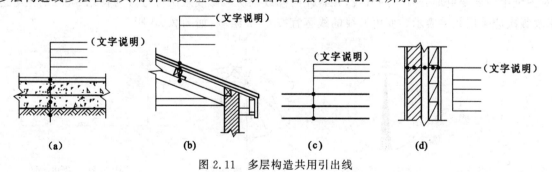

图 2.11　多层构造共用引出线

2.5.4　定位轴线及其编号

定位轴线应以 0.25b 线宽的单点长画线绘制。定位轴线一般应编号,编号应注写在轴线端部的圆内。圆应用 0.25b 线宽的实线绘制,直径为 8～10 mm。定位轴线圆的圆心,应在定位轴线的延长线上或延长线的折线上。平面图上定位轴线的编号,宜注写在图样的下方与左侧。横向编号应用阿拉伯数字,从左至右按顺序编写;竖向编号应用大写拉丁字母,从下至上按顺序编写,如图 2.12 所示。

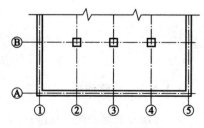

图 2.12　定位轴线及其编号

拉丁字母的 I、O、Z 不得用作轴线编号。如字母数量不够使用，可增用字母或数字加注脚的方式，如 A_A、B_A、…、Y_A 或 A_1、B_1、…、Y_1。通用详图中的定位轴线，应只画圆，不注写轴线编号。

2.5.5　标高

标高是标注建筑物高度的尺寸形式。标高符号应以直角等腰三角形表示，按图 2.13(a)所示形式用细实线绘制，如标注位置不够，也可按图 2.13(b)所示形式绘制。标高符号的具体画法如图 2.13(c)、图 2.13(d)所示。

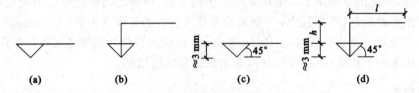

图 2.13　标高符号

总平面图室外地坪标高符号，宜用涂黑的三角形表示，如图 2.14 所示。标高符号的尖端应指至被注高度的位置，尖端一般应向下，也可向上。标高数字应注写在标高符号的左侧或右侧，如图 2.15 所示。标高数字应以"m"为单位，注写到小数点后第三位。在总平面图中，可注写到小数点后第二位。在图样的同一位置需表示几个不同标高时，标高数字可按图 2.16 所示的形式注写。

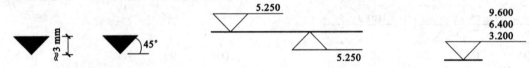

图 2.14　总平面图室外地坪标高符号　　　图 2.15　标高的指向　　　图 2.16　同一位置注写多个标高数字

2.5.6　其他符号

对称符号由对称线和两端的两对平行线组成。对称线用细点画线绘制，如图 2.17 所示；指北针的形状如图 2.18 所示，其圆的直径为 24 mm，用细实线绘制；指针尾部的宽度为 3 mm，指针头部应注"北"或"N"字。需用较大直径绘制指北针时，指针尾部的宽度宜为直径的 1/8。

指北针与风玫瑰图结合时应采用互相垂直的线段，线段两端超出风玫瑰轮廓线 2～3 mm，垂点宜为风玫瑰中心，北向应注"北"或"N"字，组成风玫瑰所有线宽宜为 $0.5b$，如图 2.19 所示。风玫瑰图上表示风的吹向是从外面吹向地区中心，图中实线为全年风向玫瑰图，虚线为夏季风向玫瑰图。

对图纸中局部变更部分宜采用云线，并宜注明修改版次。修改版次符号宜为长 0.8 cm 的正等边三角形，修改版次应采用数字表示。变更云线的线宽宜按 $0.7b$ 绘制，如图 2.20 所示。

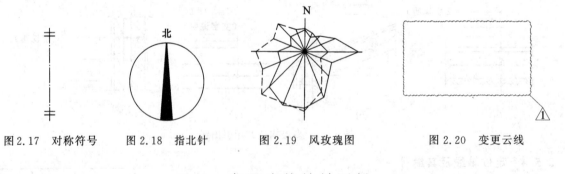

图 2.17　对称符号　　　图 2.18　指北针　　　图 2.19　风玫瑰图　　　图 2.20　变更云线

2.6　常用建筑材料图例

2.6.1　一般规定

《房屋建筑制图统一标准》(GB/T 50001—2017)只规定了常用建筑材料的图例画法，对其尺度比例并没有作具体规定。使用时，应根据图样大小而定，并使图例线间隔均匀、疏密适度，做到图例正确、表示清楚。

2.6.2 常用图例

常用建筑材料应按表 2.10 所示图例画法绘制。

表 2.10 常用建筑材料图例

普通砖		玻璃及其他透明材料		混凝土	
自然土壤		木材	纵剖面	钢筋混凝土	
夯实土壤			横剖面	多孔材料	
沙、灰土		木质胶合板 (不分层数)		金属材料	

2.7 尺 寸 标 注

2.7.1 基本规定

图样上的尺寸,应包括尺寸界线、尺寸线、尺寸起止符号和尺寸数字。尺寸界线应用细实线绘制,一般应与被注长度垂直,其一端应离开图样轮廓线不小于 2 mm,另一端宜超出尺寸线 2～3 mm。

图样轮廓线可用作尺寸界线,尺寸线应用细实线绘制,应与被注长度平行。图样本身的任何图线均不得用作尺寸线。

尺寸起止符号一般用中粗斜短线绘制,其倾斜方向应与尺寸界线成顺时针 45°角,长度宜为 2～3 mm。

半径、直径、角度与弧长的尺寸起止符号,宜用箭头表示。

平面尺寸标注效果如图 2.21 所示。

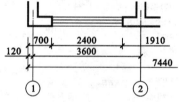

图 2.21 平面尺寸标注效果示意图

2.7.2 在 AutoCAD 中设置尺寸标注的步骤

(1)单击【格式】/【标注样式】命令,弹出"标注样式管理器"对话框,如图 2.22 所示,点击"新建"按钮,在"新样式名"文本框中输入"建筑"作为新的标注样式名,如图 2.23 所示。

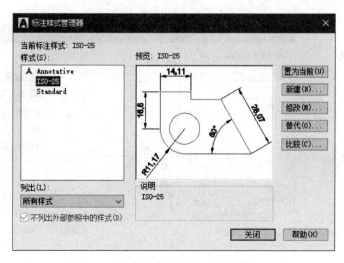

图 2.22 "标注样式管理器"对话框(一)

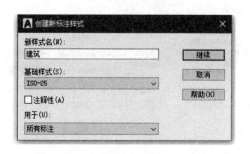

图 2.23 "创建新标注样式"对话框

（2）单击"继续"按钮,弹出"新建标注样式:建筑"对话框,各选项的设置如图 2.24 至图 2.28 所示,未标明的则采用默认设置。

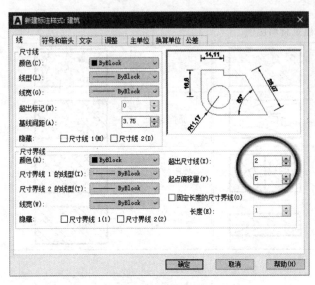

图 2.24 "线"选项设置

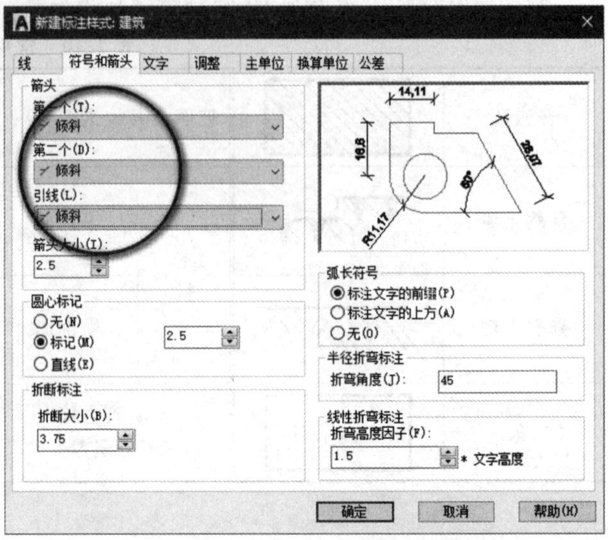

图 2.25 "符号和箭头"选项设置

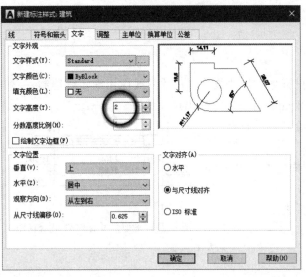

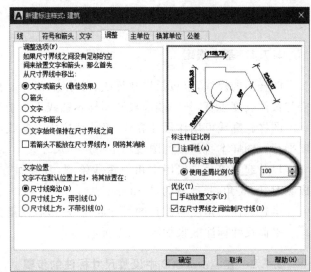

图 2.26 "文字"选项设置

图 2.27 "调整"选项设置

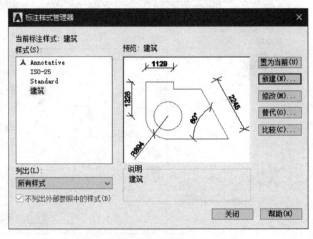

图 2.28 "主单位"选项设置

图 2.29 "标注样式管理器"对话框(二)

(3)单击"确定"按钮,返回"标注样式管理器"对话框(图 2.29),从该对话框可以看出,新创建的标注样式"建筑"已经显示在"样式"列表中。选择该样式,然后单击"置为当前"按钮,就可以使用该样式进行标注了。

2.8 计算机制图规则

2.8.1 方向与指北针

(1)平面图与总平面图的方向宜保持一致;

(2)绘制正交平面图时,宜使定位轴线与图框边线平行;

(3)绘制由几个局部正交区域组成且各区域相互斜交的平面图时,可选择其中任意一个正交区域的定位轴线与图框边线平行;

(4)指北针应指向绘图区的顶部,在整套图纸中保持一致。

2.8.2 坐标系与原点

(1)计算机制图时,可以选择世界坐标系或用户定义坐标系;

(2)绘制总平面图工程中有特殊要求的图样时,也可使用大地坐标系;

(3)坐标原点的选择:应使绘制的图样位于横向坐标轴的上方和纵向坐标轴的右侧并紧邻坐标原点;

(4)在同一工程中,各专业宜采用相同的坐标系与坐标原点。

2.8.3 布局

(1)计算机制图时,宜按照自下而上、自左至右的顺序排列图样;宜优先布置主要图样(如平面图、立面图、剖面图),再布置次要图样(如大样图、详图)。

(2)表格、图纸说明宜布置在绘图区的右侧。

2.8.4 比例

(1)计算机制图时,采用 1:1 的比例绘制图样时,应按照图中标注的比例打印成图;采用图中标注的比例绘制图样,则应按照 1:1 的比例打印成图。

(2)计算机制图时,可采用适当的比例书写图样及说明文字,但打印成图时,其应符合制图标准规定。

2.9 实例——绘制 A3 图框和标题栏

【扫码演示】

(1)图层

由于只是绘制图框和标题栏,并为了今后可以方便地插入,因此不新建图层,全部在 0 层绘制,图框线、标题栏外框线和分格线的线宽单独进行设置。

(2)绘制幅面线

使用"矩形"命令,可以点击工具栏上的 ▭ 按钮,也可以执行菜单栏中【绘图】/【矩形】命令,或者在命令行中输入"rectang",并根据提示进行如下操作:

命令:_rectang

指定第一个角点或[倒角(C)/标高(E)/圆角(F)/厚度(T)/宽度(W)]:

指定另一个角点或[面积(A)/尺寸(D)/旋转(R)]:@420,297   //@是相对坐标的输入

注:在命令行输入坐标,如果不加@符号的话,输入的是绝对坐标,而通常绘图时需要的是相对坐标,就要加一个@符号。而在动态输入框中输入坐标时默认是相对坐标,不需要加@符号。如果想在动态输入框中输入绝对坐标,则需要在坐标前加#号。

（3）绘制图框线

图框线与幅面线有三个边相差为 5，一个边相差为 25，这时可以点击"对象捕捉"工具栏中的按钮来方便绘制，操作过程如下：

命令：_rectang

指定第一个角点或［倒角（C）/标高（E）/圆角（F）/厚度（T）/宽度（W）］：

　　　　　　　　　　　　　　　　　　　　　　　　　　选取图框线左下角点后，点击

_from 基点：〈偏移〉：@25,5

指定另一个角点或［面积（A）/尺寸（D）/旋转（R）］：　　　　　选取图框线右上角点后，点击

_from 基点：〈偏移〉：@−5,−5

> **提示：** 捕捉工具，命令形式为 FROM，通常用于一个点以便于定位。使用该功能时，可以临时指定一个点，然后根据此点来确定其他点的位置。使用该工具的好处在于不必增加新的辅助线就可以精确定点。

（4）绘制标题栏

执行绘图工具栏中表格命令，即点击按钮，在弹出的"插入表格"对话框中作如图 2.30 所示设置，并单击"确定"按钮。

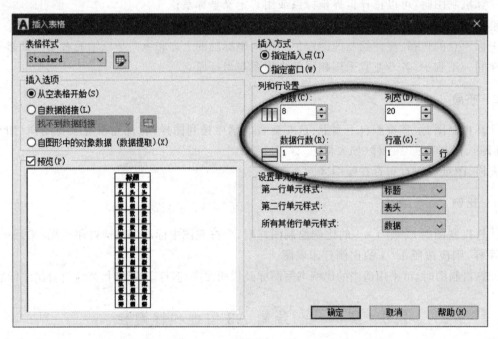

图 2.30　"插入表格"选项设置

然后根据需要对表格单元格进行合并，并添加文字，如图 2.31、图 2.32 所示。

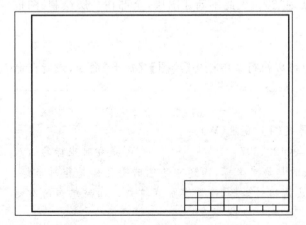

图 2.31　合并表格单元格后的效果

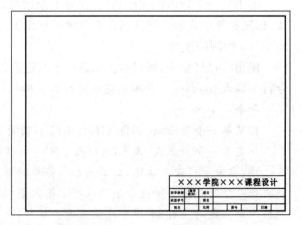

图 2.32　添加文字后的效果

（5）设定线宽

按照制图规范,分别将图框线、标题栏外框线和标题栏分格线的线宽设置为 1.0 mm、0.7 mm 和0.35 mm。

（6）定义块的属性

对于一套图纸,标题栏规格是统一的,只是个别文字内容有所差异,对于此类图形相同而文字不同的情况,较好的绘制方法是使用块的属性来完成。

属性是特定的且可包含在块定义中的文字对象。在定义一个块时,属性必须定义后才能被选定。只要插入带有可变属性的块,AutoCAD 就会提示输入与块一同存储的数据,如姓名、班级、图纸名和日期等信息。

另外,属性可以是不可见的,这意味着属性将不显示或打印出来。但是,属性中的信息存储在图形文件中,并可通过 ATTEXT 命令写入提取文件。

为了区别块的属性中的文字与图纸中的文字,一般要在定义块的属性时,将文字加括号。

为了能够保证所加文字能在表格中居中,首先要在要输入的单元格中添加一条对角线,如图 2.33 所示,然后执行【绘图】/【块】/【定义属性】命令,在弹出的"属性定义"对话框中作如图 2.34 所示的设置。

图 2.33 添加对角线后的效果   图 2.34 块"属性定义"对话框设置

确定后选取对角线的中心作为插入点,插入后的效果如图 2.35 所示,然后删除辅助的对角线,并将其他单元格定义属性。

（7）保存文件

点击 按钮,在弹出的"图形另存为"对话框中,选择合适的路径,并将文件命名为"A3-H",如图2.36 所示,完成 A3 图框的绘制。

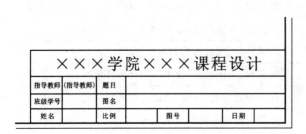

图 2.35 插入块的属性后的效果   图 2.36 "图形另存为"对话框

3 建筑施工图

📖 知识导读

　　将一栋拟建房屋的总体布局、内外形状、平面布置、建筑构造、供暖通风和给水排水等内容,按照"国标"的规定,运用投影原理,详细准确地画出的图样,称为建筑施工图。广义的建筑施工图包括建筑施工图、结构施工图和设备施工图;而一般的建筑施工图包括建筑总平面图、建筑平面图、建筑立面图、建筑剖面图和建筑详图。本章对常见的建筑施工图作了简要介绍,为读者提高识图和绘图水平奠定基础。

❖ **知识重点**

➢ 建筑施工图的识图
➢ 建筑施工图的图示内容和设计深度
➢ 常见建筑图例

3.1 房屋施工图概述

3.1.1 房屋的基本构成

　　建造房屋是为满足人们不同的生活和工作需要,如住宅、学校的教学楼、医院的住院楼、工厂的车间、矿区的储装运系统等各种不同功能的房屋建筑。尽管它们在使用要求、空间组合、外形处理、结构形式、构造方式以及规模等方面分别有各自的特点,但是,组成它们的基本配件通常有:基础、墙(柱、梁)、楼板、地面、屋顶、楼梯和门窗等,此外,尚有台阶、坡道、雨篷、阳台、壁橱、烟道和散水等其他构配件以及装饰物等。

　　图 3.1 为房屋的组成示意图,图中比较清楚地标明了楼房各部分的名称及所在位置。这些组成部分按其使用功能来说,各自起着不同的作用,如表 3.1 所示。

表 3.1 建筑的主要构件及其作用

	作　用	常见类型
基础	是房屋的地下承重结构部分,将各种荷载传递至地基	条形、独立、井格式、筏形、箱形
柱	在框架结构中起承重作用	截面形式有方柱和圆柱两种
梁	承重结构中的受弯构件	框架梁、非框架梁、次梁、连系梁、井字梁、过梁、圈梁
板	沿水平方向分隔上下空间的结构构件,起承重、隔音、防火、防水作用	木楼板、砖拱楼板、钢筋混凝土楼板(单向板、双向板)、钢衬板
墙	建筑物室内外及室内之间垂直分隔的实体部分,起着承重、围护和分隔空间的作用	外墙、内墙、山墙;横墙、纵墙;承重墙和非承重墙
窗	采光、通风和眺望,分隔、保温、隔音、防水、防火	平开窗、推拉窗、旋窗;木窗、钢窗、铝合金窗、塑钢窗
门	交通、分隔、联系空间、通风或采光	平开门、弹簧门、推拉门、折叠门、转门、卷帘门
台阶	外界进入建筑物内部的主要交通要道	普通台阶、圆弧台阶和异形台阶
阳台	楼房建筑中各层房间用于与室外接触的小平台	挑阳台、凹阳台、半挑半凹阳台和转角阳台
散水	用于排除建筑物周围的雨水	散水与建筑物之间的宽度一般不超过 800 mm
雨篷	遮挡雨水、保护外门免受雨水侵害的水平构件	钢筋混凝土悬臂板或预制式
楼梯	上下层的垂直交通设施	板式和梁式;直跑式、双跑式、双分平行式、螺旋式、剪式和弧式;开放式、封闭式和带有前室式

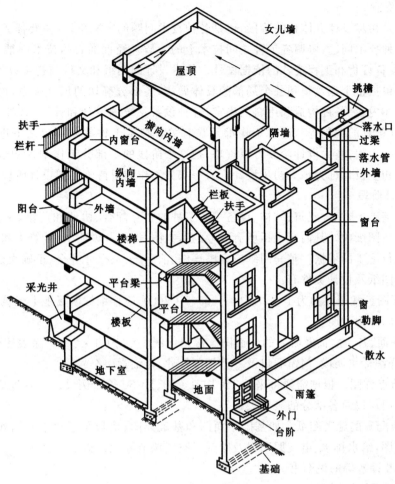

图 3.1 房屋的组成示意图

3.1.2 施工图的产生

每一项工程从拟定计划到建成使用都要通过编制工程设计任务书、选择建设用地、场地勘测、设计、施工、工程验收及交付使用等几个阶段。设计工作是其中的一个重要环节,具有较强的政策性和综合性。

建筑工程设计是指设计一个建筑物或建筑群所要做的全部工作,包括建筑设计、结构设计、设备设计三个方面的内容。习惯上人们常将这三个部分统称为建筑工程设计,确切地说建筑设计是指建筑工程设计中由建筑师承担的建筑工种的设计工作。

建筑设计是在总体规划的前提下,根据任务书的要求,综合考虑场地环境、使用功能、结构施工、材料设备、建筑经济及建筑艺术等问题,着重解决建筑物内部各种使用功能和使用空间的合理安排,建筑物与周围环境、各种外部条件的协调配合,内部和外表的艺术效果,各个细部的构造方式等,创造出既符合科学性又具有艺术性的生产和生活环境。

建筑设计在整个工程设计中起着主导和先行的作用,除考虑上述各种要求以外,还应考虑建筑与结构、建筑与各种设备等相关技术的综合协调,以及如何以更少的材料、劳动力、投资和时间来实现各种要求,使建筑物做到适用、经济、坚固、耐久和美观。这就要求建筑师认真学习和贯彻建筑方针政策,正确掌握建筑标准,同时要具有广泛的科学技术知识。

建筑设计包括总体设计和个体设计两个方面,一般是由建筑师来完成。

建筑设计一般有初步设计、技术设计及施工图设计三个阶段。

（1）初步设计阶段

根据设计任务书的要求和收集到的必要基础资料,结合场地环境,综合考虑技术经济条件和建筑艺术的要求,对建筑总体布置、空间组合进行可能与合理的安排,提出两个或多个方案供建设单位选择。在已确定的方案基础上,进一步充实完善,综合成为较理想的方案,并绘制成初步设计图纸供主管部门审批。

（2）技术设计阶段

技术设计阶段是初步设计具体化的阶段,也是各种技术问题的定案阶段,主要任务是在初步设计的基础上进一步解决各种技术问题,协调各工种之间技术上的矛盾。经批准后的技术图纸和说明书即为编制施工图、主要材料设备订货和工程拨款的依据文件。技术设计的图纸和文件与初步设计大致相同,但更为详细些。具体内容包括整个建筑物和各个局部的具体做法,各部分确切的尺寸关系,内外装修的设计,结构方案的计算和具体内容、各种构造和用料的确定,各种设备系统的设计和计算,各技术工种之间各种矛盾的合理解决,设计预算的编制等。这些工作都是在有关各技术工种共同商议之下进行的,并应相互认可。对于不太复杂的工程,技术设计阶段可以省略,把这个阶段的一部分工作纳入初步设计阶段(承担技术设计部分任务的初步设计称为扩大初步设计),另一部分工作则留待施工图设计阶段进行。

（3）施工图设计阶段

在初步设计的基础上,综合建筑、结构、设备等各工种的相互配合、协调和调整,并把满足工程施工的各项具体要求反映在图纸中。其内容包括所有专业的基本图、详图及说明书、计算书和工程预算书等。施工图是施工单位进行施工的依据。整套图纸应完整详细、前后统一、尺寸齐全、正确无误。

施工图设计的图纸及设计文件有:

① 建筑总平面图。常用比例为 1：500、1：1000、1：2000,应详细标明场地上建筑物、道路、设施等所在位置的尺寸、标高,并附说明。

② 各层建筑平面、各个立面及必要的剖面图。常用比例 1：100、1：200。除表达初步设计或技术设计内容以外,还应详细标出墙段、门窗洞口及一些细部尺寸、详细索引符号等。

③ 建筑构造节点详图。根据需要可采用 1：10、1：20、1：50 等比例尺。主要包括檐口、墙身和各构件的连接点、楼梯、门窗以及各部分的装饰大样等。

④ 各工种相应配套的施工图纸。如基础平面图和基础详图、楼板及屋顶平面图和详图、结构构造节点详图等结构施工图,给水排水、电气照明以及暖气或空气调节等设备施工图。

⑤ 建筑、结构及设备等的说明书。

⑥ 结构及设备设计的计算书。

⑦ 工程预算书。

3.1.3　施工图的编排顺序

为了便于看图和易于查找,应将图纸按顺序编排。施工图的一般编排顺序是:图纸目录、施工总说明、建筑施工图、结构施工图和设备施工图等。

各专业的施工图,应该按照图纸内容的主次关系系统地排列。例如基本图在前,详图在后;全局性的图在前,局部性的图在后;布置图在前,构件图在后;先施工的图在前,后施工的图在后等。

3.1.4　识图应注意的问题

（1）具备正投影原理读图能力,掌握正投影基本规律

施工图是根据投影原理绘制的,用图纸表明房屋建筑的设计及构造做法,所以要看懂施工图,应掌握投影原理和熟悉房屋建筑的基本构造。

（2）掌握建筑制图的相关国家标准

房屋施工图中,除符合一般的投影原理,剖面、断面等基本图示方法外,为了保证制图质量、提高效率、表达统一以及便于识读工程图,住房城乡建设部颁布了有关建筑制图的国家标准。无论绘图与读图,都必须熟悉有关的国家标准,同时要牢记常用符号和图例。符号已经成为设计人员和施工人员的共同语言,对于不常用的符号,会附有解释,这些符号必须牢记。

（3）看图时要先粗后细、先大后小、互相对照

一般是先看图纸目录、总平面图,大致了解工程的概况,如设计单位、建设单位、新建房屋的位置、周围环境、施工技术的要求等。对照目录检查图纸是否齐全,采用了哪些标准图并收集齐全这些标准图。然后开始阅读建筑平、立、剖面图等基本图样,还要深入细致地阅读构件图和详图,详细了解整个工程的施工情

况及技术要求。阅读中要注意对照,如平、立、剖面图的对照,基本图和详图的对照,建筑图和结构图的对照,图形和文字的对照等。

(4) 注意尺寸单位

一般平面图以"mm"为单位,而标高和总平面图以"m"为单位,要检查当前图样是否这样设置。要想熟练地识读施工图,还应该经常深入施工现场,对照图纸,观察实物,提高识图能力。

3.2 施工总说明及建筑总平面图

3.2.1 施工总说明

施工总说明是对图样上未能详细表明的材料、做法、具体要求及其他有关情况作出的具体文字说明。主要内容有:工程概况与设计标准、结构特征、构造做法等。中小型房屋建筑的施工总说明一般在建筑施工图内,与图纸目录、建筑做法说明、门窗表、建筑总平面图共同形成建筑施工图的首页,称为首页图。

3.2.2 建筑总平面图的形成

建筑总平面图是将新建房屋及其附近一定范围的建筑物、构筑物及周围环境的情况按水平投影的方法和规定的图例绘制出的图样。它主要反映新建房屋的平面形状、位置、朝向、标高以及与原有建筑和周围环境的关系。总平面图是新建房屋定位,施工放线,土方施工及室外水、暖、电等管线布置设计的依据。

3.2.3 建筑总平面图的表达内容

根据住房城乡建设部颁布的文件《建筑工程设计文件编制深度规定》(2016 年),在施工图设计阶段,建筑平面图应表达以下内容:

(1) 保留的地形和地物;

(2) 测量坐标网、坐标值;

(3) 场地四界的测量坐标(或定位尺寸),道路红线和建筑红线或用地界线的位置;

(4) 场地四邻原有及规划道路的位置(主要坐标值或定位尺寸),以及主要建筑物和构筑物的位置、名称、层数;

(5) 建筑物、构筑物(人防工程、地下车库、油库、贮水池等隐蔽工程以虚线表示)的名称或编号、层数、定位(坐标或相互关系)尺寸;

(6) 广场、停车场、运动场地、道路、无障碍设施、排水沟、挡土墙、护坡的定位(坐标或相互关系)尺寸,如有消防车道和扑救场地,需注明;

(7) 指北针或风玫瑰图;

(8) 建筑物、构筑物使用编号时,应列出"建筑物和构筑物名称编号表";

(9) 注明施工图设计的依据、尺寸单位、比例、坐标及高程系统(如为场地建筑坐标网时,应注明与测量坐标网的相互关系)和补充图例等。

3.2.4 竖向布置图的表达内容

(1) 场地测量坐标网、坐标值;

(2) 场地四邻的道路、水面、地面的关键性标高;

(3) 建筑物、构筑物名称或编号,室内外地面设计标高,地下建筑的顶板面标高及覆土高度限制;

(4) 广场、停车场、运动场地的设计标高,以及景观设计中,水景、地形、台地、院落的控制性标高;

(5) 道路、坡道、排水沟的起点、变坡点、转折点和终点的设计标高(路面中心和排水沟顶及沟底)、纵坡度、纵坡距、关键性坐标,道路标明双面坡或单面坡、立道牙或平道牙,必要时标明道路平曲线及竖曲线要素;

(6) 挡土墙、护坡或土坎顶部和底部的主要设计标高及护坡坡度;

(7) 用坡向箭头标明地面坡向,当对场地平整要求严格或地形起伏较大时,可用设计等高线表示;

(8) 指北针或风玫瑰图;

(9) 注明尺寸单位、比例、建筑正负零的绝对标高、坐标及高程系统(如为场地建筑坐标网时,应注明与测量坐标网的相互关系)、补充图例等。

3.2.5　土石方图的表达内容

(1) 场地范围的坐标或尺寸;

(2) 建筑物、构筑物、挡墙、台地、下沉广场、水系、土丘等位置(用细虚线表示);

(3) 一般用方格网法(也可采用断面法),20 m×20 m 或 40 m×40 m(也可采用其他方格网尺寸)方格网及其定位,各方格点的原地面标高、设计标高、填挖高度、填区和挖区的分界线,各方格土石方量、总土石方量;

(4) 土石方工程平衡表。

3.2.6　设计图纸的增减

(1) 当工程设计内容简单时,竖向布置图可与总平面图合并;

(2) 当路网复杂时,可增绘道路平面图;

(3) 土石方图和管线综合图可根据设计需要确定是否出图;

(4) 当绿化或景观环境另行委托设计时,可根据需要绘制绿化及建筑小品的示意性和控制性布置图。

3.2.7　建筑总平面图的有关规定和要求

(1) 图名、比例

在建筑总平面图的下方应注写图名和比例,并在其下画一粗下画线。总平面图所表示的区域范围较大,所以常采用较小的比例绘制,如 1∶500、1∶1000、1∶2000 等。

(2) 图例

由于建筑总平面图的绘图比例较小,故采用图例表示新建和原有建筑物、构筑物的形状、位置及各建筑物的层数,附近道路、围墙、绿化的布置,地形、地物(如水沟、河流、池塘、土坡)的情况等。总平面图常用图例见表 3.2。用细实线画出的图形表示原有建筑物。房屋的层数可在平面图形内用点数或数字表示。

表 3.2　总平面图常用图例

图例	名称	图例	名称	图例	名称
	新建建筑物		原有铁路		新建的道路
	新建构筑物		新建围墙,大门		规划道路
	原有的建筑物		原有围墙		原有道路
	规划建筑物		新建挡土墙		铺砌路面
	计划预留地		新建围墙		人行道
	露天堆场		拆除围墙		斜坡栈桥,卷扬机道
	敞棚或敞廊		拆除建、构筑物		新建铁路

图例	名称	图例	名称	图例	名称
0.3（坡度%） 50（距离 m）	道路坡度标示		填挖边坡或护坡		花坛,绿化地
	室内、外地坪标高		排水明沟		行道树

（3）新建建筑物的定位

新建建筑物的具体位置,可根据原有房屋或道路来定位,并以"m"为单位标出定位尺寸。当新建建筑物附近无旧建筑物作为依据时,要用坐标定位法确定建筑物的位置。坐标定位法有以下两种：

① 测量坐标定位法。在地形图上绘制的方格网叫作测量坐标方格网,与地形图采用同一比例,方格网的边长一般采用 100 m×100 m 或者 50 m×50 m,纵坐标为 X,横坐标为 Y。斜方位的建筑物一般应标注建筑物的左下角和右上角的两个角点的坐标。如果建筑物的方位正南正北,又是矩形,则可以只标注建筑物的一个角点的坐标。测量坐标方格网如图 3.2 所示。

② 建筑坐标定位法。建筑坐标方格网是以建设地区的某点为"O"点,在总平面图上分格,分格大小就应根据建筑设计总平面图上各建筑物、构筑物及各种管线的布设情况,结合现场的地形情况而定,一般采用 100 m×100 m 或者 50 m×50 m,采用比例与总平面图相同,纵坐标为 A,横坐标为 B。定位放线时,应以"O"点为基准,测出建筑物墙角的位置。建筑坐标方格网如图 3.3 所示。

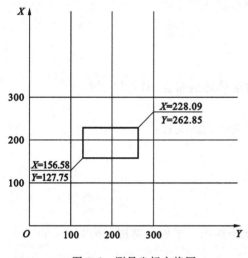

图 3.2 测量坐标方格网

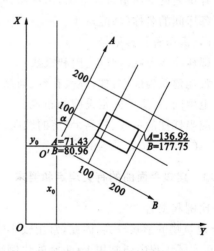

图 3.3 建筑坐标方格网

（4）等高线

总平面图中,通常用等高线来表示地面的自然状态和起伏情况。等高线是地面上高程相同的点连续形成的闭合曲线,等高线在图上的水平距离随着地形的变化而不同,等高线间的距离越小,表示此处地形越陡,反之则表示地形较平坦。等高线可为确定室内地坪标高和室外标高提供依据。

标高是标注建筑物高度的一种尺寸形式,标高有绝对标高和相对标高两种。绝对标高是以青岛附近某处黄海的平均海平面作为标高的零点,其他各地以它为基准而得到的高度数值称为绝对标高。相对标高是以建筑物室内底层主要地坪作为标高的零点,其他各部位以它为基准而得到的高度数值称为相对标高。在建筑工程中,除总平面图外,一般都采用相对标高,在施工总说明中,一般要说明相对标高和绝对标高的关系。

（5）指北针和风向频率玫瑰图

总平面图上应画出指北针或风向频率玫瑰图(简称风玫瑰图)。指北针的形式如图 3.4 所示,圆圈直径为 24 mm,用细实线绘制,针尖指向正北,尾端宽度为 3 mm。风玫瑰图由当地气象部门提供,粗实线表示全年主导风向频率,细虚线表示六、七、八三个月的风向频率,风玫瑰图可兼作指北针。总平面图应按上北下南方向绘制。根据场地形状或布局,可向左或向右偏转,但不宜超过 45°。

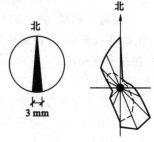

图 3.4 指北针和风玫瑰图

3.3　建筑平面图

3.3.1　建筑平面图的形成

假想经过门窗洞沿水平面将房屋剖开,移去上部,由上向下投射所得到的水平剖视图,称为平面图。平面图表示房屋的平面布局,反映各个房间的分隔、大小、用途,门窗以及其他主要构配件和设施的位置等内容。如果是楼房,还应表示楼梯的位置、形式和走向。对于多层建筑,应画出各层平面图,但当有些楼层的平面相同,或者仅有局部不同时,则可以画一个共同的平面图(称为标准层平面图)。对于局部不同之处,则需要另画局部平面图。

3.3.2　平面图的图示内容

房屋的建筑规模、使用功能不同,平面图的复杂程度也会有很大差异。但一般而言,建筑平面图中应包含以下内容:

(1) 楼层、图名、比例;

(2) 纵横定位轴线及其编号;

(3) 各房间的平面组合和分隔,承重构件(墙、柱)的断面形状及尺寸;

(4) 各房间的名称(功能);

(5) 门、窗布置及其型号;

(6) 楼梯梯级形状、梯段走向和级数;

(7) 其他建筑构配件,如台阶、花台、雨篷、阳台以及各种装饰等的布置、形状和尺寸;

(8) 卫生间、厨房等固定设施的布置;

(9) 应当标注的尺寸、标高,坡道的坡向、坡度,表示房屋朝向的指北针;

(10) 详图剖切位置及索引符号。

3.3.3　建筑平面图的有关规定和要求

(1) 比例和图名

由于建筑物的形状较大,因此,常用较小的比例绘制建筑平面图。平面图常用比例为 1∶50、1∶100、1∶200,在实际工程中通常用 1∶100 的比例绘制。

一般情况下,每层房屋画一个平面图,并在图的正下方标注相应的图名,如"底层平面图""二层平面图"等。图名下加画一条粗实线,比例标注在图名右方,其字高比图名字高小一号或小两号。如果房屋有若干层的平面,构造情况完全一致,则可以用一个平面图来表达,称为标准层平面图。

(2) 线型

凡是切割到的墙、柱的断面轮廓线用粗实线,门窗的开启示意线用中粗线,其余可见轮廓线则用细实线来表示。

(3) 定位轴线

在房屋施工图中,用来确定房屋基础、墙、柱和梁等承重构件的相对位置,并带有编号的轴线称为定位轴线。它是施工放线、测量定位、结构设计的依据。定位轴线要用细点画线画出,端部还要绘制直径为8 mm 的细实线圆圈,并在圆内写轴线编号。对于前后、左右不对称的图形,应在四方标注定位轴线。若对称,则在左下方标注。

(4) 尺寸标注

平面图尺寸分外部尺寸和内部尺寸两部分。

① 外部尺寸。为方便读图和施工,需在外墙侧沿横向、竖向分别标注三道尺寸。第一道尺寸称为细部尺寸,这道尺寸离外墙线最近,它是以定位轴线为基准的门窗洞及洞间墙的尺寸。标注时尺寸线到图形轮廓线的距离不宜小于 10 mm。第二道尺寸称为定位尺寸,表示轴线之间的距离。它标注在各轴线之

间,说明房间的开间及进深的尺寸。第三道尺寸称为总尺寸,它是从建筑物一端外墙到另一端外墙的总长和总宽尺寸。三道尺寸线之间的距离宜为 10 mm。

当平面图的上下或左右的外部尺寸相同时,只需要标注左(右)侧尺寸与下(上)方尺寸就可以了;否则,平面图的上下与左右均应标注尺寸。外墙以外的台阶、平台、散水等细部尺寸宜单独标注。

② 内部尺寸。内部尺寸是指外墙以内的全部尺寸,它主要用于注明内墙门窗的位置及其宽度、墙体厚度、房间大小、卫生器具等固定设备的位置及大小。

(5)图例

因为建筑平面图的绘图比例较小,所以在平面图中某些建筑构造、配件和卫生器具等都不能按其真实投影画出,而是要用"图例"中规定的图例表示。如平面图中的楼梯、洗脸盆、门窗等均用图例符号表示。

门、窗的代号分别用 M 和 C 表示,代号的后面注写编号,如 M1、M2、C1、C2 等。同一编号表示同一种类型(即大小、形式和材料都相同)的门窗。如门窗的类型较多,则可单列门窗表,表达门窗的编号、尺寸和数量等内容。对于门窗的具体做法可查阅其构造详图。常用的建筑配件图例如表 3.3 所示。

表 3.3　常用的建筑配件图例

名称	图例	名称	图例
墙体	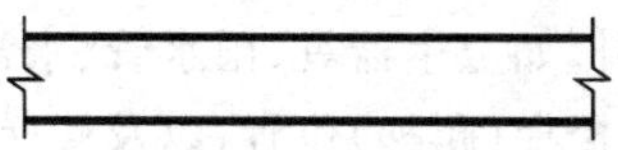	长坡道	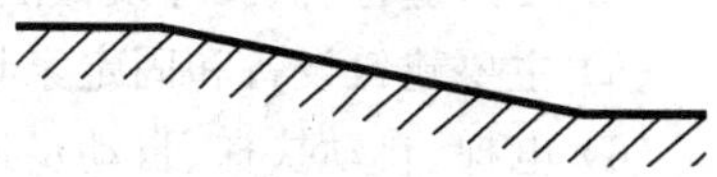
单扇门	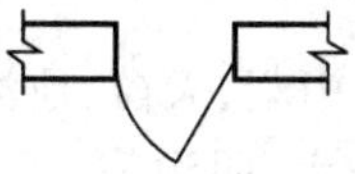	双扇门	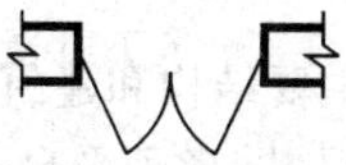
单层固定窗	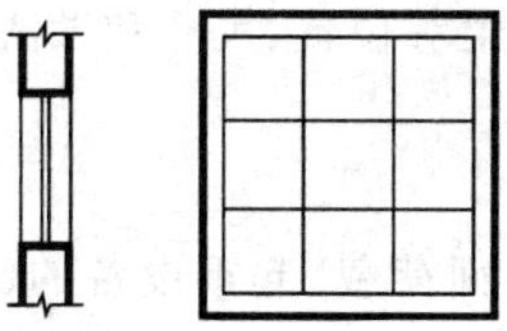	单层外开上悬窗	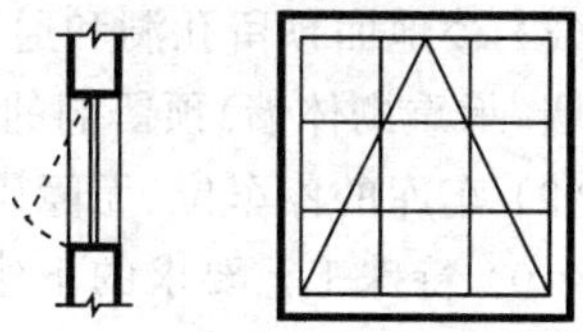
孔洞		烟道	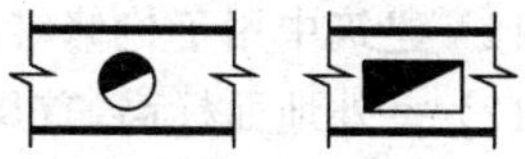
底层楼梯	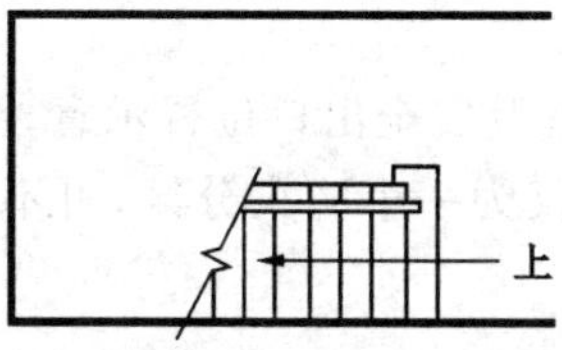	顶层楼梯	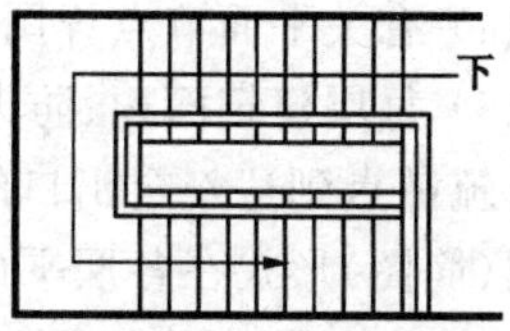
平面高差	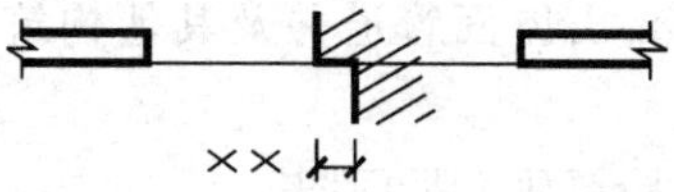	标准层楼梯	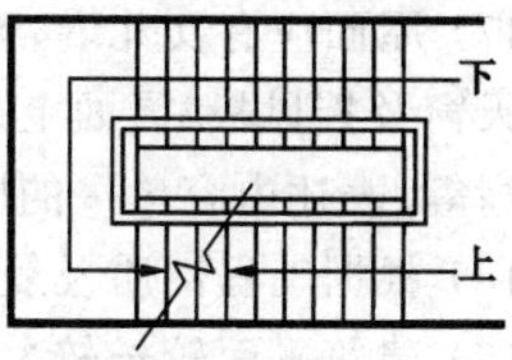
门口坡道	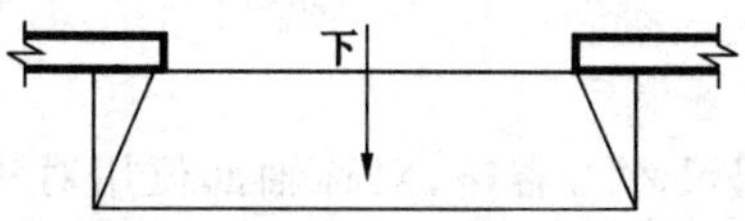	墙预留洞	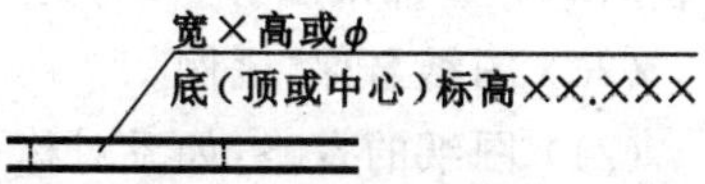
墙预留槽	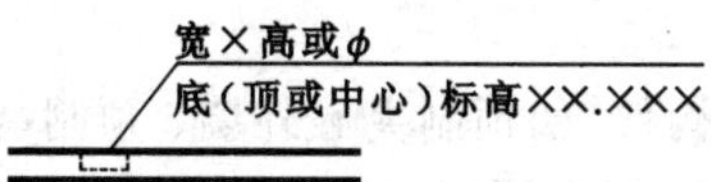		

（6）索引及其他符号

在平面图凡需要另绘详图的部位，均应画出索引符号。在底层平面图中，还应画上剖切符号以确定剖面图的剖切位置和剖视方向；表示房屋朝向的指北针也要在底层平面图中画出。

3.3.4　平面图的表达深度

根据住房城乡建设部颁布的文件《建筑工程设计文件编制深度规定》（2016 年），在施工图设计阶段，建筑平面图应满足下列设计表达深度的要求：

（1）承重墙、柱及其定位轴线和轴线编号，轴线总尺寸（或外包总尺寸）、轴线间尺寸（柱距、跨度）、门窗洞口尺寸、分段尺寸。

（2）内外门窗位置、编号，门的开启方向，注明房间名称或编号，库房（储藏）注明储存物品的火灾危险性类别。

（3）墙身厚度（包括承重墙和非承重墙），柱与壁柱截面尺寸（必要时）及其与轴线的关系尺寸，当围护结构为幕墙时，标明幕墙与主体结构的定位关系及平面凹凸变化的轮廓尺寸；玻璃幕墙部分标注立面分格间距的中心尺寸。

（4）变形缝位置、尺寸及做法索引。

（5）主要建筑设备和固定家具的位置及相关做法索引，如卫生器具、雨水管、水池、台、橱、柜、隔断等。

（6）电梯、自动扶梯、自动步道及传送带（注明规格）、楼梯（爬梯）位置，以及楼梯上下方向示意和编号索引。

（7）主要结构和建筑构造部件的位置、尺寸和做法索引，如中庭、天窗、地沟、地坑、重要设备或设备基础的位置尺寸、各种平台、夹层、人孔、阳台、雨篷、台阶、坡道、散水、明沟等。

（8）楼地面预留孔洞和通气管道、管线竖井、烟囱、垃圾道等位置、尺寸和做法索引，以及墙体（主要为填充墙，承重砌体墙）预留洞的位置、尺寸与标高或高度等。

（9）车库的停车位、无障碍车位和通行路线。

（10）特殊工艺要求的土建配合尺寸及工业建筑中的地面荷载、起重设备的起重量、行车轨距和轨顶标高等。

（11）建筑中用于检修维护的天桥、栅顶、马道等的位置、尺寸、材料和做法索引。

（12）室外地面标高、首层地面标高、各楼层标高、地下室各层标高。

（13）首层平面标注剖切线位置、编号及指北针或风玫瑰图。

（14）有关平面节点详图或详图索引号。

（15）每层建筑面积、防火分区面积、防火分区分隔位置及安全出口位置示意，图中标注计算疏散宽度及最远疏散点到达安全出口的距离（宜单独成图）；当整层仅为一个防火分区，可不注防火分区面积，或以示意图（简图）形式在各层平面中表示。

（16）住宅平面图中标注各房间使用面积、阳台面积。

（17）屋面应有女儿墙、檐口、天沟、坡度、坡向、雨水口、屋脊（分水线）、变形缝、楼梯间、水箱间、电梯机房、天窗及挡风板、屋面上人孔、检修梯、室外消防楼梯、出屋面管道井及其他构筑物，必要的详图索引号、标高等；表述内容单一的屋面可缩小比例绘制。

（18）根据工程性质及复杂程度，必要时可选择绘制局部放大平面图。

（19）建筑平面较长较大时，可分区绘制，但须在各分区平面图适当位置上绘出分区组合示意图，并明显表示本分区部位编号。

（20）图纸名称、比例。

（21）图纸的省略：如系对称平面，对称部分的内部尺寸可省略，对称轴部位用对称符号表示，但轴线号不得省略；楼层平面除轴线间等主要尺寸及轴线编号外，与首层相同的尺寸可省略；楼层标准层可共用同一平面，但需注明层次范围及各层的标高。

（22）装配式建筑应在平面中用不同图例注明预制构件（如预制夹心外墙、预制墙体、预制楼梯、叠合阳台等）位置，并标注构件截面尺寸及其与轴线关系尺寸；提供预制构件大样图，给出为控制尺寸及一体化装修相关的预埋点位。

3.4 建筑立面图

3.4.1 建筑立面图的形成

将房屋立面向与之平行的投影面上投射,所得到的正投影图称为建筑立面图。建筑立面图主要表达房屋的外部形状、房屋的层数和高度、门窗的形状和高度、外墙面的装修做法及所用材料等。建筑立面图在施工过程中,主要用于室外装修。

3.4.2 立面图的图示内容

建筑立面图应表示投影方向可见的建筑外轮廓线和建筑构造、构配件、外墙面做法以及必要的尺寸与标高。通常在立面图中应包含以下内容:

(1) 图名、比例;

(2) 立面图两端的定位轴线及其编号;

(3) 门窗的形状、位置以及开启的方向符号;

(4) 屋顶外形;

(5) 各种墙面、台阶、花台、雨篷、窗台、阳台、雨水管、外墙装饰及各种线脚的位置、形状、用量和做法等;

(6) 标高及必须标注的局部尺寸;

(7) 详图索引符号。

满足下列情形之一的,立面图绘制时可作相应简化:① 如果建筑的前后(或左右)具有完全相同的立面,可以只绘一个立面图,另一个用文字说明即可;② 立面图上相同的门窗、阳台、外装饰构件、构造做法等,可在局部重点表示,其他部分可只绘出轮廓线;③ 完全对称的立面,可只绘一半,并在对称轴处加绘对称符号(但由于外形不完整,一般较少采用)。

3.4.3 立面图的命名

当房屋前后、左右立面形状不同时,有以下几种方式命名。

(1) 按房屋两端定位轴线编号命名:如①~⑨立面图、⑨~①立面图等。

(2) 按方位命名:将反映主要出入口或比较明显地反映出房屋外貌特征的立面图命名为正立面图。其余的立面图分别命名为背立面图、左侧立面图、右侧立面图。

(3) 按房屋的朝向命名:如南立面图、北立面图、东立面图和西立面图等。

3.4.4 建筑立面图的有关规定和要求

(1) 比例

绘制立面图所采用的比例应与平面图相同。其常用比例有 1:50、1:100 和 1:200 等。

(2) 图例

立面图用较小比例绘制,门窗应用图例表示。外墙面的装修材料除可画出部分图例外,还应用文字加以说明。图中相同的门窗、阳台、外墙装饰、构造做法等可在局部重点表示,绘出其完整图形,其余可只画轮廓线。

(3) 定位轴线

在立面图中,一般只画两端的定位轴线及其编号,以便与平面图对照确定立面图的方向,如①、⑨等。

(4) 图线

为了使立面图中的主次轮廓线层次分明,增强图面效果,应采用不同线型。室外地面用特粗线表示;立面外轮廓线用粗实线绘制;门窗洞口、台阶、花台、阳台、雨篷、檐口、烟道、通风道等均用中实线画出;某些细部轮廓线,如门窗格子、阳台栏杆、装饰线脚、墙面分格线、雨水管和文字说明引出线等均用细实线画出。

（5）尺寸标注

立面图中应标注出外墙各主要部位的标高及高度方向的尺寸,如室外地面、台阶、窗台、门窗上口、阳台、雨篷、檐口、屋顶、烟道、通风道等处的标高。对于外墙预留洞除注出标高外,还应注明其定量尺寸和定位尺寸。各标高注写在立面图的左侧或右侧且排列整齐。

（6）其他标注

建筑物外墙的各部分装饰材料、色彩、做法等用文字说明。立面图画完后,应在其下注明图名、比例,图名下画粗下画线。

3.4.5 立面图的表达深度

根据住房城乡建设部颁布的文件《建筑工程设计文件编制深度规定》(2016年),在施工图设计阶段,建筑立面图应满足下列设计表达深度的要求:

（1）两端轴线编号,立面转折较复杂时可用展开立面表示,但应准确注明转角处的轴线编号。

（2）立面外轮廓及主要结构和建筑构造部件的位置,如女儿墙顶、檐口、柱、变形缝、室外楼梯和垂直爬梯、室外空调机搁板、外遮阳构件、阳台、栏杆、台阶、坡道、花台、雨篷、烟囱、勒脚、门窗(消防救援窗)、幕墙、洞口、门头、雨水管,以及其他装饰构件、线脚和粉刷分格线等,当为预制构件或成品部件时,按照建筑制图标准规定的不同图例示意,装配式建筑立面应反映出预制构件的分块拼缝,包括拼缝分布位置及宽度等。

（3）建筑的总高度、楼层位置辅助线、楼层数、楼层层高和标高以及关键控制标高的标注,如女儿墙或檐口标高等;外墙的留洞应标注尺寸与标高或高度尺寸(宽×高×深及定位关系尺寸)。

（4）平、剖面未能表示出来的屋顶、檐口、女儿墙、窗台以及其他装饰构件、线脚等的标高或尺寸。

（5）在平面图上表达不清的窗编号。

（6）各部分装饰用料、色彩的名称或代号。

（7）剖面图上无法表达的构造节点详图索引。

（8）图纸名称、比例。

（9）各个方向的立面应绘齐全,但差异小、左右对称的立面可简略;内部院落或看不到的局部立面,可在相关剖面图上表示,若剖面图未能表示完全时,则需单独绘出。

3.5 建筑剖面图

阅读建筑立面图时,应与建筑平面图、建筑剖面图对照,特别要注意建筑物体形的转折与凹凸变化。

3.5.1 建筑剖面图的形成

假想用一个或两个铅垂的剖切平面把房屋垂直切开,移去构造简单的一半,将剩余部分向投影面投射,所得到的剖视图称为建筑剖面图。用剖面图表示房屋,通常是将房屋横向剖开,必要时也可纵向将房屋剖开。剖切面选择在能显露出房屋内部结构和构造比较复杂、有变化、有代表性的部位,并应通过门窗洞口的位置。若为多层房屋,剖切面应选择在楼梯间和主要入口。当一个剖切平面不能同时剖到这些部位时,可转折成两个平行的剖切平面。

建筑剖面图主要用于反映房屋内部在高度方面的情况。如屋顶的形式、楼房的层次、房间和门窗各部分的高度、楼板的厚度等。同时也可以表示出房屋所采用的结构形式。

3.5.2 剖面图的图示内容

剖面图剖面应剖在层高、层数不同,内外空间比较复杂的部位(如中庭与邻近的楼层或错层部位),剖面图应准确、清楚地标示出剖到或看到的各相关部分内容,并应表示:

（1）主要内、外承重墙、柱的轴线及编号;

（2）主要结构和建筑构造部件,如地面、楼板、屋顶、檐口、女儿墙、吊顶、梁、柱、内外门窗、天窗、楼梯、

电梯、平台、雨篷、阳台、地沟、地坑、台阶、坡道等;

（3）各层楼地面和室外标高以及室外地面至建筑檐口或女儿墙顶的总高度,各楼层之间尺寸及其他必需的尺寸等;

（4）图纸名称、比例;

（5）对于紧邻的原有建筑,应绘出其局部的平、立、剖面图。

3.5.3 剖面图的命名

剖面图命名应与底层平面图剖切符号相对应,如 1—1 剖面图或 A—A 剖面图。

3.5.4 建筑剖面图的有关规定和要求

（1）比例

剖面图比例与平面图比例相同。

（2）图例

建筑剖面图比例较小,门窗及构造层次的材料可用图例表示。

（3）定位轴线

画出两端的轴线及编号,以便与平面图对照。有时也注出中间的轴线。

（4）图线

在剖面图中,被剖到的室外地面线用特粗线表示,其他被剖到的部位,如散水、墙身、地面、楼梯、圈梁、过梁、雨篷、阳台、顶棚等均用粗实线或图例表示。在比例小于 1:50 的剖面图中,钢筋混凝土构件断面允许用涂黑表示。其他未剖到但能看见的建筑构造则按投影关系用细实线画出。

（5）尺寸标注

房屋剖面图主要标注房屋各组成构件的高度尺寸和标高。

① 高度尺寸。房屋剖面图外部尺寸也需标注三道尺寸。第一道尺寸是以层高为基准的门窗洞及洞间墙的高度尺寸;第二道尺寸为层高尺寸;第三道尺寸是室外地坪至女儿墙顶之间的总尺寸。房屋剖面图内部应注出室内门窗及墙裙的高度尺寸。

② 标高。注出室内外地面、各层楼面、烟道和通风道等处的标高。

（6）标注

剖切位置线和剖视方向线必须在底层平面图中画出并注写编号,编号可用阿拉伯数字、罗马数字或拉丁字母。在剖面图的下方标注与其相同的图名和比例,图名下画粗下画线。

3.5.5 剖面图的表达深度

（1）剖视位置应选在层高不同、层数不同,内外部空间比较复杂,具有代表性的部位;建筑空间局部不同处以及平面、立面均表达不清的部位,可绘制局部剖面。

（2）墙、柱轴线和轴线编号。

（3）剖切到或可见的主要结构和建筑构造部件,如室外地面、底层地(楼)面、地坑、地沟、各层楼板、夹层、平台、吊顶、屋架、屋顶、出屋顶烟囱、天窗、挡风板、檐口、女儿墙、爬梯、门、窗、楼梯、台阶、坡道、散水、平台、阳台、雨篷、洞口及其他装修等可见的内容。

（4）高度尺寸。外部尺寸:门、窗、洞口高度,层间高度,室内外高差,女儿墙高度,总高度;内部尺寸:地坑(沟)深度,隔断、内窗、洞口、平台、吊顶等的高度。

（5）标高。主要结构和建筑构造部件的标高,如地面、楼面(含地下室)、平台、吊顶、屋面板、屋面檐口、女儿墙顶、高出屋面的建筑物、构筑物及其他屋面特殊构件等的标高,室外地面标高。

（6）节点构造详图索引号。

（7）图纸名称、比例。

3.6　建　筑　详　图

3.6.1　概述

建筑平、立、剖面图一般以小比例绘制,许多细部难以表达清楚。因此,在建筑图中常用较大比例绘制若干局部性的图样以便施工,这种图样称为建筑详图(大样图)。详图的特点是比例大、图示清楚、尺寸标注齐全、文字说明详尽。建筑详图包括建筑构件、配件详图和剖面节点详图。对于采用标准图或通用详图的建筑构、配件和剖面节点,只要注明所采用的图集名称、编号或页次即可,可不画详图。

详图所用比例视图形本身复杂程度而定,一般采用 1∶5、1∶10、1∶20 等。建筑物或构筑物的局部放大详图常用比例有 1∶10、1∶20、1∶25、1∶30、1∶50 等。配件及构造详图常用比例有 1∶1、1∶2、1∶5、1∶10、1∶15、1∶20、1∶25、1∶30、1∶50 等。

详图的数量视需要而定。如墙身详图只需一个剖面图;楼梯详图需要平面图、剖面图,踏步、栏杆等详图;门窗详图需要立面图、节点图、断面图和门窗扇立面图等。详图的剖面区域上应画出材料图例。

3.6.2　详图的图示内容

(1) 内外墙、屋面等节点,绘出不同构造层次,表达节能设计内容,标注各材料名称及具体技术要求,注明细部和厚度尺寸等。

(2) 楼梯、电梯、厨房、卫生间、阳台、管沟、设备基础等局部平面放大和构造详图,注明相关的轴线和轴线编号以及细部尺寸,设施的布置和定位、相互的构造关系及具体技术要求等,应提供预制外墙构件之间拼缝防水和保温的构造做法。

(3) 其他需要表示的建筑部位及构配件详图。

(4) 室内外装饰方面的构造、线脚、图案等;标注材料及细部尺寸、与主体结构的连接等。

(5) 门、窗、幕墙绘制立面图,标注洞口和分格尺寸,对开启位置、面积大小和开启方式,用料材质、颜色等做出规定和标注。

(6) 对另行专项委托的幕墙工程、金属、玻璃、膜结构等特殊屋面工程和特殊门窗等,应标注构件定位和建筑控制尺寸。

3.6.3　外墙详图

(1) 外墙详图的形成及作用

外墙详图是假想用一剖切平面在窗洞口处将墙身完全剖开,并用大比例分别画出的墙身剖面图。也可在建筑剖面图外墙上各点处标注索引符号,分别用大图绘出,整齐排列在一起,构成外墙身详图。外墙身详图详尽地表示出外墙身从基础以上到屋顶各节点,如防潮层、勒脚、散水、窗台、门窗过梁、地面、各层楼面、屋面、檐口、外墙内外墙面装修等的尺寸、材料和构造做法,是施工的重要依据。

(2) 图示内容

墙身剖面详图主要用以详细表达地面、楼面、屋面和檐口等处的构造,楼板与墙体的连接形式以及门窗洞口、窗台、勒脚、防潮层、散水和雨水管等的细部做法。同时,在被剖到的部分内,根据所用材料画上相应的材料图例,并注写多层构造说明。

(3) 规定画法

由于墙身较高且绘图比例较大,画图时,常在窗洞口处将其折断成几个节点,若多层房屋的各层构造相同时,则可只画底层、中间层、顶层的构造节点,仅在中间层楼面和墙洞上下口的标高处用括号加注省略层的标高。墙身详图常用 1∶20 的比例绘制。有时,房屋的檐口、屋面、楼面、窗台、散水等配件节点详图可直接在建筑标准图集中选用,但需在建筑平面图、立面图或剖面图中的相应部位标出索引符号,并注明标准图集的名称、编号和详图号。

（4）尺寸标注

在墙身剖面详图的外侧,应标注垂直分段尺寸和室外地面、窗口上下皮、外墙顶部等处的标高,墙的内侧应标注室内地面、楼面和顶棚的标高。这些高度尺寸和标高应与剖面图中所标尺寸一致。

墙身剖面详图中的门窗过梁、楼板和屋面板等构件,其详细尺寸均可省略不注,施工时,可在相应的结构施工图中查到。

3.6.4　楼梯详图

楼梯是多层房屋垂直交通的重要设施。楼梯由楼梯段、平台和栏板(栏杆)组成。楼梯段简称梯段,包括楼梯横梁、楼梯斜梁和踏步。踏步的水平面称踏面,垂直面称踢面。平台包括平台板和平台梁。楼梯详图包括楼梯平面图、楼梯剖面图、踏步和栏板(栏杆)节点详图。

楼梯详图应尽可能画在同一张图纸上。平面图、剖面图的比例应一致,一般为 1：50,踏步、栏板(栏杆)节点详图的比例要大一些,可采用 1：5、1：10、1：20 等。

楼梯详图一般分为建筑详图和结构详图,分别绘制并编入建筑施工图和结构施工图中,但对于较简单的楼梯,两图可合并绘制,编入结构施工图中。

（1）楼梯平面图

① 平面图的形成及作用

假想用一水平剖切平面,沿每层上行第一个梯段(即楼层窗洞)将楼梯水平切开,向水平面做的水平剖视图称为楼梯平面图。楼梯平面图的作用在于表明各层梯段和楼梯平面的布置以及梯段的长度、宽度和各级踏步的宽度。

② 楼梯平面图命名

按剖切位置不同分为底层平面图、二层平面图、……、顶层平面图。一般每层都应画出平面图,但三层以上的房屋,若中间多层的楼梯形式、构造完全相同,则只需画出底层、一个中间层(标准层)和顶层三个平面图。但应在标准层的平台面、楼面以括号形式加注省略层的标高。

③ 规定画法

楼梯平面图的图线同房屋平面图。楼梯平面图应根据楼梯间的开间、进深和墙厚,画出墙、窗、平台、栏板(栏杆),各梯段踏步的投影。梯段最高一级的踏面数总比步级数少 1。底层平面图中应标注楼梯间剖面图的剖切位置线。

楼梯平面图中应画出梯段折断线。折断线若反映真实投影应为一条水平线,为避免与踢面投影线混淆,规定在梯段上部平台位置处画与踏面线成 30°的折断线。为了表示各个楼层的楼梯的上下关系,可在梯段上用指示线和箭头表示,并以各自楼层的楼(地)面为准,在指示线端部注写"上"和"下"。因顶部楼梯平面图中没有向上的楼梯,故只有"下"。

（2）楼梯剖面图

① 楼梯剖面图的形成

用一假想的铅垂剖切平面沿梯段的长度方向,将楼梯间垂直分开,向未被剖到的梯段方向进行投射,所得到的剖视图称为楼梯剖面图。

② 规定画法

在多层房屋中,若中间各层的楼梯构造完全相同,可只画出底层、中间层(标准层)和顶层的剖面,中间以折断线断开,但应在中间层的楼面、平台层处以括号形式加注中间各层相应部位的标高。未被剖到的梯段,由于栏板遮挡而不可见时,其踏步可用虚线表示,也可不画,但仍应标注该梯段的步级数和高度尺寸。楼梯剖面图不画屋面和基础,以折断线断开;楼梯剖面图应表示出楼梯的形式和构造,各构件之间、构件与墙体之间的搭接方法,梯段形状,踏步、栏杆、扶手的形状和高度。

③ 尺寸标注

在楼梯剖面图中应标注楼梯间的轴线及其编号,轴线间距尺寸,楼面、地面、平台面、门窗洞口的标高和竖向尺寸,栏板的高度。梯段高度方向的尺寸一般以乘积形式标注,即步级数×踢面高＝梯段高度。

3.7　计算书（略）

根据工程特点进行热工、视线、防护、防火、安全疏散等方面的计算。计算书作为技术文件归档。

3.8　结构施工图

3.8.1　概述

建筑施工图和结构施工图都是房屋设计与施工过程中不可缺少的图样，它们的相同之处是反映的物体都是房屋上的主要组成部分。不同的是建筑施工图主要反映房屋的整体情况和各构件间的材料连接及构造关系，以保证房屋的完整、舒适、美观等要求；结构施工图则是为了满足房屋建筑的安全与经济施工的要求，对组成房屋的承重构件，如基础、柱、梁、板等，依据力学原理和有关的设计规程、规范进行计算，从而确定它们的形状、尺寸以及内部构造等，并将计算、选择结果绘成图样，这样的图称为结构施工图，简称"结施"。

结构施工图包括三方面的内容：首先是结构设计与施工的总说明，如抗震设计、场地土质类型及地基情况、基础与地基的连接，以及各承重构件的选材、规格、施工注意事项等。其次是结构布置图，按构造又可分为基础平面布置图、楼层平面布置图、屋面结构平面布置图等，主要表示各构件的位置、数量、型号、相互联系等。最后是结构构件详图，它主要表示单个构件的构造、形状、材料、尺寸以及施工工艺等要求。结构施工图按所用材料的不同，又可分为钢筋混凝土结构图、钢结构图等。

绘制结构施工图，除应遵守《房屋建筑制图统一标准》（GB/T 50001—2017）、《建筑制图标准》（GB/T 50104—2010）外，还应遵守《建筑结构制图标准》（GB/T 50105—2010）。

房屋结构的基本构件，如基础、板、梁、柱等，种类繁多，布置复杂。为了图示效果的简洁明了和提高工作效率、减少事故，图样上的各类构件均有统一规定的代号，常用构件代号如表 3.4 所示。

表 3.4　常用构件代号

序号	名称	代号	序号	名称	代号	序号	名称	代号
1	板	B	11	过梁	GL	21	柱	Z
2	屋面板	WB	12	连系梁	LL	22	框架柱	KZ
3	空心板	KB	13	基础梁	JL	23	构造柱	GZ
4	槽形板	CB	14	楼梯梁	TL	24	桩	ZH
5	楼梯板	TB	15	框架梁	KL	25	挡土墙	DQ
6	盖板	GB	16	屋架	WJ	26	地沟	DG
7	梁	L	17	框架	KJ	27	梯	T
8	屋面梁	WL	18	刚架	GJ	28	雨篷	YP
9	吊车梁	DL	19	支架	ZJ	29	阳台	YT
10	圈梁	QL	20	基础	J	30	预埋件	M

3.8.2　钢筋混凝土构件图的图示要求

钢筋混凝土构件图又可称为配筋图，它在表示构件形状、尺寸的基础上，将构件内钢筋的种类、数量、形状、等级、直径、尺寸、间距等配置情况反映清楚。其图示特点有：

（1）图示重点是钢筋及其配置，而不是构件的形状。为此，构件的可见轮廓线等以细实线绘制。

（2）假想混凝土是透明体且不画材料符号，构件内的钢筋是可见的，钢筋以粗实线（单线）绘出，可见的是粗实线，不可见的是粗虚线。钢筋的横断面以直径 1 mm 以内的黑圆点表示。

　　(3) 为了保证结构图的清晰,构件中的各种钢筋,凡形状、等级、直径、长度不同的,都应给予不同的编号,编号数字写在直径为 6 mm 的细线圆中,编号圆应绘制在引出线的端部。同时,对各编号钢筋的数量、级别代号、直径数字、间距代号及数字也应注出。

　　(4) 配筋图上各类钢筋的交叉重叠很多,为了更方便地区分它们,建筑结构设计规范对配筋图上的钢筋画法与图例也有规定,常见的如表 3.5 所示。钢筋混凝土构件图画好后,还要做钢筋统计表,简称钢筋表,以便更清楚地反映钢筋的类型、数量等,方便施工下料。

表 3.5　常见的钢筋一般表示方法

序号	名　称	图例	序号	名　称	图例
1	钢筋横断面	●	5	带丝扣的钢筋端部	////
2	无弯钩的钢筋端部		6	无弯钩的钢筋搭接	
3	带半圆形弯钩的钢筋端部		7	带半圆形弯钩的钢筋搭接	
4	带直钩的钢筋端部		8	带直钩的钢筋搭接	

3.8.3　一般建筑结构平面图的图示内容

　　(1) 绘出定位轴线及梁、柱、承重墙、抗震构造柱等定位尺寸,并注明其编号和楼层标高。

　　(2) 注明预制板的跨度方向、板号、数量及板底标高,标出预留洞大小及位置,注明预制梁、洞口过梁的位置和型号、梁底标高。

　　(3) 现浇板应注明板厚、板面标高、配筋(亦可另给放大比例的配筋图,必要时应将现浇楼面模板图和配额图分别绘制),标高或板厚变化处绘局部剖面,有预留孔、预埋件、已定设备基础时应示出规格与位置及洞边加强措施,当预留孔、预埋件、设备基础复杂时亦可放大另绘。

　　(4) 有圈梁时应注明位置、编号、标高,可用小比例绘制单线平面示意图。

　　(5) 楼梯间可绘斜线注明编号与所在详图号。

　　(6) 电梯间应绘制机房结构平面布置(楼面与顶面)图,注明梁板编号、板的厚度与配筋、预留洞大小与位置、板面标高及吊钩平面位置与详图。

　　(7) 屋面结构平面布置图内容与楼层平面图类同,当结构找坡时应标注屋面板的坡度、坡向、坡向起终点处的板面标高;当屋面上留洞或有其他设施时应绘出其位置、尺寸与详图,以及女儿墙或女儿墙构造柱的位置、编号及详图。

　　(8) 当选用标准图中节点或另给节点构造详图时,应在平面图中注明详图索引号。

3.8.4　现浇钢筋混凝土构件详图的图示内容

　　(1) 纵剖面、长度、定位尺寸、标高及配筋,梁和板的支座(可利用标准图中的纵剖面图);现浇预应力混凝土构件尚应绘出预应力筋定位图并提出锚固及张拉要求。

　　(2) 横剖面、定位尺寸、断面尺寸、配筋(可利用标准图中的横剖面图)。

　　(3) 必要时绘制墙体立面图。

　　(4) 若钢筋较复杂不易表示清楚时,宜将钢筋分离绘出。

　　(5) 对构件受力有影响的预留洞、预埋件,应注明其位置、尺寸、标高、洞边配筋及预埋件编号等。

　　(6) 曲梁或平面折线梁宜绘制放大平面图,必要时可绘展开详图。

　　(7) 一般的现浇结构的梁、柱、墙可采用"平面整体表示法"绘制,标注文字较密时,纵向梁和横向梁宜分两幅平面绘制。

　　(8) 除总说明已叙述外需特别说明的附加内容,尤其是与所选用标准图不同的要求(如钢筋锚固要求、构造要求等)。

　　(9) 对建筑非结构构件及建筑附属机电设备与结构主体的连接,应绘制连接或锚固详图。

4 建筑绘图的常用技能

📖 知识导读

本章对 AutoCAD 的绘图工具和编辑工具作简要介绍。参数化绘图是目前图形绘制的发展方向,符合正常设计的思路。AutoCAD 通过约束可以快速绘制一些复杂图形,并且可以保证在修改时满足特定要求。本章还介绍了一些绘图的常用技能。

❖ **知识重点**

➢ 基本绘图命令
➢ 基本编辑命令
➢ 对象约束
➢ 常用手法

4.1 基本绘图工具

AutoCAD 提供了大量的绘图工具,可以帮助用户完成各种图形的绘制。AutoCAD 中常用的绘图工具如表 4.1 所示。

表 4.1 AutoCAD 中常用的绘图工具

绘图工具	功能简述	常用选项	效果演示
直线 Line(L) 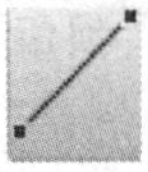	创建两端有端点且不弯曲的线	—	
多段线 PLine(PL) 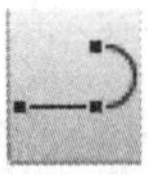	创建带有宽度的直线段、圆弧段或两者组合的单个对象	A:圆弧 L:直线 W:线宽	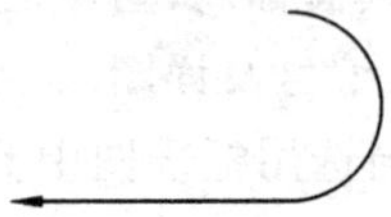
多线 Mline(ML) 	创建由多条平行线组成的单个对象	J:对正 S:比例 ST:样式	
圆 Circle(C) 	创建定点以一定距离旋转一周所形成的封闭曲线	3P:三点 2P:两点 T:切点、切点、半径	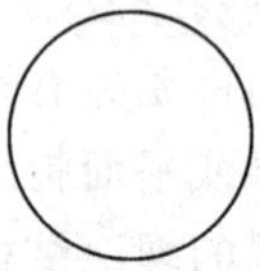

绘图工具	功能简述	常用选项	效果演示
圆弧 Arc(A) 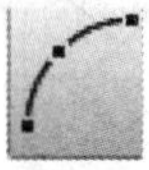	创建圆上任意两点间的部分	共 11 种绘圆弧方式	
椭圆 Ellipse(EL) 	创建点到两个焦点的距离之和是固定值的封闭曲线	A:圆弧 C:中心点 R:旋转	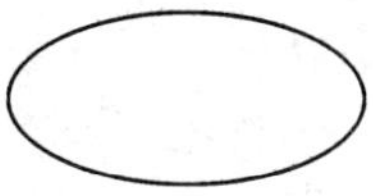
矩形 Rectangle(REC) 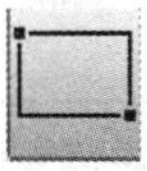	创建有一个角是直角的封闭平行四边形	C:倒角 F:圆角 T:厚度 W:宽度	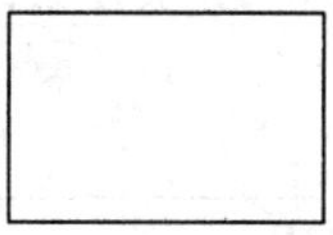
多边形 Polygon(POL) 	创建由三条或三条以上的线段首尾顺次连接所组成的平面图形	I:内接于圆 C:外切于圆	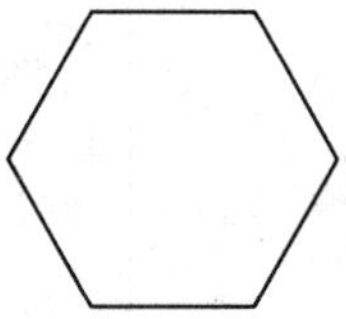
圆环 Donut(DO) 	创建实心圆或较宽的环	在命令行输入 fill 控制圆环是否填充	
样条曲线 Spline (SPL) 	创建经过或接近影响曲线形状的一系列点的平滑曲线	M:方式 K:节点 O:对象	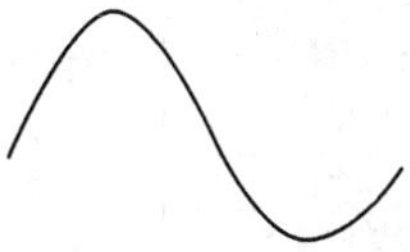
云线 Revcloud 	徒手绘制草图,然后将它们转换成直线、多段线或样条曲线	A:弧长 O:对象 R:矩形 P:多边形 F:徒手画 S:样式	
定数等分 Divide (DIV) 	创建沿对象的长度或周长等间隔排列的点对象或块	使用 PTYPE 可设置图形中所有点对象的样式和大小	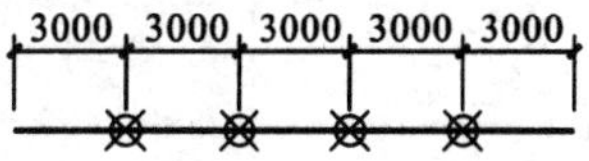 3000 3000 3000 3000 3000
定距等分 Measure (ME) 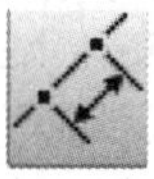	沿对象的长度或周长按测定间隔创建点对象或块	使用 PTYPE 可设置图形中所有点对象的样式和大小	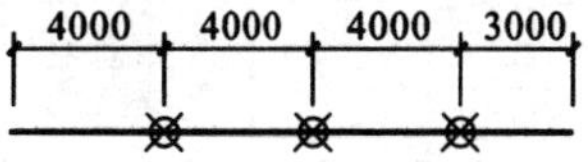 4000 4000 4000 3000

续表 4.1

绘图工具	功能简述	常用选项	效果演示
图案填充 Hatch(H) 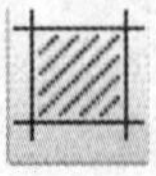	使用填充图案、纯色填充或渐变色来填充现有对象或封闭区域,也可以创建新的图案填充对象	S:实体 U:用户定义 G:渐变色	

4.2　基本编辑命令

AutoCAD 提供了大量的图形编辑修改功能,以满足工程技术上的绘图要求。编辑命令和绘图命令配合使用,可以完成复杂图形的绘制工作,并可使用户合理安排和组织图形,保证作图准确,提高设计和绘图效率。AutoCAD 中常用的编辑工具如表 4.2 所示。

表 4.2　AutoCAD 中常用的编辑工具

编辑工具	描述	之前	之后
移动 Move(M) 	将对象以指定的角度和方向变动位置	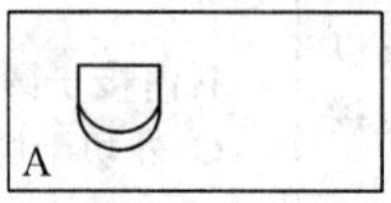	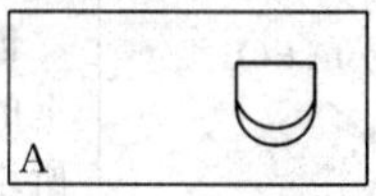
复制 Copy(CO) 	从指定的选择集和基点创建多个副本	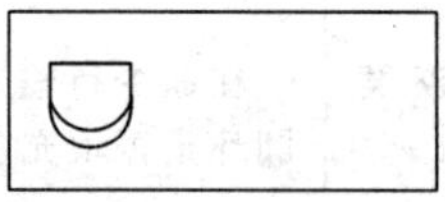	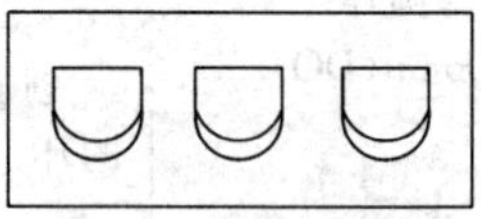
旋转 Rotate(RO) 	将对象以基点为中心转一个角度	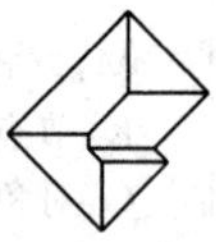	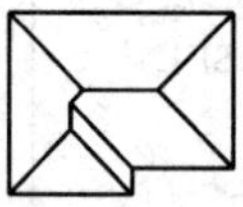
镜像 Mirror(MI) 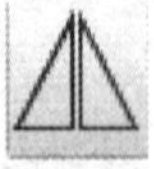	以指定的中心轴翻转对象	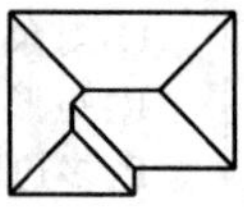	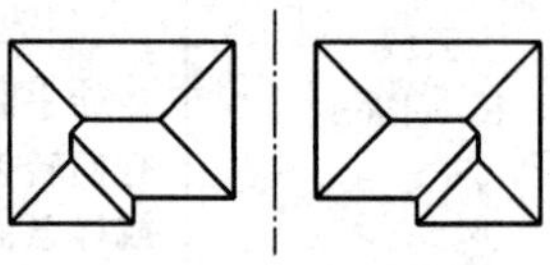
偏移 Offset(O) 	按照指定的距离创建与选定对象平行或同心的几何对象	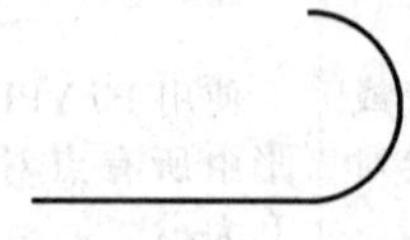	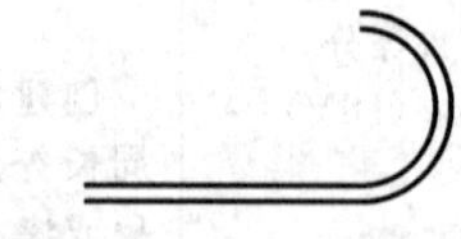
矩形阵列 Arrayrect 	以矩形模式排列选择对象	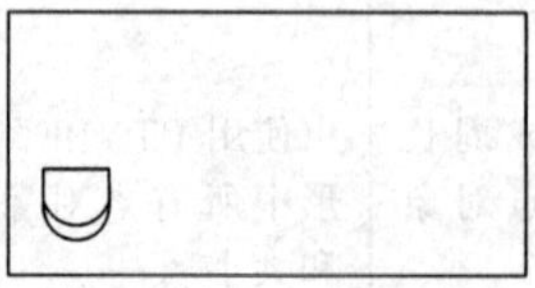	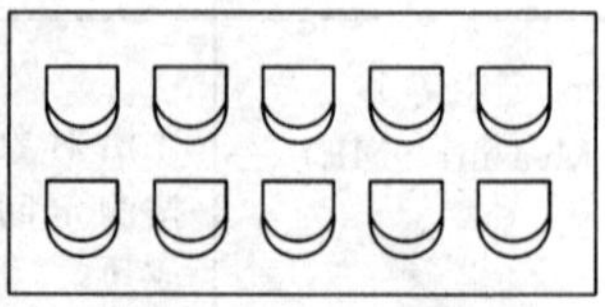

编辑工具	描述	之前	之后
环形阵列 Arraypolar 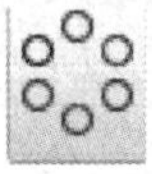	以环形模式排列选择对象	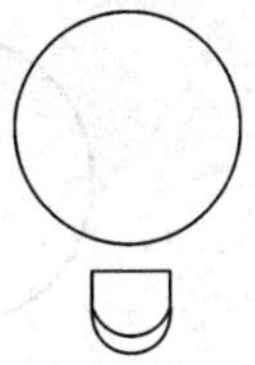	
路径阵列 Arraypath 	以路径模式排列选择对象	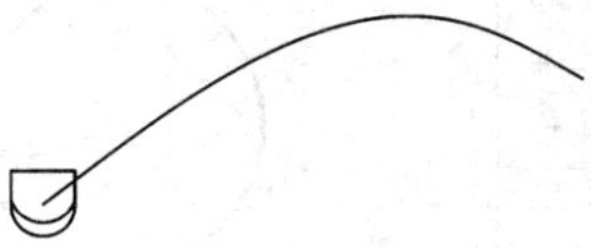	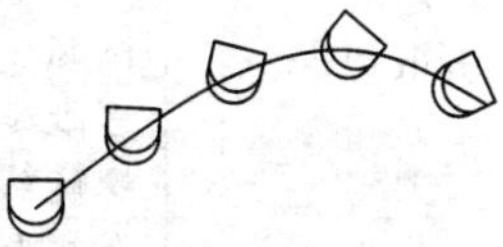
圆角 Fillet（F） 	通过二维相切圆弧连接两个对象	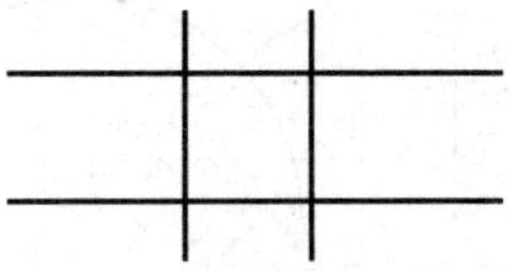	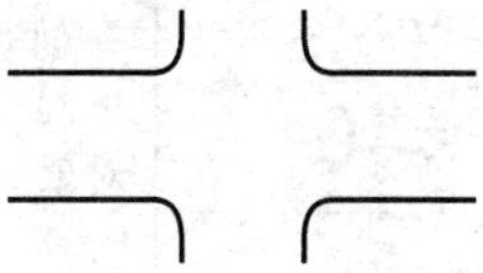
倒角 Chamfer（CHA） 	使用成角的直线连接两个对象	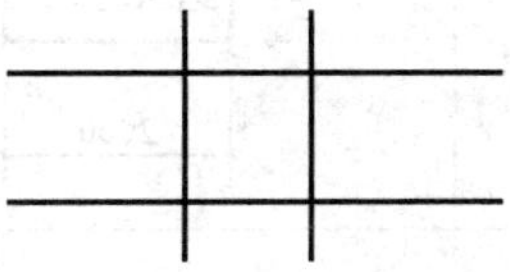	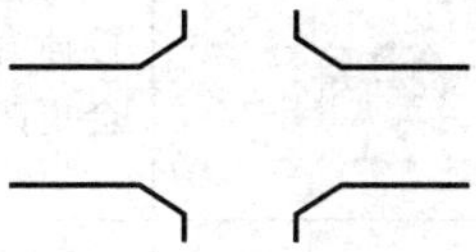
修剪 Trim（TR） 	通过确定的边界删除多余线段	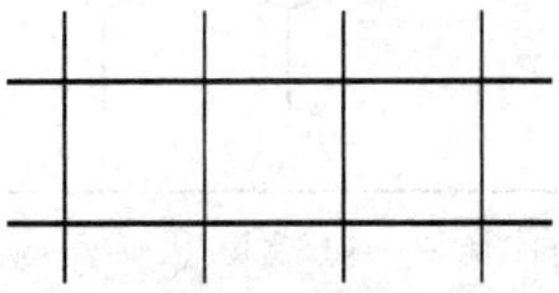	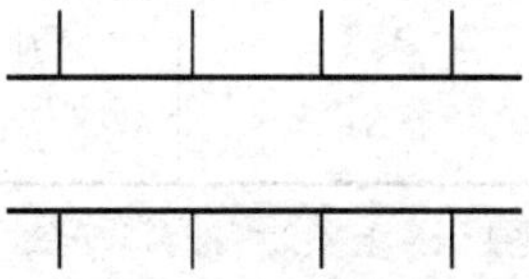
延伸 Extend（EX） 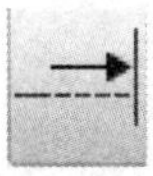	通过确定的边界补充线段	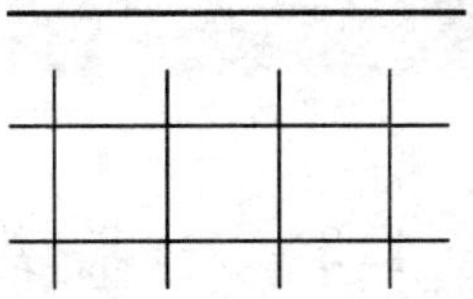	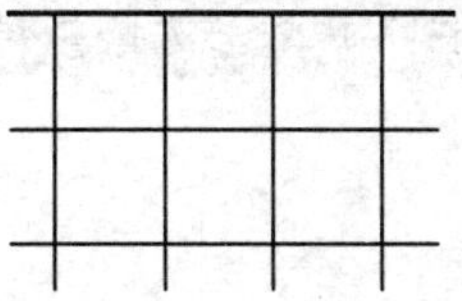
缩放 Scale（SC） 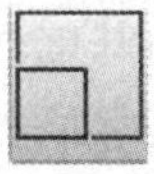	将对象在不同方向按统一比例放大或缩小	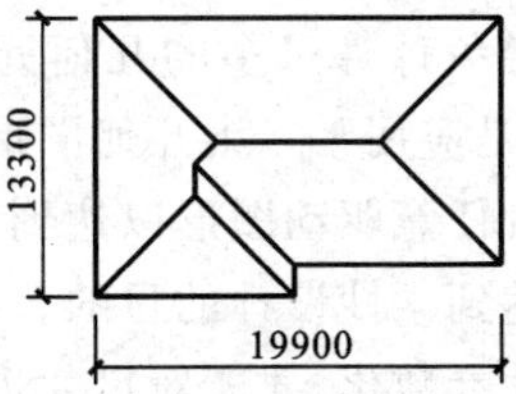 13300 19900	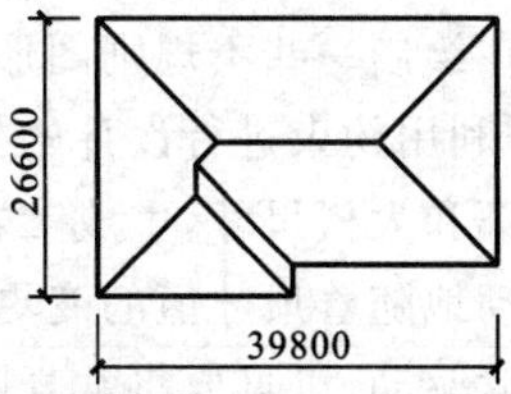 26600 39800
拉伸 Stretch（S） 	调整对象大小，使其在一个方向上按比例增大或缩小	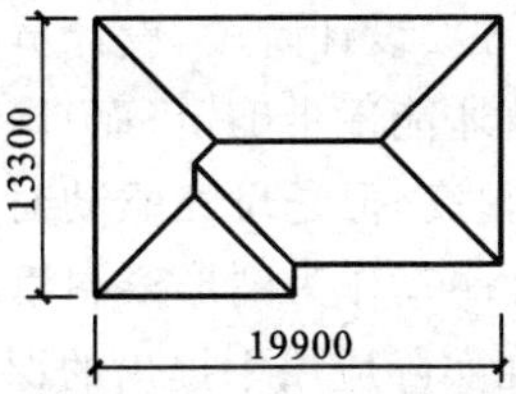 13300 19900	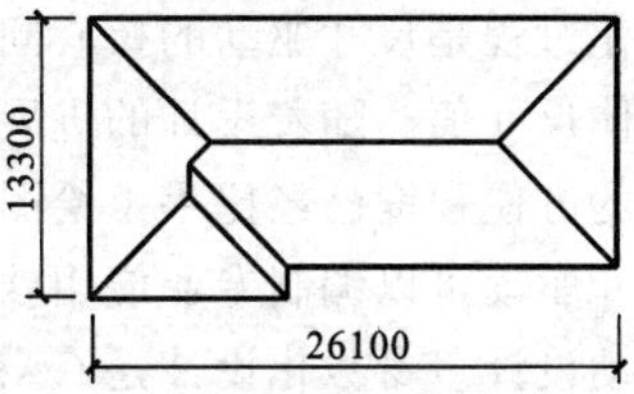 13300 26100
对齐 Align（AL） 	在二维和三维空间中将对象与其他对象对齐	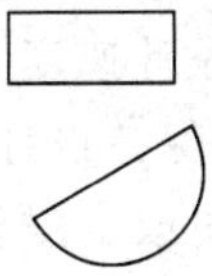	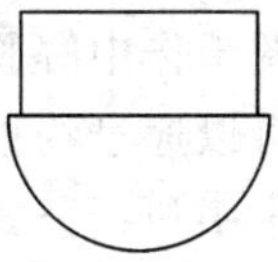

续表 4.2

编辑工具	描述	之前	之后
打断 Break（BR） 	将一个对象分解为两个对象，对象之间可以具有间隙，也可以没有间隙	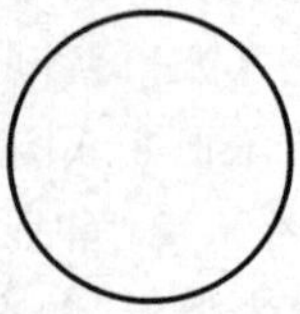	
合并 Join（J） 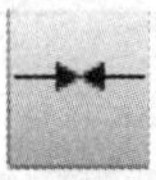	将直线、圆弧、椭圆弧、多段线、三维多段线、样条曲线和螺旋线通过其端点合并为单个对象		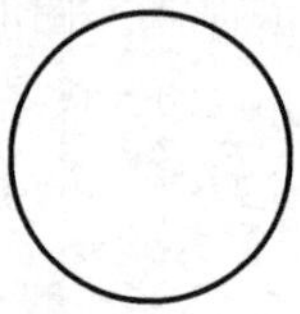
Arctext 	创建一个跟随选定圆弧曲线的文字对象	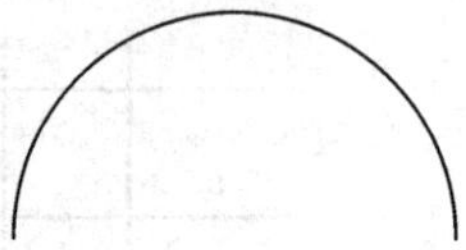	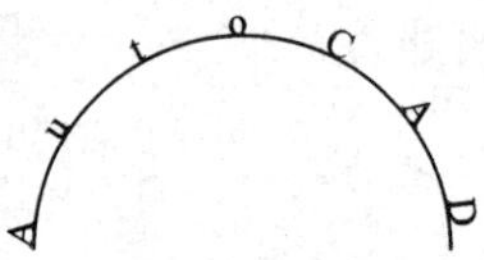
Textfit 	压缩文字的宽度，以使其适合矩形，不会更改高度	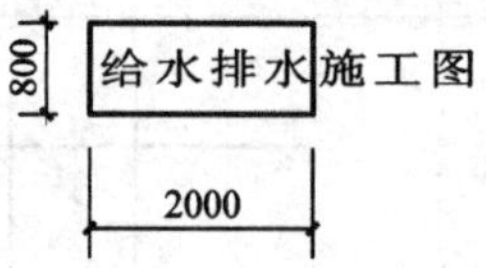 给水排水施工图	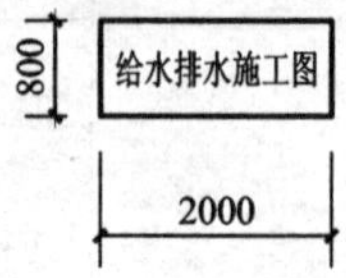 给水排水施工图
TCount 	将连续编号作为前缀、后缀或替换文字添加到文字和多行文字对象		

提示：上表中的最后三行命令来自于 AutoCAD Express Tools，其是一组用于提高工作效率的工具，可扩展 AutoCAD 的功能。Express Tools 集成了一些常用的命令，如将移动、旋转和复制合并为一个图标，根据用户需求选择其相应功能。

4.3　对象约束

在绘制一些不规则图形时，为了避免计算过多的几何元素关系，可以采用参数化图形的方法进行设计，即利用约束进行设计的技术，约束是应用于二维几何图形的关联和限制。参数化设计时只需画出作品的轮廓和大概尺寸，生成参数图后即可任意驱动图形以达到要求。尺寸驱动是参数化设计的基础，它使图形自动地随着尺寸值的变更而变化，达到柔性设计的目的。在常规的工程图中尺寸标注的是常值，不能进行尺寸驱动，可见要将常规图形的尺寸参数化，才能对尺寸进行驱动，最终达到用户满意的图形。因此，参数化过程是尺寸驱动的核心问题。在方案设计阶段，设计员关心的是设计对象的形状，而不是约束图形的具体尺寸值。随着设计的进展，尺寸值才能逐步确定，而且还需不断修改。虽然常规 CAD 系统对这种修改的方便程度已经比手工绘图有很大提高，但是尺寸驱动对图纸的修改是一个自动化的过程。同时利用尺寸驱动可以编制专业应用软件，尺寸驱动作为图形绘制模块，加上专用计算模块就可以实现某一产品的自动设计。参数化设计是 CAD 技术在实际应用中提出的课题，它不仅可使 CAD 系统具有交互式绘图功能，还具有自动绘图的功能。利用参数化设计手段开发的专用产品设计系统，可使设计人员从大量繁重而琐碎的绘图工作中解脱出来，可以大大提高设计速度，并减少信息的存储量。

用户可以通过约束图形中的几何图形来保持设计规范和要求，可以将多个几何约束应用于对象，可以在标注约束中包括公式和方程式，可以通过更改变量值快速进行设计、更改。AutoCAD 通过约束可以保证在进行设计、修改时能满足特定要求。也使得用户可以在保留指定关系的情况下尝试各种创意，高效率地对设计进行修改。AutoCAD 有几何约束和标注约束两种类型。

几何约束是使指定对象或对象上的点之间保持一定的几何关系,在进行其他编辑修改时,不会改变。常用的几何约束的功能描述如表 4.3 所示。

表 4.3 常用的几何约束的功能描述

图标	名称	功能描述
	自动约束	将多个几何约束应用于选定的对象
	重合	约束使两个点重合,或者约束某个点使其位于某对象或其延长线上
	共线	约束两条或多条直线,使其在同一个方向上
	同心	约束选定的圆、圆弧或椭圆,使其同心
	固定	约束某点或曲线在世界坐标系统特定的方向和位置上
	平行	约束两条直线使它们保持平行
	垂直	约束两条直线或多段线相互垂直
	水平	约束某直线或两点,使其与当前的 UCS 的 X 轴平行
	竖直	约束某直线或两点,使其与当前的 UCS 的 Y 轴平行
	相切	约束两曲线或曲线与直线,使其相切或延长线相切
	平滑	约束一条样条曲线,使其与其他的样条曲线、直线、圆弧、多段线彼此相连并保持其连续性
	对称	约束对象上两点或两曲线,使其相对于选定的直线对称
	相等	约束两对象具有相同的大小。如直线的长度,圆弧的半径等

标注约束用于控制设计的大小和比例。常用的标注约束的功能描述如表 4.4 所示。

表 4.4 常用的标注约束的功能描述

图标	名称	功能描述
	线性	控制两点之间的水平或竖直距离。包括水平和竖直两个方向
	对齐	约束不同对象上两个点之间的距离
	角度	控制两条直线段之间、两条多段线线段之间或圆弧的角度
	半径	控制圆、圆弧或多段线圆弧段的半径

续表 4.4

图标	名称	功能描述
	直径	控制圆、圆弧或多段线圆弧段的直径
	转换	将标注转换为标注约束

当使用约束时,图形会处于以下状态。未约束:未将约束应用于任何几何图形;欠约束:将某些约束应用于几何图形;完全约束:将所有相关几何约束和标注约束应用于几何图形。完全约束的一组对象包括至少一个固定约束,以锁定几何图形的位置。绘图时通常是首先在设计中应用几何约束以确定设计的形状,然后应用标注约束以确定对象的大小。对象约束的一些其他图标的功能描述如表 4.5 所示。

表 4.5　对象约束的一些其他图标的功能描述

图标	名称	功能描述
	显示	显示选定对象相关的几何约束
	全部显示	显示所有对象的几何约束
	全部隐藏	隐藏所有对象的几何约束
	删除约束	从对象的选择集中删除所有几何约束和标注约束
$f(x)$	参数管理器	显示当前图形中的所有标注约束参数、参照参数和用户变量

建筑施工图中经常有一些形状相似而大小不一的图形,如门窗、家具和花草等,采用参数化驱动的方法绘制较为简单。本例采用约束驱动的方法绘制一个简易平开门,其由两条等长且垂直的线段和一段圆弧组成。当改变一条线段的长度时,另一条线段和相应的圆弧也相应发生变化。绘制过程如下:

(1)图形绘制与几何约束

任意绘制两条直线,采用垂直约束,将两条直线约束为垂直关系;采用相等约束,将两条线段约束为相等。绘制圆弧,其圆心在两条线段的交点,圆弧端点与线段端点重合,采用自动约束,选择所有的点,效果如图 4.1 所示。

(2)添加标注约束

采用线性标注约束,为水平方向的线段添加约束,如图 4.2 所示。

(3)观察参数化驱动效果

点击参数管理器图标,在弹出的窗口中修改约束数值,得到不同大小的图形,观察图形大小的变化。

【扫码演示】

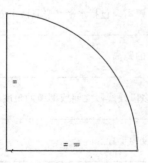

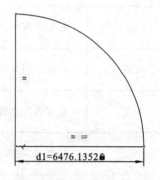

图 4.1　添加几何约束的图形　　　　图.2　添加标注约束的图形

4.4 建筑绘图的常用手法

4.4.1 利用图层

绘制一个图形对象,除了必须给出它的几何数据(如位置、形状等)以外,还要给定它的线型、线宽、颜色和状态等非几何数据。图形所具有的这些非几何信息称为图形的属性。例如,为了画一段直线,除必须指定它的两个端点的坐标外,还要说明画这段直线所用的线型(实线、虚线等)、线宽(线条的粗细)和颜色。如果对于绘制的每个图形对象都要进行这两步工作,那么势必对图形的绘制和存储带来重复和浪费。因为在工程应用中,一张完整的工程图纸是由许多基本的图形对象构成的,而其中的大部分对象都会具有相同的线型、线宽、颜色或状态。所以对每个对象重复进行上面所描述的工作,确实是一种浪费,并且还要多占用存储空间。

另外,在各种工程设计图中,往往存在着各种组织上的共性。如建筑物的家具布置图、电路布置图和管道布置图等。为了使图纸表达的内容清晰、不易出错,并便于管理,在设计、绘图和施工中,最好能分别为这些内容提供方便。

如果根据图形的这些有关线型、线宽、颜色、状态和组合性等属性信息对图形对象进行分类,使具有相同性质的对象分在同一组,那么,我们就可用对一组所共有属性的描述,来替代对该组内每个对象的属性描述,从而大大减少了重复性的工作和存储冗余。这个"组"就是AutoCAD引入的"图层"。

可以把每个图层想象为一张没有厚度的透明胶片,在图层上画图就相当于在这些透明胶片上画图。各个透明胶片相互之间完全对齐,即一个透明胶片上的某一基准点准确无误地对齐于其他各透明胶片上的同一基准点。在各透明胶片上画完图后,把这些透明胶片对齐重叠在一起,就构成了一张整图。引入了图层这个概念以后,可以事先指定每一图层的线型、线宽、颜色和状态等属性,使凡具有相同属性的图形对象都放到该图层上。这样,在绘制图形时,只需指定每个图形对象的几何数据和其所在的图层就可以了。这样做,既可使绘图过程得到简化,又便于对图形的管理。

图层的数目应该在够用的基础上越少越好,不同的图层可以设置为不同的颜色,颜色的选择应该根据打印时线宽的粗细来选择。打印时,线型设置越宽的,该图层就应该选用越亮的颜色;反之,如果打印时,该线的宽度较细,就应该选择较暗的颜色。

4.4.2 利用图块

用户在使用AutoCAD进行绘图时,经常会遇到一些重复的图形,如建筑制图中的门、窗、家具等通用图件。为了提高绘图效率、节省存储空间,AutoCAD提供了块和外部参照等功能。同时,为了便于组织文字信息,AutoCAD还提供了属性功能。块的使用可将许多对象作为一个部件进行组织和操作。属性将信息项和图形中的块联系起来。例如,部件的数量和价格。使用AutoCAD的外部参照,可以将整个图形附着或覆盖到当前图形上。当用户打开当前图形时,在参照图形上的任何修改都会体现在当前图形上。

用户可以将经常使用的图形部分构造成多种块,然后按"搭积木"的方法将各种块拼合组成完整的图形,从而使相同的图形部分不用重复绘制。用户可以利用块来建立图形符号库(图库),然后对图库进行分类,以便营造一个专业化的绘图环境。在建筑设计绘图中,可以将一些常用、专用图形构造成块,并分类建立成图库,以供用户在绘图时使用。这样做可以避免许多重复性的工作,提高设计与绘图的效率和质量。

在定义块的时候要注意三点:一是原始块最好在0层绘制;二是块的定义捕捉点一定要找块的关键点;三是块最好定义为一个基本单位,以便于缩放时计算比例。

4.4.3 绘图辅助工具

在绘制和编辑图形时,用鼠标定位虽然方便快捷,但是精度难以满足制图的要求。而AutoCAD提供了一些辅助绘图工具(如正交、栅格和捕捉等),使得用户可方便、精确地确定光标的位置。这些辅助工具的设置和使用方法,对用户快捷、有效地绘制图形是非常有用的。

4.4.4　工具栏的应用

AutoCAD 2022 版本一共提供了 52 个工具栏,但在缺省状态下,屏幕上没有显示的工具栏可以执行【工具】/【工具栏】/【AutoCAD】命令调出,这些工具栏在屏幕上是浮动的,可以随意摆放或者锁定工具栏的位置,也可以对工具栏上的图标进行编辑或者添加用户自定义的工具栏。如果用户使用 AutoCAD 经典界面,有时会一个工具栏也没有显示,此时可以执行【工具】/【选项】命令,在弹出的对话窗口,选择配置面板并执行"重置"即可。如果重置后,仍然没有工具栏,这时就需要在命令行输入命令 Menuload,在弹出的窗口加载 Acad.MNC 即可。如果窗口上没有命令行,可以执行【工具】/【命令行】或者使用快捷键 Ctrl＋9 调出命令行。

提示:要注意将常用的绘图环境设置为一个模板文件。

4.4.5　用窗口方式选择实体目标

AutoCAD 提供了矩形选择框方式来选择多个实体。矩形选择方式包含窗口和交叉两种,它们既有联系又有区别。

当执行编辑命令出现"选择对象:"提示符后,在适当的位置单击鼠标左键,选择矩形对角线上的第一个点,从左向右拖动鼠标至适当的位置,即可看到在绘图区内出现一个实线的矩形,称之为窗口方式下的矩形选择框,如图 4.3 所示。此时,只有完全包含在该矩形选择框内的实体目标才会被选中。

当执行编辑命令出现"选择对象:"提示符后,在适当的位置单击鼠标左键,选择矩形对角线上的第一个点,从右向左拖动鼠标至适当的位置,即可看到在绘图区内出现一个虚线的矩形,称之为交叉方式下的矩形选择框,如图 4.4 所示。此时,完全包含在该矩形选择框内的实体目标以及与该选择框相交的实体目标均被选中。

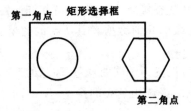

图 4.3　用窗口方式选择实体目标

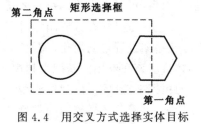

图 4.4　用交叉方式选择实体目标

4.4.6　夹持功能

(1) 夹持点的含义

当未执行任何命令先选择要编辑的实体目标后,在被选中的图形实体上将出现若干个带颜色的小方框,这些小方框是图形的特征点。我们把这些小方框称之为夹持点。在 AutoCAD 中常见的实体夹持点因图形不同而不同。夹持点的状态有两种,即冷态和热态。

冷态是指未被激活的夹持点,热态是指被激活的夹持点。当选择图形实体后,实体上将出现若干个夹持点,此时为冷夹持点,各点颜色相同(默认是蓝色);若用鼠标再单击实体上的某个夹持点,则该夹持点将呈高亮度颜色显示(默认是红色),此时的夹持点为热夹持点。

(2) 使用夹持点编辑实体方法

当所选的实体目标处于热夹持点状态时,用户可以执行拉伸、移动、旋转、缩放和镜像等操作。现以拉伸为例说明夹持点的操作方法,图 4.5 所示为建筑局部平面图,在墙线上绘制好了 1500 mm 的窗户后,又因故将其修改为 2100 mm 宽,左右各加宽 300 mm,可以采取如下操作:

选择窗户和右侧墙体,此时出现蓝色的夹持点,点取两者相交的夹持点,如图 4.6 所示。

命令:

指定拉伸点或[基点(B)/复制(C)/放弃(U)/退出(X)]:　　　　　　　//选择窗户与墙体相交的夹持点

指定拉伸点或[基点(B)/复制(C)/放弃(U)/退出(X)]:300　　　//表示向右拉伸 300 mm

//使用同样方法拉伸左侧墙体和窗户

修改好的窗户如图 4.7 所示。

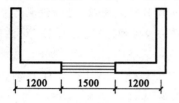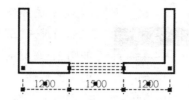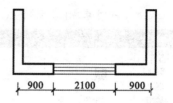

| 图 4.5 宽度为 1500 mm 的窗户 | 图 4.6 选择好的夹持点 | 图 4.7 宽度为 2100 mm 的窗户 |

提示：本例中的墙体和窗户是多线绘制而成，如果是单线的话可以配合 Shift 键选取多个夹持点，另外同时选取水平标注，这样标注可以根据对象的变化而变化。

直接按回车键或者直接按空格键来切换，进行拉伸、移动、旋转、缩放和镜像等操作中的一种。

4.4.7 对齐命令的使用

在建筑绘图中可能会需要有对齐的场合，比如说在使用复制命令绘制平面图的门的时候，有时会遇到墙线与门对不齐的情况，当然可以配合移动、缩放和旋转等命令将两者对齐，但较为烦琐，AutoCAD 提供了对齐命令，该命令可以通过目标点和源点的统一，从而简单快捷地对齐两个对象。

如图 4.8 所示的墙线中门洞和门块不是对齐的，可以执行【修改】/【三维操作】/【对齐】命令，操作如下：

命令：_align
选择对象：   //选择门块
指定第一个源点：   //点取 A 点
指定第一个目标点：   //点取 B 点
指定第二个源点：   //点取 C 点
指定第二个目标点：   //点取 D 点
指定第三个源点或〈继续〉：〈Enter〉   //确定目标点和原始点
是否基于对齐点缩放对象？［是(Y)/否(N)］〈否〉：Y   //可以按比例缩放
操作后的图形如图 4.9 所示。

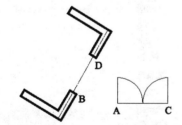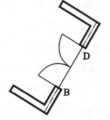

【扫码演示】

| 图 4.8 对齐操作之前的门洞与门块 | 图 4.9 对齐操作之后的门洞与门块 |

提示：对齐命令广泛地应用于三维建模的操作中。

4.4.8 利用"特性匹配"修改实体对象的属性

由 AutoCAD 创建的实体对象，本身都带有一定的特性，如图层、颜色、线型等。AutoCAD 提供了一个"特性匹配"命令，可以把一个实体的特性复制给另一个或另一组实体，使得这些实体的某些特性或全部特性与源实体相同。可以执行标准工具栏中的 ▦ 按钮启动该命令。

当启动该命令后，在命令行有如下的提示：

命令：
选择源对象：   //选择要复制其特性的实体对象，即源实体对象

当前活动设置:颜色 图层 线型 线型比例
线宽 厚度 打印样式 文字 标注 图案填充等
选择目标对象或[设置(S)]:

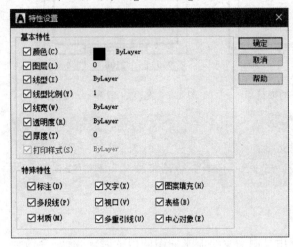

图 4.10　"特性设置"对话框

//选择修改的实体目标或修改"特性设置"

当键入"S"并回车时,将弹出"特性设置"对话框,如图 4.10 所示。在该对话框中,用户可选择复选框中列出的特性,只有选择的特性才会从源实体复制到目标实体上。对话框中的特性分列在两个选项组中。"基本特性"选项组包括颜色、图层、线型、线型比例、线宽、透明度、厚度和打印样式;"特殊特性"选项组包括标注、文字和图案填充等。缺省状态下为全部选择。

提示:特殊特性只是某些特殊实体才有的特性,如文本特性只属于文本。特殊特性只能在同类型的实体之间进行复制。

4.4.9　实体对象属性编辑

每个图形、线条都具有不同的粗细、形式(实线、虚线等)、颜色等,在 AutoCAD 中图形实体的这些特性称为对象属性。事实上,在使用 AutoCAD 创建一个图形实体或文本的同时就创建了这些实体对象的属性。也正是这些属性,决定了屏幕上实体图形的形状、大小、颜色等特性。因此,要改变这些实体对象的形状、大小等特性,就是要改变这些实体对象的属性。

在 AutoCAD 中,实体对象的属性存储在图形文件中,用户可以通过编辑修改实体对象的属性,达到修改图形的目的。点击标准工具栏中的■按钮,就可以启动属性管理器修改实体对象的属性,系统将显示一个"特性"对话框,称之为"对象属性管理器",如图 4.11 所示。

"特性"对话框是一个简单的表格式对话框。表格中所列的内容,是所选对象的全部属性,选择的对象不同,表格中的内容会有所差别。选取的实体对象可以是单一的,也可以是多个的;可以是同一类的,也可以是不同类的。

用户可以根据需要对选择对象的基本属性,如颜色、图层、线型、线型比例、打印样式、线宽和厚度等属性进行修改。而不同的实体对象,其几何属性和其他打印设置属性等都是不尽相同的。当选取单个实体对象进行属性编辑时,所有的属性(包括基本属性和几何属性等)都可进行编辑,用户可以在下拉列表框中进行选择,也可在文本框中直接输入数值。对于不同类型的实体图形,AutoCAD 允许用户修改的属性也大不相同,例如对于直线(Line),可修改其起点和终点;对于圆(Circle),用户可修改其圆心坐标和半径。当选取多个实体对象进行属性编辑时,在属性管理器中除了基本属性保持不变外,其他属性的内容只有部分列出,即仅仅列出这些实体对象的相同属性部分。

图 4.11　对象属性管理器

4.4.10 字体的设置

当使用单行文字或多行文字命令时,有时会发现文字如果是数字或英文字母,则显示正常;但如果文字是汉字,则有可能在命令行显示是正常的,而在绘图区域显示的是"??"符号。这个问题主要是由于AutoCAD所采用操作字体类型的英文字母和编码机制不同,在英文字体中无法正确地显示汉字字符,所以 AutoCAD 只能以"??"代替输入的汉字。AutoCAD 缺省的文字样式是"Standard",它定义的字体类型为"txt. shx",这是一个英文字体,因此为了正确地显示汉字,就必须新建一个中文样式。执行【格式】/【文字样式】命令,打开如图 4.12 所示的对话框,在此可以选择中文字体,也可以定义文字的反向、垂直、宽度比例和文字倾斜角度等来满足不同的需要。

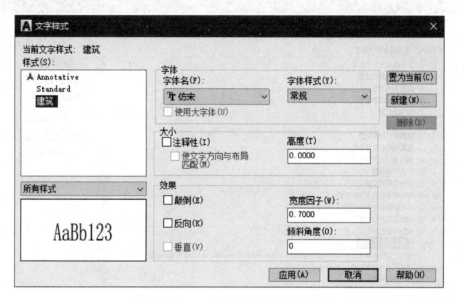

图 4.12 "文字样式"对话框

提示:中文字体有两种格式,要选择前面没有@符号的字体,否则文字可能会是反向的。

也有可能在打开别人绘制的 CAD 图形时,或者换一台计算机打开原本正常的文件时,会发现很多汉字被乱码代替,如图 4.13 所示。这主要是由于在 AutoCAD 软件中,可以利用的字库有两类:一类存放在 AutoCAD 目录下的 Fonts 中,字库的后缀名为 shx,这是 AutoCAD 的专有字库,英语字母和汉字分属于不同的字库,这类字体占用系统资源少;第二类存放在操作系统目录下的 Fonts 中,字库的后缀名为 ttf,这一类是 Windows 系统的通用字库,这一类字体包含"大字体"。当打开含有某字体的图形文件而所用的计算机又没有该字体文字时,就会出现乱码现象,这时可以复制所需"大字体"文件到 AutoCAD 所在目录下的"Fonts"文件夹中,文字就会正确显示了。经过修改后可以正确显示汉字的图形如图4.14所示。

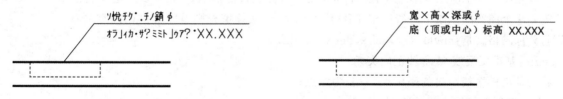

图 4.13 文字乱码　　　　　　　　　　图 4.14 修改文字样式后的文字

"大字体"是 AutoCAD 中非常特殊的一类字体文件,为了便于设计图纸的交流,在选用这类字体时,最好选用 Windows 提供的汉字字体,如"宋体""楷体"等,以避免不必要的麻烦。

另外,单行文字命令创建的文字是独立的对象,而多行文字命令创建的文字是一个整体。在建筑绘图时,对于室内说明性的文字,如"卧室""客厅"等最好使用单行文字命令;而对于一些集中的、复杂的一组文字,如"设计说明"可以采用多行文字命令,以便更好地编辑和设置。

4.4.11 钢筋混凝土图案的填充

钢筋混凝土作为一种常用的建筑材料,在绘图中是不可或缺的,然而在系统的填充图案中并没有钢筋混凝土的填充图案,可以将素混凝土和砖的填充图案进行两次填充,但由于两者比例不一,操作步骤较为复杂,而且在绘制图形较多的情况下,填充两次似乎是不可能的。解决这个问题一般有两种方法:一种是进行二次开发,另一种是直接修改图案填充文件。

首先执行【工具】/【选项】命令,打开"文件"选项卡,点击"纹理贴图搜索路径",如图 4.15 所示,查看系统的默认搜索路径。

图 4.15 "选项"对话框

打开纹理贴图文件夹,此文件夹中包含 CAD 一些必不可少的支持文件,比如 *.lin 是线型文件,*.fmp 是字体映像文件等,而 *.pat 就是图案填充文件,可以打开 acad.pat 和 acadiso.pat 查看一下这些图案文件的源代码。如:

＊SOLID,实体填充

45,0,0,0.125

就是一个填充图案的 ASCII 码文件,第一行是标题行,标题行之后有一个或多个定义行。每一个图案定义行定义了这个图案的一组平行线。SOLID 代表图案名,实体填充则是图案描述说明。

而定义行的格式是:angle,x,y,del-x,del-y[d1,d2,…]

其中   angle:基准图案线与 X 轴正向夹角(°);

x,y:基准图案线经过的坐标点,一般为原点;

del-y:相邻平行线之间的距离;

del-x:相邻两平行线间沿平行线本身方向(angle)上的位移量,它仅对虚线有意义;

d1,d2:其大于 0 时代表一线段,小于 0 时表示间隔。

可以自己根据此代码含义书写钢筋混凝土的代码,也可以直接将本书随书光盘中 support 文件夹下的已经书写好的 acad.pat 和 acadiso.pat 代替系统中的这两个文件。

重新启动 AutoCAD 软件,执行图案填充命令,在弹出对话框中,此时就可以看到填充图案中已经新增了一些包括钢筋混凝土等常用的建筑材料图案,如图 4.16 所示。

进行图案填充后,可以看到符合制图标准的图案已经填充到了封闭的区域了,如图 4.17 所示。

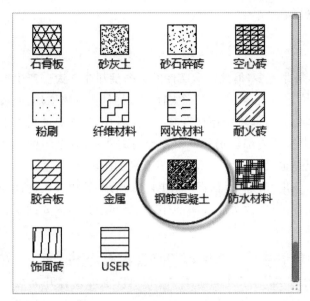

图 4.16 新增的填充图案

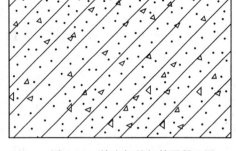

图 4.17 填充好的钢筋混凝土图

提示：AutoCAD 的二次开发是为了提高 AutoCAD 系统的通用性,允许用户通过编程等多种方式访问开放式结构,修改和扩充一些功能,以满足用户的特殊需要。AutoCAD 的二次开发主要有两种方式:一是利用系统提供的开发环境和开发工具进行系统功能的开发,例如扩充系统的命令、开发专用绘图系统等。二是根据 AutoCAD 系统的一些基本自定义特性,通过修改、扩充和创建 ASCII 文本文件的方式进行系统功能的扩充,例如开发用户自己的菜单、常用图例符号库等。由于第一种方式要进行大量的程序编制,开发的难度较大;而第二种方式几乎不涉及编程,相对比较简单。

4.4.12 加载外部程序

在绘制一些专业图形时,有时需要使用外部程序,这些程序往往是使用专业软件编写的,这里不阐述 AutoCAD 二次开发的内容,只是说明如何将外部程序导入到当前文件中。执行【工具】/【AutoLISP】/【加载应用程序】命令,在弹出的对话框中选择 TROY.LSP 文件导入,如图 4.18 所示。

图 4.18 "加载/卸载应用程序"对话框

之后在命令行中输入 troy,即可执行该外部程序。

4.4.13 文件的保存

有时候使用 AutoCAD 绘图时,图形内容看起来并不多,但该图形文件的数据量却非常大。产生这个现象的原因之一是加入了大量的汉字标注和图案填充等内容,这时图形文件的数据量会成倍增加;或者是图形中大量插入了外部的图形块,这些外部块会转化为内部块保存在当前图形文件中,虽然有的情况下这些插入的块已经被删除了,在绘图区也看不到了,但是其内部块仍然保留在当前文件中,以至于图形文件的数据量增大。虽然现在存储硬件的容量很大,但是也没必要保存这些没有意义的图块。

执行【文件】/【绘图实用程序】/【清理命令】后,弹出"清理"对话框,如图 4.19 所示,可以发现此命令可以清理没有使用过的图层、块、标注样式、表格样式等。点击"全部清理"按钮后,就可以把不需要的图块清理出当前图形,保存文件后就会减少文件的数据量。

> **提示:**清理命令可以在命令行中输入 purge 来执行,最好在每次保存文件前执行一次此命令。

考虑到现在仍有一些单位和个人使用较早的版本,为了使老版本 AutoCAD 也可以打开高版本的 CAD 文件,可以将文件另存为低版本文件,如图 4.20 所示。

图 4.19 "清理"对话框   图 4.20 "图形另存为"对话框

4.4.14 利用图纸集

图纸集是几个图形文件中图纸的有序集合。对于大多数设计组,图形集是主要的提交对象。图形集用于传达工程的总体设计意图并为该工程提供文档和说明。然而,手动管理图形集的过程较为复杂和费时。使用图纸集管理器,可以将图形作为图纸集进行管理。图纸集是一个有序命名集合,其中的图纸来自几个图形文件。图纸是从图形文件中选定的布局。可以从任意图形将布局作为编号图纸输入到图纸集中。用户可以将图纸集作为一个单元进行管理、传递、发布和归档。在图纸集中,每个图纸指向一个布局,即一个布局可以创建一张图纸,可以从具有多个布局的图形文件中创建几个图纸,也可以添加、删除图纸和对每个图纸重新编号。图 4.21 所示为图纸集管理器示意图。通过菜单【文件】/【新建图纸集】,就可以根据向导创建自己的图纸集了,图 4.22 所示为创建好的图纸集管理器的界面。

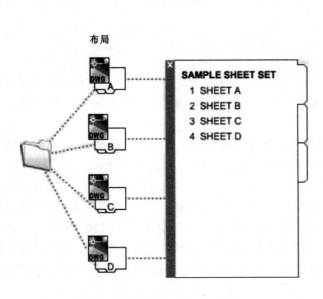

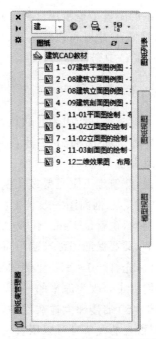

图 4.21　图纸集管理器示意图　　　　　　　　图 4.22　创建好的图纸集管理器

4.4.15　多专业完成工程时使用外部参照

利用外部参照可以进行简单的协同设计,以建筑设计为例,建筑设计除了建筑图纸外,还包括结构、暖通、给排水和电气等专业的设计。此时可以将建筑底图作为外部参照,然后在此基础上绘制各自设计的内容,当建筑底图被建筑设计师更新后,下游专业的底图可以自动更新,只需根据建筑图纸对自己绘制部分进行相应调整就可以了。外部参照中的实体只是显示在当前图形中,但实体本身并没有加入当前图形中,因此,链接外部参照并不会增加文件量大小。

执行【插入】/【外部参照】命令,选择需要作为底图的文件后,弹出"附着外部参照"窗口,如图 4.23所示。

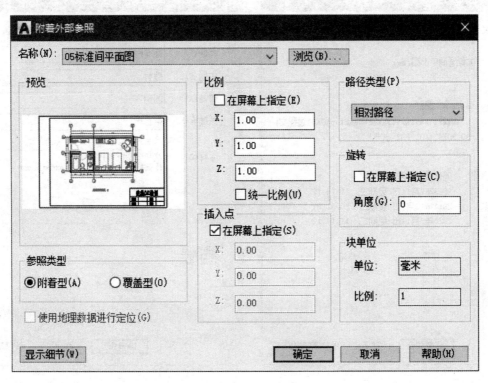

图 4.23　"附着外部参照"对话框

对话框中的附着型是指用这种方式的外部参照可以进行多级附着,就是说若 A 中附着了 B,那么将 A 附着到 C 的时候,C 中既可以看到 A,也可以看到 B;而覆盖型则不可以多级附着,即 A 中覆盖 B,当 A 再被 C 附着时,在 C 中则看不到 B。

4.4.16　文件的打印

只有将图纸文件打印出来并通过审核,才可以认为绘图工作基本完毕。打印时,最关键的环节就是比例问题。打印比例和绘图比例合理,那么最后完成的图纸就清晰、美观、漂亮;两者比例不当,就可能使图纸密密麻麻或者空空荡荡。

一般来说,建筑施工图是要按比例打印的,但在出图时会有不同的比例设置。比如说,总图的比例通常是 1∶500,平、立、剖面图一般是 1∶100,楼梯间、卫生间详图是 1∶50,节点大样图是 1∶20。绘图时是按照1∶1绘制的,也就是 1 mm 代表 AutoCAD 中的 1 个单位,而在打印时要将不同比例绘制图形打印在同一张图纸上,又要保证图纸准确可量取。比如要将 1∶100 的某平面图和 1∶50 的楼梯详图合并到一张图纸上,就可以先打开 1∶100 比例的平面图,将图形缩放至原来的一半后,还要将虚线和点画线等非实线的线型的比例因子修改为原来的一半,标注样式中的"标注全局比例"也修改为原来的一半,然后将此文件整体复制到 1∶50 的楼梯大样文件中,这样将图形按 1∶50 输出打印后,图形各部分的大小尺寸是合适的,打印在图纸上的线条是可以用直尺来测量的。

> 提示:绘制时如果以 1 mm 对应 AutoCAD 中的 1 个标准单位,那么不同比例的图纸只是在字体大小、线性比例、标注全局比例等地方不同。

4.4.17　为图形文件创建属性信息

对于 AutoCAD 绘制出来的图形文件,可以增加一些属性信息,如标题、主题、作者、关键词、超链接等,而且还可以自动生成当前文档的统计信息。

以"标准间平面图"文件为例,图 4.24 所示是其在操作系统中属性框的基本信息,执行【文件】/【图形特性】命令后,弹出"图形属性",在"概要"中添加文件信息,如图 4.25 所示。

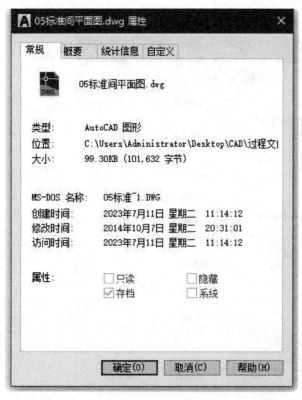

图 4.24　某文件在操作系统中属性框的基本信息

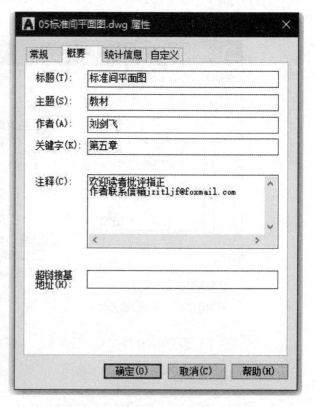

图 4.25　"图形属性"中属性信息的设置

4.4.18 AutoCAD 与其他软件的交互

当代世界是多媒体的世界,多媒体技术研究文字、图像、图形、音频、动画和视频等信息,AutoCAD 研究的主要内容是图形。在绘图设计过程中,除了要使用 AutoCAD 外,还可能要使用到其他软件,如 SketchUp、Photoshop、Lightspace、3DS MAX、SnagIt、Coreldraw、Word、Excel 等,有时甚至各个软件交互使用。

以最常用的文字处理软件 Word 为例,要将 CAD 图形在 Word 中显示,可以直接在 AutoCAD 中复制所需图形,然后到 Word 中粘贴即可。但这样显示的图形可能空白过大,还需要使用 Word 中的"图片"工具栏中的"裁剪"工具进行修改,比较烦琐。这时可以利用一些第三方软件,如 BetterWMF 程序就可以很方便地将 CAD 图形粘贴到 Word 中,还可以在此软件中设置是否删除底色、是否统一颜色等。如何与其他软件相交互,需要读者在长期的绘图设计过程中不断积累和总结经验。

5 标准间客房平面图的绘制

📖 知识导读

本章通过一个简单的标准间客房平面图的绘制,说明在 AutoCAD 中的绘图步骤,从绘图环境的设置到输出图形将作详细的阐述,相信读者通过本章的学习,就可以迅速入门,并绘制一些简单的建筑图形。

🏳 制作思路

绘图的思路:依次设置绘图环境,使用"偏移"命令得到轴线网,使用"多线"命令绘制墙体,使用"修剪"命令开门窗洞、插入门块,插入设计中心或外部的块,之后进行尺寸标注,最后将此平面图插入到第 2 章绘制好的 A3 图框中,输出图形。

❖ 知识重点

- ➤ 图层的设置
- ➤ "偏移"命令
- ➤ "多线"命令
- ➤ "修剪"命令

5.1 绘图环境设置

正如计算机革命性地替代绘图板一样,AutoCAD 绘图的方法与传统手工绘图也有着相当大的区别。当然,各种绘图笔、三角板、比例尺、橡皮、胶带纸是不再需要了,取而代之的就只有鼠标、键盘和计算机屏幕。虽然我们绘图的内容没有什么大的变化,但是作图的方法、步骤、原则都有了质的改变。当然,无论使用什么工具,在开始绘图之前,我们总要做些准备工作,然后选择执行 AutoCAD 的绘图命令开始绘图。下面就介绍在正式绘图前应该做的一些准备工作。

5.1.1 捕捉、自动捕捉和对象追踪的设置

在状态栏中将鼠标移动至 ▦ 上面,点击右键,在弹出的窗口中选择"设置",就会出现"草图设置"对话框。不勾选"启用捕捉",或者在第一个选项"捕捉和栅格"中一般将捕捉的 X 轴和 Y 轴间距设置为 1,这样鼠标移动起来比较光滑,如图 5.1 所示。而对于栅格功能,在建筑绘图中很少应用,可以不进行选择。在"对象捕捉"选项中选取常用的捕捉点,如图5.2所示。

5.1.2 正交设置

在 AutoCAD 中,若要利用鼠标绘制水平线或垂直线时,用户只能根据自己的感觉(即眼睛)来判断所绘制的线条是否水平或垂直,而且视窗的放大与缩小对所绘制线条的精度影响较大,即用肉眼判断绘制线条的水平或垂直是非常困难的,几乎难以实现。为提高绘图的精度和效率,AutoCAD 提供的正交方式绘图命令可解决利用鼠标绘制水平和垂直线条精度不高的问题。开关绘图时"正交"的状态,只需要用鼠标点击状态栏中的 ▨ 即可。

5.1.3 单位的设置

本图绘制过程中不希望出现小数点,因此将单位的精度修改为"0"。

 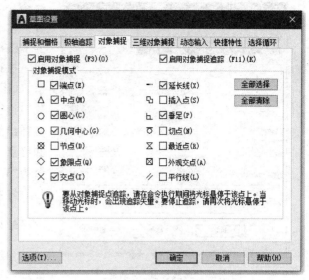

图 5.1　"捕捉和栅格"设置　　　　　　　　　　　图 5.2　"对象捕捉"设置

5.1.4　图层的设置

图层的应用使得用户在组织图形时拥有极大的灵活性和可控性。组织图形时,最重要的一步就是要规划好图层的结构。例如,图形的哪些部分放置在哪一图层上,总共需设置多少个图层,每个图层的命名、线型、线宽与颜色等属性如何设置等。就标准间客房平面图而言,我们需要建立轴线、墙、门窗、家具、文本等图层,如图 5.3 所示。

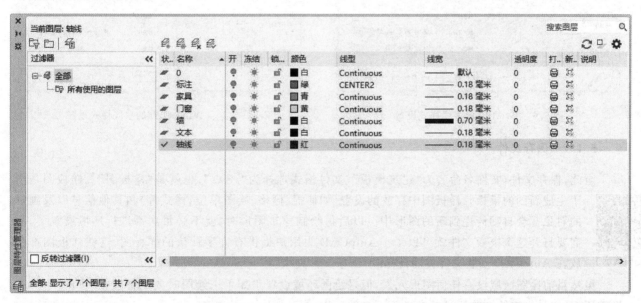

图 5.3　标准间客房平面图的图层设置

提示:不要修改 0 层的颜色、线型和线宽等设置,另外除非是定义一个块的时候,也不要在 0 层画任何图形。

5.1.5　多线样式设置

当绘制一段或多段、由两条或两条以上相互平行的直线相互连接所组成的图形对象时,就要用到多线命令。在多线中,组成多线的单个平行线称为元素。多线最多可由 16 个元素组成,每个元素的位置由其到多线基线的偏移量(Offset)来决定,如图 5.4 所示。系统默认的多线偏移量是 1,默认多线两端开口不闭合。在建筑制图中,多

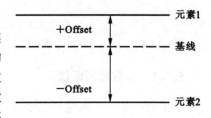

图 5.4　多线组成示意图

图 5.5 "多线样式"对话框

线命令可以用在绘制墙体和窗户中,但要对其样式进行设置。在墙体的多线样式中要将两条多线的开口闭合,在窗户的多线样式中要添加两条直线。

执行【格式】/【多线样式】命令后,弹出"多线样式"对话框,如图 5.5 所示,点击"新建"按钮后弹出"创建新的多线样式"对话框,将新的样式起名为"WALL",点击"继续"按钮,在弹出的"新建多线样式:WALL"对话框中,在直线的起点和终点的方框中打钩后点击"确定",如图 5.6 所示。再新建名为"WINDOW"的多线样式,添加偏移为±0.25 的直线,其他设置为默认,如图 5.7 所示。

5.1.6 文字样式和标注样式的设置

如第 4 章所述,定义一个中文样式和一个符合制图标准的标注样式,并设置为当前样式。过程同第 4 章。

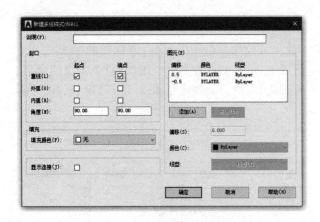

图 5.6 "WALL"的多线样式设置

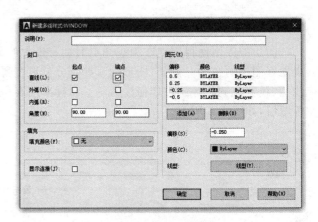

图 5.7 "WINDOW"的多线样式设置

5.1.7 保存文件

至此,保存文件,文件名命名为"建筑模板",文件格式选择为".dwt",也就是"样板图"。样板图是用于生成新图的模板。样板图中存放的设置(如捕捉、栅格、绘图单位、样式等)和其他信息以及画好的对象都会自动传递到新的图形中。以后再绘制建筑图形时,就不必每次都进行环境设置了,只需要打开这个模板文件就可以了。AutoCAD 为用户提供有许多默认的样板图,这些样板图都存放在 AutoCAD 安装文件夹的 Template 子文件夹中。

【扫码演示】

虽然目前绘图区域没有任何图形元素,但是绘图环境设置正如手工绘图时要准备纸张、橡皮、小刀一样重要,是在计算机绘图前所进行的必不可少的工作。

提示:"工欲善其事,必先利其器"。只有将绘图前的准备工作做充分,才有可能提高绘图速度,才有可能掌握更多的绘图技巧。

5.2 建筑元素的绘制

5.2.1 设置绘图区域

手工绘图是事先确定要在多大的纸张上绘图,是事先设置好了比例;而计算机屏幕是一个没有边界的区域,不管多么复杂的图形都可以 1∶1 绘制图形,首先要确定在计算机屏幕的哪一部分进行绘图。

执行"矩形"命令，即点击▭按钮，进行下面的操作：

命令：_rectang

指定第一个角点或［倒角（C）/标高（E）/圆角（F）/厚度（T）/宽度（W）］：　　　　　　在屏幕内任点一点

指定另一个角点或［面积（A）/尺寸（D）/旋转（R）］:@10000,7000

　　　　　　　　　　　　　　　　　　　　　　　　//绘图区域可以设置为总标注的 1.5 倍

提示：在 AutoCAD 2022 命令提示行中，有时可有多个命令选项，其中不带［ ］的命令项为系统默认选项，可直接执行；［ ］内的命令项为可选项，用户选用时只需输入可选项中的关键字［( )内的英文大写字母］，即可选择执行该选项。@是相对坐标的意思。

点击屏幕右侧导航栏中的"缩放"按钮，或者点击"缩放"工具栏（图 5.8）中的"范围缩放"按钮，将绘图区域全屏显示，此时的屏幕如图 5.9 所示。

图 5.8　"缩放"工具栏

图 5.9　缩放后的工作界面

提示：对于初学者而言，经常会由于不清楚绘图区域的范围而乱点乱画，这样会造成画出的图形有时过大，有时则过小，因此建议在绘图前先用矩形框表示绘图区域，画到一定程度后，这个辅助的矩形框就可以删除了。

5.2.2　绘制轴线网

将"轴线"图层作为当前层，在绘图区域内绘制垂直方向和水平方向的直线各一条，如图 5.10 所示，这两条直线将作为初始直线，其余所有的图形元素都要以这两条轴线为参照进行定位。

点击▱按钮，执行"偏移"命令，进行下面的操作：

命令：_offset

当前设置：删除源＝否　图层＝源 OFFSETGAPTYPE=0

指定偏移距离或［通过（T）/删除（E）/图层（L）]〈通过〉:2100　　　　　指定偏移距离

选择要偏移的对象，或［退出（E）/放弃（U）]〈退出〉　　　　　选择水平方向的直线

【扫码演示】

指定要偏移的那一侧上的点,或[退出(E)/多个(M)/放弃(U)]〈退出〉 在直线上方用鼠标任点一点
    //偏移命令一般分为输距离、选对象和点方向三步

偏移后的效果如图 5.11 所示。

> **提示:**
> ① 如果画出的直线显示的不是点画线,可以修改直线的线型比例因子;
> ② "偏移"命令和其他的编辑命令不同,只能用拾取框的方式一次选择一个实体进行偏移复制;
> ③ 用户只能选择直线、圆、多段线、椭圆、椭圆弧、多边形和曲线,AutoCAD 不能偏移复制点、图块、属
> 性和文本;
> ④ 对于直线、射线、构造线等实体,AutoCAD 将平行偏移复制,直线的长度保持不变;
> ⑤ 对于圆、椭圆、椭圆弧等实体,AutoCAD 偏移时将同心复制,即偏移后的实体是同心的;
> ⑥ 多段线的偏移将逐段进行,各段长度将重新调整。

重复执行"偏移"命令,直到将本图中所需的六条轴线全部绘制出来,其中水平方向的偏移距离分别是
2700 和 4500,垂直方向的偏移距离分别是 2100 和 1800,绘制好的图形如图 5.12 所示。

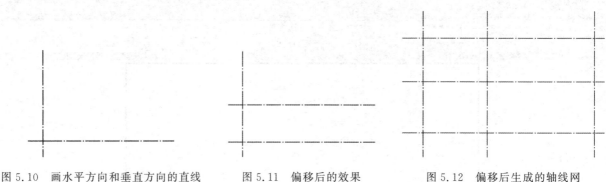

图 5.10　画水平方向和垂直方向的直线　　　　图 5.11　偏移后的效果　　　　图 5.12　偏移后生成的轴线网

5.2.3 "修剪法"绘制墙体和窗户

在 AutoCAD 中绘制墙体和窗户,要在墙体中插入窗户一般有两种方法:一种方法是先将所有墙体绘
制完毕,然后在需要开洞口的位置偏移出辅助线,使用修剪命令将墙体开口,之后使用多线命令绘制窗户,
这一种方法适合于墙体比较规则、图形不太复杂的场合;另一种方法是先将轴线中需要插入窗户处打断,
此时绘制的墙体会自动在洞口处开口,然后再绘制窗户。为使读者更好地对比这两种方法,本章将分别介
绍这两种方法,并将前者称为"修剪法",后者称为"打断法"。

(1) 绘制墙体

将"墙体"层设为当前层,执行【绘图】/【多线】命令,进行下面的操作:

命令:_ mline

当前设置:对正＝上,比例＝20.00,样式＝WALL　　　　　　//系统默认格式

指定起点或[对正(J)/比例(S)/样式(ST)]:J　　　　　　　//选择对齐类型

输入对正类型[上(T)/无(Z)/下(B)]〈上〉:Z　　　　　　//无对齐实际上是中间对齐

当前设置:对正＝无,比例＝20.00,样式＝WALL

指定起点或[对正(J)/比例(S)/样式(ST)]:S　　　　　　//选择比例,实际上是两条线的间距

输入多线比例〈20.00〉:240　　　　　　　　　　　　　//墙为 24 墙

当前设置:对正＝无,比例＝240.00,样式＝WALL

指定起点或[对正(J)/比例(S)/样式(ST)]:　　　　　　点取外墙轴网一点

指定下一点:　　　　　　　　　　　　　　　　　依次点取外墙轴网其他点

指定下一点或[闭合(C)/放弃(U)]:　　　　　　　　回车结束命令

重复执行"多线"命令,将内墙多线也就是卫生间的墙体画出来,如图 5.13 所示。

提示:使用多线命令绘制墙体时要注意一个原则,即"外墙走一圈,内墙不拐弯",也就是绘制外墙时要闭合,而绘制内墙时则要横平竖直地绘直线,在直线的起点和终点就要结束多线命令,而不是一下将所有的墙体绘制完毕,这样做的原因是为了以后方便对墙体进行编辑。如果内墙也连续地绘制,在修剪墙体时可能会出现一些意外的情况。

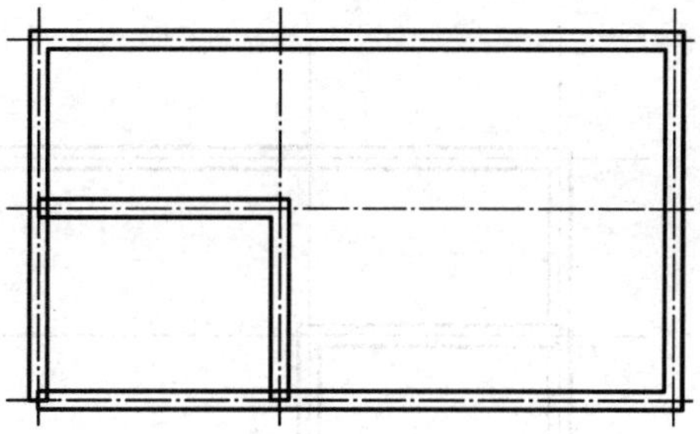

图 5.13 重复执行"多线"命令绘制的墙体

(2) 编辑墙体

执行【修改】/【对象】/【多线】命令,打开"多线编辑工具"对话框,如图 5.14 所示。

图 5.14 "多线编辑工具"对话框

对话框中主要有十字形、T 字形、角点、顶点和剪切等工具,这些工具的特点及用法如表 5.1 所示。

表 5.1 编辑工具的特点及用法

编辑工具	使 用 方 法	备 注
 十字形工具	十字形工具用于消除各种相交线	
 T字形工具	T 字形工具用于消除相交线	
 直角工具	直角工具用于消除相交线	也可以消除多线一侧的延伸线形成直角
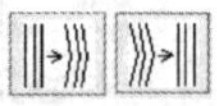 顶点工具	添加和删除顶点工具可以增加多个顶点	通过调节顶点位置改变多线形状
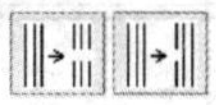 剪切工具	剪切工具用于切断多线	全部剪切工具可以切断整条多线;单个剪切工具用于切断多线中的某一条

如图 5.15 所示,在 A 点处使用"直角"工具,在 B 点和 C 点处使用"T 形合并"工具对墙体多线进行编辑,修改后的多线如图 5.16 所示。

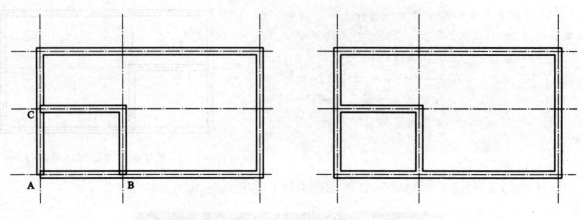

图 5.15　修改前的多线　　　　　　　　　　　　图 5.16　修改后的多线

（3）开门窗洞

先开窗户的洞，偏移出两条辅助线，距离是 1050，如图 5.17 所示。

执行"修剪"命令，也就是点击 ／ 图标，按照下面提示进行操作：

命令：_trim

当前设置：投影＝UCS，边＝延伸

选择剪切边…

选择对象或〈全部选择〉：　　　　　　　　　　　　　　　　//用鼠标点取要开口的多线

找到 1 个　　　　　　　　　　　　　　　　　　　　　　//用鼠标点取一条辅助线

找到 1 个，总计 2 个　　　　　　　　　　　　　　　　　//用鼠标点取另一条辅助线

找到 1 个，总计 3 个

选择对象：　　　　　　　　　　　　　　　　　　　　　//回车

选择要修剪的对象，或按住 Shift 键选择要延伸的对象，或[栏选(F)/窗交(C)/投影(P)/边(E)/删除(R)/放弃(U)]：　　　　//依次选择要修剪的线段位置

选择要修剪的对象，或按住 Shift 键选择要延伸的对象，或[栏选(F)/窗交(C)/投影(P)/边(E)/删除(R)/放弃(U)]：　　　　//回车结束修剪命令

提示：在 AutoCAD 2022 的版本中，不需要将多线炸开就可以进行修剪。

修剪命令有两次选择，第一次选择是修剪边界，也就是不作修剪的对象，第二次选择就要修剪删除多余的线段了。两次选择间有一个回车动作。一般是框选修剪边和待修剪对象，回车后就可以修剪删除多余的线段了。

经过修剪后，生成的图形如图 5.18 所示。

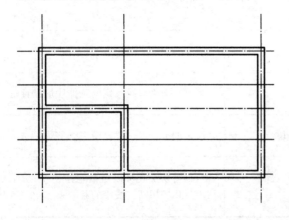

图 5.17　偏移出两条辅助直线

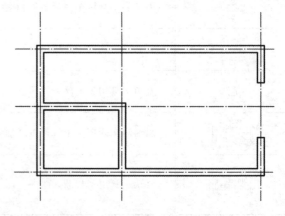

图 5.18　经过修剪后开好口的窗洞

同样地，可以将门洞开口，效果如图 5.19 所示。

（4）绘制窗户

将"门窗"层设为当前层，使用"多线"命令绘制窗户，操作过程如下：

命令：_ mline

当前设置：对正＝无，比例＝240.00，样式＝WALL　　　　//系统默认格式

指定起点或[对正(J)/比例(S)/样式(ST)]:ST　　　　//选择多线类型

输入对正类型[上(T)/无(Z)/下(B)]〈上〉:Z

输入多线样式名或[?]:WINDOW　　　　//将窗户多线样式作为当前样式

当前设置：对正＝无，比例＝240.00，样式＝WINDOW

指定起点或[对正(J)/比例(S)/样式(ST)]:　　　　//点击窗户起始点

指定下一点或[放弃(U)]:　　　　//点击窗户终止点

指定下一点或[放弃(U)]:　　　　//回车结束多线命令

绘制好的窗户如图 5.20 所示。

【扫码演示】

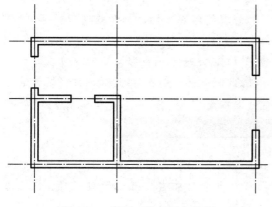

图 5.19　开好口的门洞和窗洞

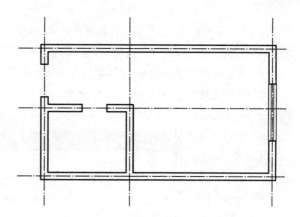

图 5.20　使用"多线"命令绘制完成的窗户

5.2.4　"打断法"绘制墙体和窗户

（1）打断轴线

使用打断法就是将轴线中需要绘制窗户的地方开口，然后绘制墙体，与前者的顺序相反。

打开"对象捕捉"工具栏，如图 5.21 所示。

图 5.21　"对象捕捉"工具栏

点击█按钮，执行"打断"命令，执行以下操作：

命令：_break

选择对象：　　　　//选择垂直方向右侧的轴线

指定第二个打断点或[第一点(F)]:F　　　　//F 代表进行起点和终点的打断

指定第一个打断点：　　　　//点击"捕捉自"按钮

_from 基点：〈偏移〉:@0,1050　　　　//墙体轴线至窗的距离为 1050

指定第二个打断点：@0,1800　　　　//窗宽为 1800

　　　　//回车结束命令

打断好的图形如图 5.22 所示，重复执行"打断"命令，同样地将门洞开口，不同的是门的宽度一个是 900，另一个是 800，如图 5.23 所示。

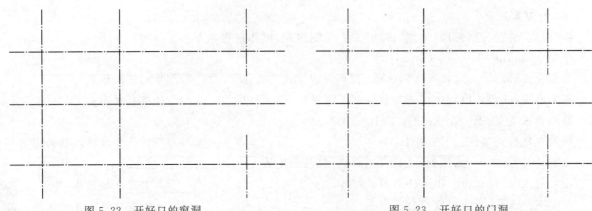

图 5.22 开好口的窗洞   图 5.23   开好口的门洞

提示： 在实际绘图过程中，有时会需要将某一个实体（如线段、圆等）从某点折断，甚至需要删除该实体的某一部分。AutoCAD 提供的"打断图形"命令，就可方便地将实体目标从指定的部位打断。当然也可以使用修剪命令将轴线开口，但需要添加两条辅助线，而打断命令就可以在不增加辅助线的前提下，利用对象捕捉功能结合两点打断，方便地实现对轴线开口。

在 AutoCAD 中有两种目标捕捉方式：一种是临时目标捕捉方式，另一种是自动目标捕捉方式。临时目标捕捉方式对于在命令运行过程中选择单个特定点极为有用，当捕捉到一个点后，目标捕捉方式就自动关闭。因此，该方式是一次性的，即为临时性的。上面的打断命令过程中为了捕捉门的起点和终点，就使用了临时目标的捕捉方式。

在长期绘图时利用目标捕捉，可以极大地节省时间。与临时追踪一起使用对象捕捉追踪，在提示输入点时，输入 tt，然后指定一个临时追踪点，该点上将出现一个小的加号。移动光标时，将相对于这个临时点自动追踪对齐路径。要将这点删除，可以将光标移回到加号上面。获取对象捕捉点之后，使用直接距离沿对齐路径在精确距离处指定点，此时可以在命令行提示下输入距离。

（2）绘制墙体
同样地使用"多线"命令，绘制出墙体，执行步骤如下：
命令：_ mline
当前设置：对正＝无，比例＝240.00，样式＝ WINDOW   //系统默认格式
指定起点或[对正(J)/比例(S)/样式(ST)]:ST   //选择多线类型
输入多线样式名或[?]：WALL   //将墙体多线样式作为当前样式
当前设置：对正＝无，比例＝240.00，样式＝WALL
指定起点或[对正(J)/比例(S)/样式(ST)]：   //点击打断第一点
指定下一点或[放弃(U)]：   //点击打断第二点
指定下一点或[放弃(U)]：   //回车结束多线命令
重复执行"多线"命令，将其余墙体绘制完毕，如图 5.24 所示。

【扫码演示】

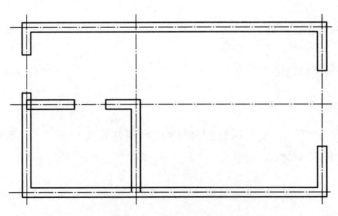

图 5.24 绘制好的墙体

同样地将多线相交处进行编辑,然后绘制窗户,绘制好的图形同图5.20。

> **提示:**古语道:殊途同归。在图形绘制时不可能只有一种方法能达到效果,需要我们在大量的绘图实践中,总结绘图技巧,养成良好的绘图习惯,提高绘图速度。

5.2.5 定义门块

(1) 将0层设为当前图层。

(2) 点击□按钮,执行"矩形"命令,绘制一个100×100的正方形,如图5.25(a)所示,点击□按钮,执行"打断"命令,在矩形右边及上边两个中点处将其打断,如图5.25(b)所示。利用夹点修改功能,按住鼠标左键将图5.25(b)右上角的点拖至正方形中心点处,将其修改成如图5.25(c)所示的拐角形状。

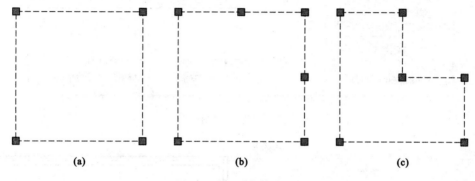

|(a)|(b)|(c)|

图5.25 矩形的修改过程

> **提示:**在进行夹点移动时,要关闭"正交"功能。

(3) 以拐角图形左下角点为起始点向上绘制一条长1000的垂直方向的直线,点击▲▲按钮,执行"镜像"命令,将拐角图形以经过直线中点的水平线为轴向上镜像,结果如图5.26所示。

(4) 点击□按钮,执行"矩形"命令,以底部矩形右上端点为第一角点,另一角点为(@900,60)绘制一个矩形,然后执行【绘图】/【圆弧】/【起点、端点、角度】命令绘制圆弧,其中角度为−90°,结果如图5.27所示。

(5) 点击✎图标,执行"删除"命令,删除垂直线段。结果如图5.28所示。

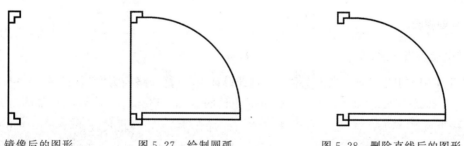

图5.26 镜像后的图形　　　图5.27 绘制圆弧　　　图5.28 删除直线后的图形

(6) 点击图标,执行"定义块"命令,在弹出的对话框中将块名定义为"door",拾取点定义为小正方形下边的中点,选择刚才绘制的图形,在对话框右上角会出现图形的预览,如图5.29所示。

5.2.6 插入门块

将"门窗"层作为当前图层。

点击图标,执行"插入块"命令,弹出"插入"对话框,首先要插入的是卫生间的门,门宽为800,因此要将"缩放比例"修改为0.8,旋转角度为270,如图5.30所示。再次执行插入门块命令,将外门块也插入,"缩放比例"为0.9,旋转角度为0,其结果如图5.31所示。

> **提示:**① 块的原始图形要在0层绘制,这样在其他图层插入块时,块的颜色会随层而定;② 定义块的尺寸应该尽可能地取一个整数,在本例中门的宽度取为1000,这样计算缩放比例非常方便。

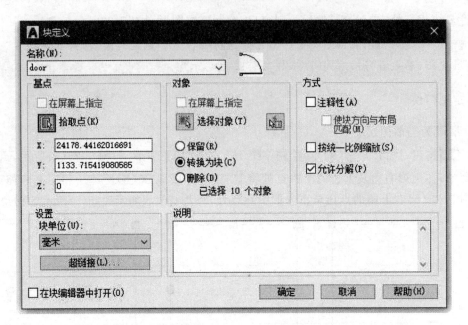

图 5.29　"块定义"对话框

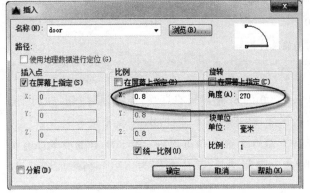

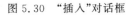

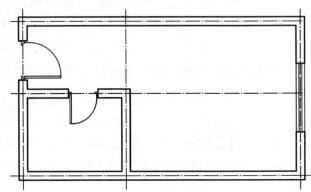

图 5.30　"插入"对话框　　　　　　　　图 5.31　插入门块后的图形

5.2.7　绘制家具

将"家具"层设为当前层。

首先绘制卫生间的卫生器具。点击 按钮,打开设计中心,打开路径为"安装目录:\Program Files\Autodesk\AutoCAD 2022\Sample\zh-CN\DesignCenter"下面的 House Designer. dwg 文件,如图 5.32 所示。

> 提示:设计中心是 AutoCAD 的一个重要功能。使用时,用户可以把设计中心看成一个中心仓库,其中的资源大家都可以分享。使用设计中心可以管理图块、外部参照以及其他设计资源文件的内容,如果同时打开了多个图形,则可以通过拷贝及粘贴操作来处理和共享图形,其中包括字体、线型和图层定义等。AutoCAD 的设计中心提供了浏览和共用设计内容的强有力的工具,使用它不仅可以浏览、利用系统的内部资源,还可以通过 Internet 共享所需资源。

分别将"马桶-(俯视)"、"浴缸"和"洗脸池-椭圆形(俯视)"拖入到绘图区域,如图 5.33 所示。

（1）旋转浴缸

点击 按钮,执行"旋转"命令,选择浴缸左下角点为基点,旋转-90°。操作过程如下:

命令:_rotate

UCS 当前的正角方向 ANGDIR=逆时针 ANGBASE=0　//系统默认格式

选择对象:找到 1 个　　　　　　　　　　　　　选择浴缸

选择对象:　　　　　　　　　　　　　　　　　//回车结束选择

旋转后的效果

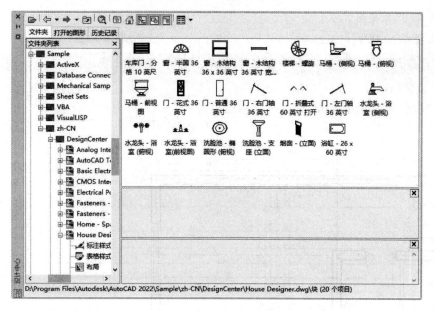

图 5.32 "设计中心"窗口

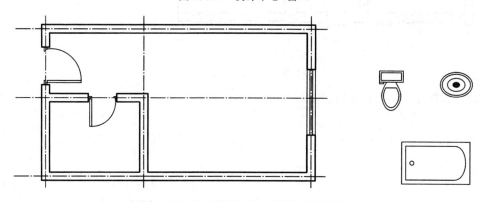

图 5.33 插入"设计中心"的块后的图形

指定基点：	//选择浴缸左下角点为基点
指定旋转角度或[复制(C)/参照(R)]〈0〉:-90	//角度为负是顺时针方向

（2）移动浴缸

点击✚按钮，执行"移动"命令，将浴缸移动至卫生间合适位置，操作过程如下：

命令：_move

选择对象：指定对角点：　　　　　　　　　选择浴缸

找到 1 个

选择对象：　　　　　　　　　　　　　　//回车结束选择

指定基点或[位移(D)]〈位移〉:指定第二个点
或〈使用第一个点作为位移〉:

　　　　　　　　　　　　　　　　　　//用鼠标选择浴缸左上角点为基点

　　　　　　　　　　　　　　　　　　//选择卫生间合适点为第二点

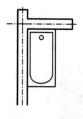

移动后的效果

（3）放大浴缸

点击▦按钮，执行"缩放"命令，将浴缸放大，操作过程如下：

命令：_scale

选择对象：　　　　　　　　　　　　　　选择浴缸

找到 1 个

选择对象：　　　　　　　　　　　　　　//回车结束选择

指定基点:指定比例因子或[复制(C)/参照(R)]〈1〉:R　//进入参照放大

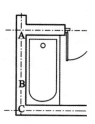

放大后的效果

指定参照长度〈1〉指定第二点：　　　　　　　　　//依次选择 A 点和 B 点
指定新的长度或[点(P)]〈1〉：　　　　　　　　　//选择 C 点

提示：以上旋转、移动和放大三步命令可以用对齐命令一次操作完毕。

（4）移动并镜像马桶
重复"移动"命令，将马桶移动至图 5.34 所示的位置。

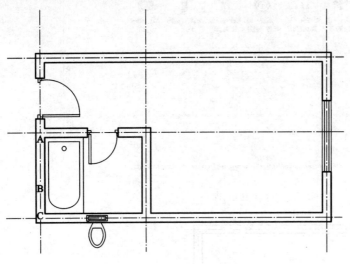

图 5.34　移动马桶后的图形

单击 按钮，执行"镜像"命令，操作过程如下：

命令：_mirror
选择对象：　　　　　　　　　　　　　　　　选择马桶
找到 1 个
选择对象：　　　　　　　　　　　　　　　　//回车结束选择
指定镜像线的第一点：　　　　　　　　　　　//用鼠标点水平内墙一点
指定镜像线的第二点：　　　　　　　　　　　//用鼠标点水平内墙另一点　　
要删除源对象吗？[是(Y)/否(N)]〈N〉：Y　　//不需要源对象　　　　　镜像后的效果

（5）移动并旋转洗脸池
分别使用"移动"和"旋转"命令将洗脸池放至图 5.35 所示的位置。

【扫码演示】

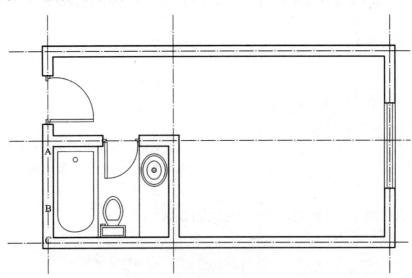

图 5.35　移动洗脸池后的图形

点击 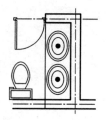 按钮,执行"拷贝"命令,操作过程如下:

命令：_copy

选择对象：   选择洗脸盆

找到 1 个

选择对象：   //回车结束选择

指定基点或[位移(D)]〈位移〉:指定第二个点或

〈使用第一个点作为位移〉:   //用鼠标点洗脸盆中心点

指定第二个点或[退出(E)/放弃(U)]〈退出〉: //用鼠标点垂直方向另一点

                                 //回车结束拷贝命令

拷贝后的效果

（6）图案填充

对卫生间的地板进行填充,点击  按钮,弹出"图案填充和渐变色"对话框,将比例修改为 30,其他设置默认,如图 5.36 所示,填充后的图形如图 5.37 所示。

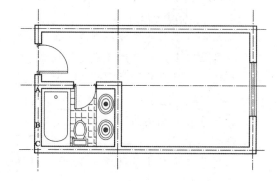

图 5.36 "图案填充和渐变色"设置

图 5.37 图案填充后的图形

（7）插入家具块

重复上面的插入块命令和编辑命令,将所有的图块插入后的效果如图 5.38 所示。

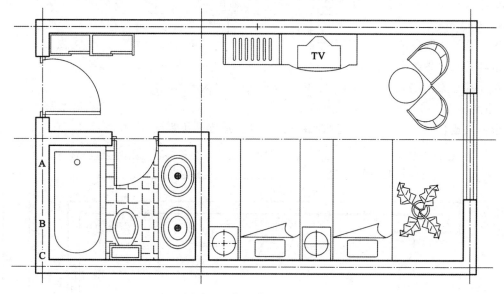

图 5.38 插入家具后的图形

5.3　尺寸标注与轴线圈的绘制

5.3.1　尺寸标注

新建"标注"图层,并设为当前图层。

点击注释面板,并选择第2章定义的"建筑"标注样式,如图5.39所示。

图 5.39　"标注"工具栏

点击 按钮,执行"线性标注"命令,以标注含窗户的墙为例,操作过程如下:

命令:_dimlinear	
指定第一条尺寸界线原点或〈选择对象〉:	//选择 A 点
指定第二条尺寸界线原点:	//选择 B 点
指定尺寸线位置或[多行文字(M)/文字(T)/角度(A)/水平	
(H)/垂直(V)/旋转(R)]:标注文字=1050	//用鼠标在合适位置点击

点击连续标注按钮,操作如下:

命令:_dimcontinue	//执行连续标注命令
指定第二条尺寸界线原点或[放弃(U)/选择(S)]〈选择〉:	
标注文字=1800	//选择 C 点
指定第二条尺寸界线原点或[放弃(U)/选择(S)]〈选择〉:	
标注文字=1050	//选择 D 点
指定第二条尺寸界线原点或[放弃(U)/选择(S)]〈选择〉:	//回车结束标注命令
命令:_dimlinear	//标注总长度
指定第一条尺寸界线原点或〈选择对象〉:	//选择 A 点
指定第二条尺寸界线原点:	//选择 D 点
指定尺寸线位置或[多行文字(M)/文字(T)/角度(A)/水平	
(H)/垂直(V)/旋转(R)]:标注文字=3900	//用鼠标在合适位置点击

在其余方向进行同样的标注,并将"轴线"图层关闭,最终结果如图5.40所示。

【扫码演示】

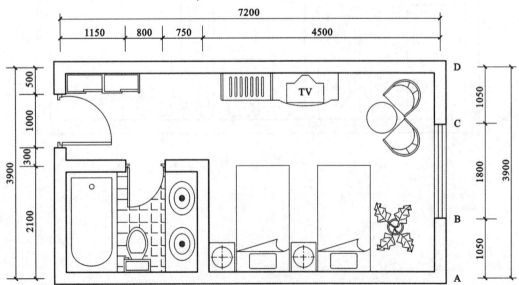

图 5.40　标注后的图形

5.3.2 轴线圈的绘制

轴线圈的绘制一般有两种方法:一是先绘制圆圈再在其内添加文字,然后复制轴线圈和文字,再修改文字;二是利用块的属性。前者用于图形较为简单的场合,而后者用于轴线圈较多的场合,本章介绍第二种方法。

在 0 层绘制一个直径为 400 的圆后,执行【绘图】/【块】/【定义属性】命令,打开块的"属性定义"对话框,在"标记"中输入"(axis)",在"提示"中输入"input axis number",在"值"中输入"A",在"对正"中选择"正中","文字样式"为"建筑","文字高度"为"200",如图 5.41 所示。

图 5.41 "属性定义"对话框设置

用鼠标点取圆的圆心为对正点后,在屏幕上出现一个带有括号的文字,则说明带有块的属性创造完毕,之后执行【绘图】/【块】/【创建】命令,将此带有属性的块定义为一个插入块。

> 提示:块的属性定义中其中的值是系统的默认值,也可以不输入任何数值。
> 由于水平方向和垂直方向的轴线圈的插入点不同,因此要分别定义两个方向的轴线圈块。

在需要输入轴线圈的位置插入块,此时会在命令行中出现刚才定义属性时的提示信息,直接回车后轴线圈即可输入 A,重复执行此命令,相应地将 B 和 C 输入。同样可以将轴线圈 1、2 和 3 输入。绘制好的轴线圈如图 5.42 所示。

块的属性作用有以下两点:

① 在插入带有属性的块的过程中,允许给出注释。依据定义属性的方式,它会自动以预先设定的(不变的)文字串显示出来,或者提示用户在插入块时写出字符串。这一特性允许用户插入块时,可带有预先设置的文字字符串或者带有它自己的唯一的字符串。

② 可以提取保存在图形数据库文件中的关于每个块插入的数据。在图形绘制完成后,可使用 AT-TEXT 命令将属性数据从图形中提取出来,并可以以数据库可用的形式写入到一个文件中。用户可将多个属性连到一个块上。创建一个块时,用户要选择包含在块中的对象。直线、圆弧和圆等对象都是使用绘图命令画出的,普通的文本是使用"TEXT"或"MTEXT"命令来生成的。

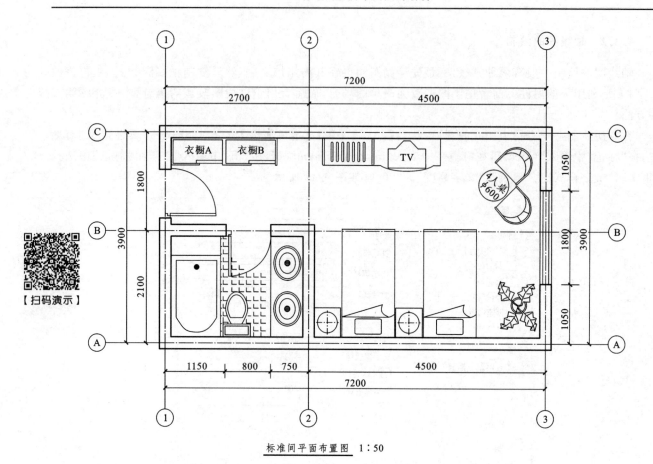

【扫码演示】

标准间平面布置图 1:50

图 5.42   绘制好的标准间平面布置图

提示:
① 如果要同时使用几个属性,请分别创建每个属性,然后将它们包含在同一个块中。
② 在插入块时,连到块上的属性以及它们成为图形的一部分的方法就与如何定义属性有关。
③ 如果属性仅被用来存储信息,那么在进行属性定义时,可以指定属性是否可见。如果打算用块的属性来作为标记、注解或提示,那么应该注意到缩放比例对文字显示效果的影响,例如两个方向上的缩放比例是否一致。
④ 作用到属性上的缩放比例因子将与作用到块上的相同,因此要确保它将与所希望的尺寸和比例一致。
⑤ 要注意旋转角度对可见属性文字的影响。在块中定义的属性文字,插入时将和块保持一致的旋转角度,因此有时可能使文字不便阅读。

5.4   输出图形

当用户在屏幕上完成图形的绘制后,如果要把图形绘制到图纸上,作为永久性的保存资料或者在工程生产实际应用时,就必须把图形输出到绘图设备(绘图仪或打印机)上。

输出图形一般有两种方法:一是直接在模型空间插入图框后预览,但只能将图框以一种固定比例插入;二是在布局空间中利用"视口"进行预览。

5.4.1   模型空间和图纸空间

AutoCAD 设定了两个环境空间,即模型空间和图纸空间。模型空间是一个三维环境,大部分的设计和绘图工作都是在模型空间的三维环境中进行的,即使是二维图形也是如此。图纸空间是二维环境,主要用于安排在模型空间中所绘对象的各种视图,以及添加诸如边框、标题栏等内容,最后输出图形。

用户在模型空间中实现图形的设计和绘制,图形输出时,就可以使用布局功能创建图形的多个视图的布局,以满足不同要求,输出满意的图形。AutoCAD 在窗口的底部列有一个模型和若干个布局选项卡,用户可以通过选择选项卡在两个空间之间转换。

布局是一种图纸空间环境,它模拟图纸页面,提供直观的打印设置。在布局中可以创建并放置视口对象,还可以添加图纸图框、标题栏等其他图形对象。也可以在图形中创建多个布局以显示不同的视图,每个布局还可以包含不同的打印比例和图纸尺寸,从而实现对于同一绘图对象可以用不同的比例大小来输出。布局显示的图形与图纸打印出来的图形完全一致,甚至还可以在图纸空间中使图形界限等于图纸的尺寸,从而以 1：1 的比例输出图形对象。

图形绘制好后,运用布局或打印图形通常步骤有:

【扫码演示】

(1) 在模型空间中创建图形;

(2) 配置打印设备;

(3) 创建布局或激活已有布局;

(4) 指定布局的页面设置;

(5) 根据需要在布局中添加图框、说明、标题栏等;

(6) 打印布局等。

下面将分别介绍在模型空间和图纸空间中输出图形的过程。

5.4.2 使用模型空间输出图形

(1) 插入图框

执行插入块命令,选择绘制好的 A4-H 图框,在弹出的对话框中,将缩放比例修改为 50,如图 5.43 所示。

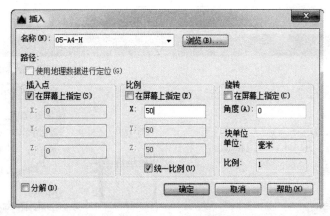

图 5.43 "插入"对话框

插入图框后的图形如图 5.44 所示。

(2) 修改可打印区域

执行【文件】/【打印】命令,在弹出的对话框中,选择一种系统打印机,如"DWG to PDF"。将"图纸尺寸"修改为"ISO A4(297.00 mm×210.00 mm)",打印比例为"1：50",打印范围为"窗口",打印样式为"黑白打印.ctb",采用这种打印时不受图层颜色的限制,如图 5.45 所示。

用鼠标选择图框的两个对角点后预览图形,会出现如图 5.46 所示的预览图,会发现图形在图纸中打印不全,图形没有完全显示。产生此问题的原因是打印区域与图纸尺寸不一致。

要想将图形显示齐全,就需要修改可打印区域,再次执行【文件】/【打印】命令,在弹出的对话框中,点击打印机特性,弹出"绘图仪配置编辑器"对话框,如图 5.47 所示,选择"修改标准图纸尺寸"一项,并将 ISO A4 作为修改的图纸,点击"修改"按钮,弹出"自定义图纸尺寸-可打印区域"对话框,将其中的上下左右边界修改为 0,如图 5.48 所示。

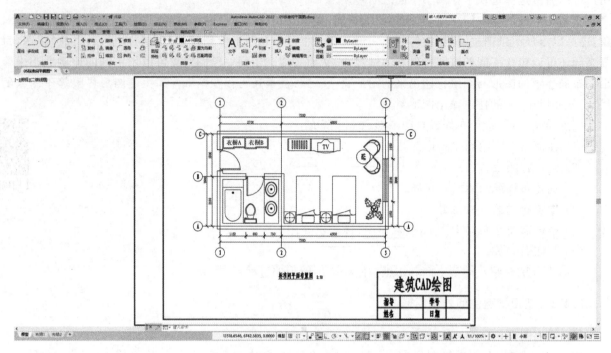

图 5.44 插入图框后的图形

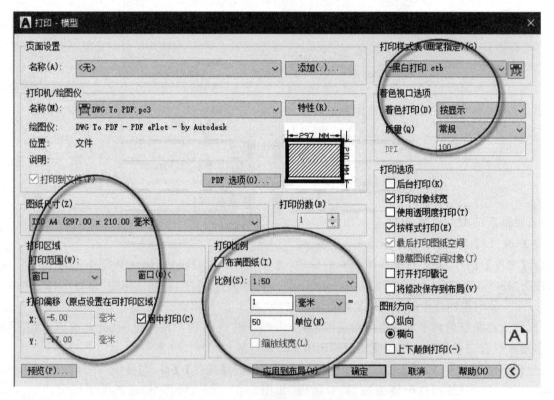

图 5.45 "打印-模型"对话框设置

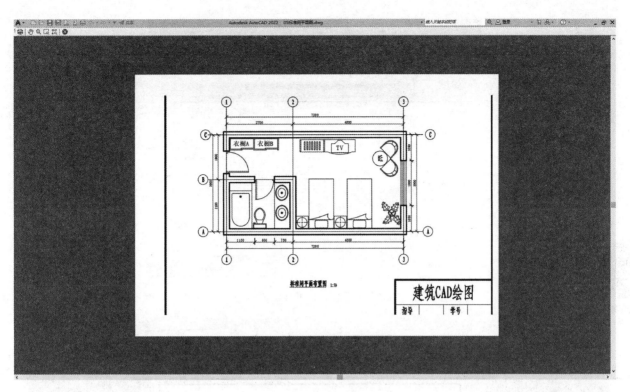

图 5.46 不齐全的打印预览图

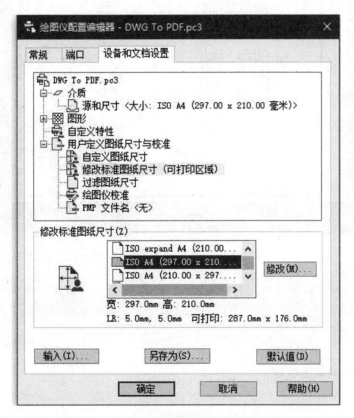

图 5.47 "绘图仪配置编辑器"对话框设置

点击"下一页"按钮直至修改完成,此时打印区域和图纸大小就一致了,再次预览图形,即可得到显示齐全的打印预览图,如图 5.49 所示。如果连接有打印机或绘图仪,就可以打印出尺寸可量取的图纸了。

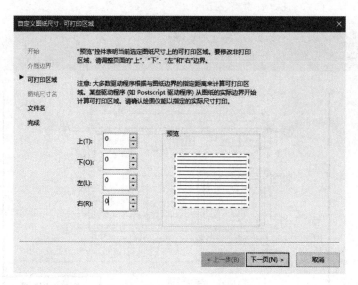

图5.48　"自定义图纸尺寸-可打印区域"对话框设置

【扫码演示】

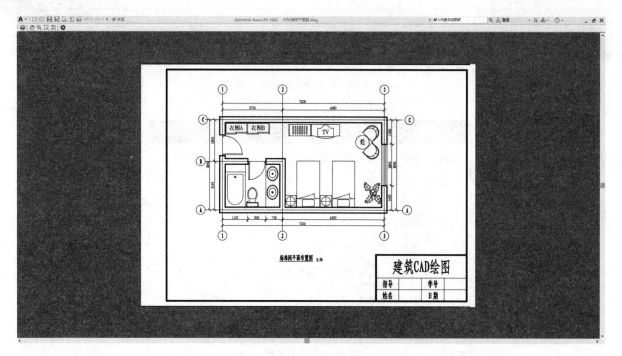

图5.49　显示齐全的打印预览图

　　提示：由于创建和编辑图形的大部分工作都是在"模型"选项卡上完成的，打开"模型"选项卡后，则一直在模型空间上工作，如果图形不需要打印多个视口，可以直接从模型空间中打印图形，而不需要创建布局。

5.4.3　使用图纸空间输出图形

（1）页面设置

　　在模型空间中完成图形以后，可以通过选择布局选项卡开始创建要打印的布局。首次选择布局选项卡时，将显示单一视口，其中带边界的图纸表明当前配置的打印机的图纸尺寸和图纸的打印区域。

　　执行【文件】/【页面设置管理器】命令，弹出"页面设置管理器"对话框，如图5.50所示。点击"新建"按钮，弹出"新建页面设置"对话框，如图5.51所示，将新的页面命名为"A4-H"。

　　在弹出的"页面设置-模型"中，按照图5.52所示进行选项设置后点击"确定"按钮。

图 5.50 "页面设置管理器"对话框

图 5.51 "新建页面设置"对话框

图 5.52 "页面设置-模型"对话框设置

　　提示：设定打印区域中主要是一组单选项，"布局"单选项表示打印"布局"的内容；"范围"单选项表示打印当前空间所包括的所有图形对象；"显示"单选项表示打印"模型"中当前视区的图形；"视图"单选项表示打印上一次所有"View"命令保存的视图，用户可以从列表框中选择命名的视图，若没有保存视图，该项不可选；"窗口"单选项表示打印选定的是窗口区域，然后单击"窗口"按钮，可在屏幕上选取窗口。确定比例区域用于设置打印比例和对线宽的控制。比例应该是一个具体的数字，而不是计算机默认的布满空间。用户可在"比例"下拉列表框选取定义打印的精确比例；"自定义"文本框，可设置打印单位（英寸或毫米）与绘图使用单位的比例关系；"缩放线宽"复选项表示打印比例是否用于线宽，通常取消该项。

（2）插入 A4 图框

打开"视口"工具栏,如图 5.53 所示。

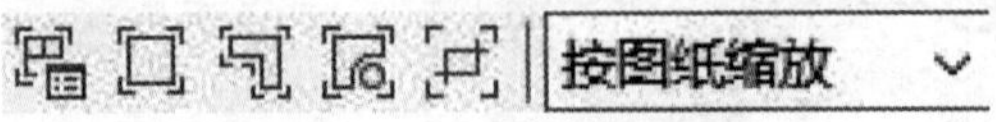

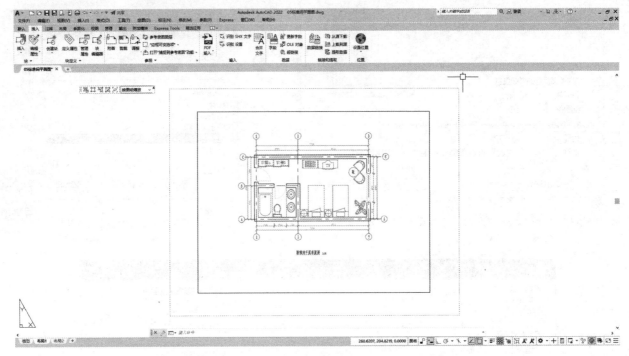

图 5.53　"视口"工具栏

转换到布局空间,此时屏幕如图 5.54 所示。

图 5.54　布局空间的初步图形

点击"插入图形"时形成的外框线,删除图形。点击 ![图标] 图标,执行"插入块"命令,在弹出的对话框中选择绘制好的 A4 图框,并将所有信息填写好,此时不需要将图形放大,而是 1∶1 地插入,点击"确定"按钮。

点击"视口"工具栏中的 ![按钮] 按钮,执行"单个视口"命令,用鼠标点击图纸范围的左上角点和右下角点,确定视口区域,系统会自动计算出打印比例为 1∶50,也可以在"视口"工具栏中选择合适的比例,而这一点在模型空间中是不能实现的。此时还可以移动图形至合适的位置,如图 5.55 所示。打印预览后的图形结果与预览的图形是一致的。

> 提示:用户可以删除、新建、重命名、移动或者复制某一布局,也可以将屏幕切分为两个或多个分开的视口。多个视口将屏幕分为多个区域,从而可以显示图形的多个部分。多个视口将屏幕分为多个部分,就好像使用多个照相机从不同角度观察图形一样,而这一点在三维制图中经常会用到。

（3）打印图形

在 AutoCAD 中,系统通过流程化的"打印"和"页面设置"对话框简化了打印和分布的过程。在 AutoCAD 中绘制完成图形后,可以通过打印机将图形输出,也可以通过 EPlot 输出成.dwf 格式的文件发布电子图形到 Internet 上。这时就可以使用 Internet 浏览器和 Autodesk 公司的 WHIP! 4.0 插入模块打开、查看和打印.dwf 文件..dwf 文件支持实时缩放和平移,可以控制图层、命名视图和显示嵌入的超链接。打印结束后,可以执行【文件】/【查看打印和发布详细信息】命令,弹出"打印和发布详细信息"对话框,如图 5.56 所示。

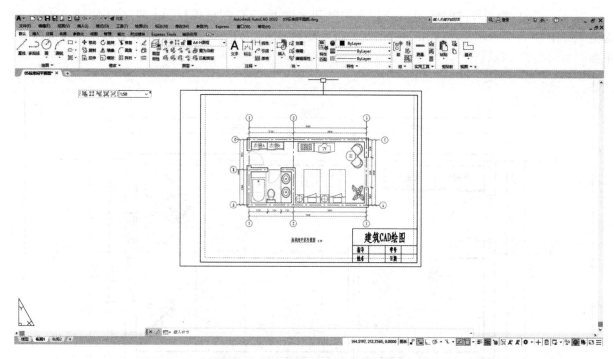

图 5.55 布局空间的标准间客房平面图

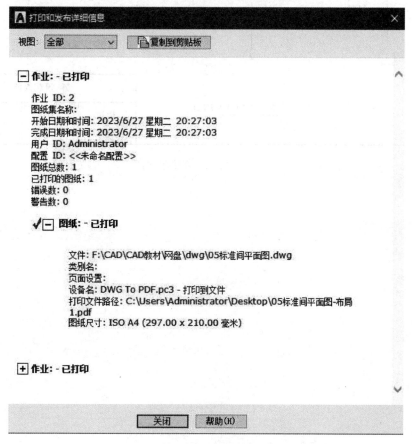

图 5.56 "打印和发布详细信息"对话框

　　用 AutoCAD 绘制好的图形,可以打印在图纸和文件上,文件的格式有.plt 和.dwf 两种。其中.dwf 为电子打印,.plt 为打印文件。.plt 格式的文件可以脱离 AutoCAD 环境进行打印。打印出的标准间客房平面图如图 5.57 所示。

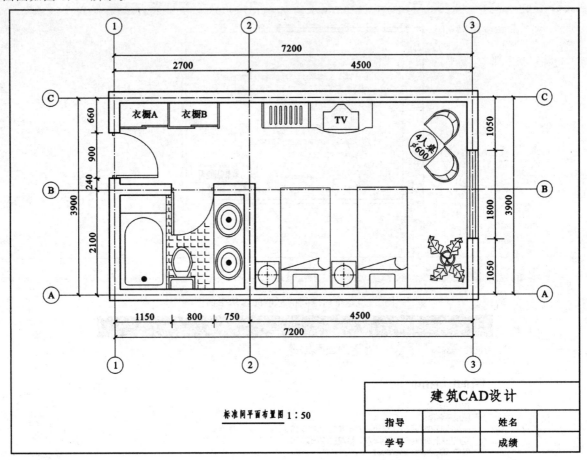

图 5.57　标准间客房平面图

【扫码演示】

6 居住区总平面图的绘制

📖 **知识导读**

对于任何一幢将要建造的建筑,首先要说明房屋建造在什么地方,周围的环境和原有的建筑物情况如何,哪些地方要绿化,将来是否还要在附近建造其他房屋,该地区的风向和房屋朝向如何。用来解决这些问题的图纸称为总平面图。按照图纸的编排顺序,本章简要介绍总平面图的绘制。

🏴 **制作思路**

总平面图比例较小,而且在设计时往往要考虑许多因素,没有太多的规律可以利用,但总平面图中的道路、绿化带和新建建筑肯定是要求显著表示的,之后要标注适当的符号,如标高、指北针等,最后要根据规划图计算出经济技术指标。

❖ **知识重点**

➢ 设置图层
➢ 道路的绘制
➢ 外部块的插入
➢ 特殊字符的输入

绘图说明:某小区的规划用地如图 6.1 所示,规划区为矩形区域,总长 216 m,总宽 226 m,四周为道路,占地面积约 4.88 公顷,在此绘制建筑总平面图。

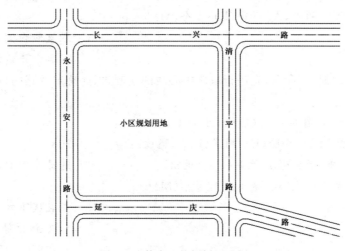

图 6.1 某小区的规划用地图

6.1 绘图环境的设置

捕捉、正交、自动捕捉和对象追踪的设置同第 5 章,不同之处是图层设置,如表 6.1 所示。

表 6.1 图层设置表

序号	图 层 名	颜色	线宽/mm	线型
1	标注与文字	白	0.25	实线
2	道路红线	红	0.25	实线

续表 6.1

序号	图层名	颜色	线宽/mm	线型
3	道路中心线	红	0.25	点画线
4	地面铺装	灰	0.25	实线
5	分界线	白	0.25	实线
6	公共建筑	白	0.25	实线
7	公寓楼	白	0.30	实线
8	绿化	绿	0.25	实线
9	小品	紫	0.25	实线
10	行道树	深绿	0.25	实线
11	运动场	深蓝	0.25	实线

6.2　总平面图的绘制

6.2.1　道路中心线的绘制

依照建筑规范及居住区设计标准,绘制建筑后退红线,以确定建筑的外侧边界。执行"偏移"命令:

命令:_offset

当前设置:删除源=否 图层=源 OFFSETGAPTYPE=0

指定偏移距离或[通过(T)/删除(E)/图层(L)]〈通过〉:　　　　10000

选择要偏移的对象,或[退出(E)/放弃(U)]〈退出〉:　　　　选择道路内侧人行道直线

指定要偏移的那一侧上的点,或[退出(E)/多个(M)/

放弃(U)]〈退出〉:　　　　　　　　　　　　　　　　　在直线内侧用鼠标任点一点

　　　　　　　　　　　　　　　　　　　　　　　　　　//其余三边的偏移距离均为 10000

根据设计思想,执行"偏移"命令,先进行道路中心线的绘制,以此确定道路的位置和宽度。

命令:_offset

当前设置:删除源=否 图层=源 OFFSETGAPTYPE=0

指定偏移距离或[通过(T)/删除(E)/图层(L)]〈通过〉:　　　　50350

选择要偏移的对象,或[退出(E)/放弃(U)]〈退出〉:　　　　选择北侧的道路中心线

指定要偏移的那一侧上的点,或[退出(E)/多个(M)/

放弃(U)]〈退出〉:　　　　　　　　　　　　　　　　　在直线下方用鼠标任点一点

　　　　　　　　　　　　　　　　　　　　　　　　　　//其余的偏移距离分别为 85180、

　　　　　　　　　　　　　　　　　　　　　　　　　　108500、130000、149860、170000、

　　　　　　　　　　　　　　　　　　　　　　　　　　210000

重复执行"偏移"命令,直至将水平方向的道路中心线全部绘制完成,再执行"多段线"命令,绘制垂直方向的道路中心线:

命令:_pline

指定起点:

当前线宽为 0.0000

指定下一个点或[圆弧(A)/半宽(H)/长度(L)/放弃(U)/宽度(W)]:选择北侧建筑后退红线的中点

指定下一点或[圆弧(A)/闭合(C)/半宽(H)/长度(L)/放弃(U)/宽

度(W)]:　　　　　　　　　　　　　　　　　　　　　选择南部建筑后退红线的中点

选择纵向道路中心线和横向第三条道路中心线交点为圆心,绘制弧形道路中心线:

命令:_circle

指定圆的圆心或[三点(3P)/两点(2P)/相切、相切、半径(T)]: 选择纵向道路中心线与第4条道路中心线的交点

指定圆的半径或[直径(D)]: 40000

经过"偏移""多段"线及圆命令后的道路中心线如图 6.2 所示。

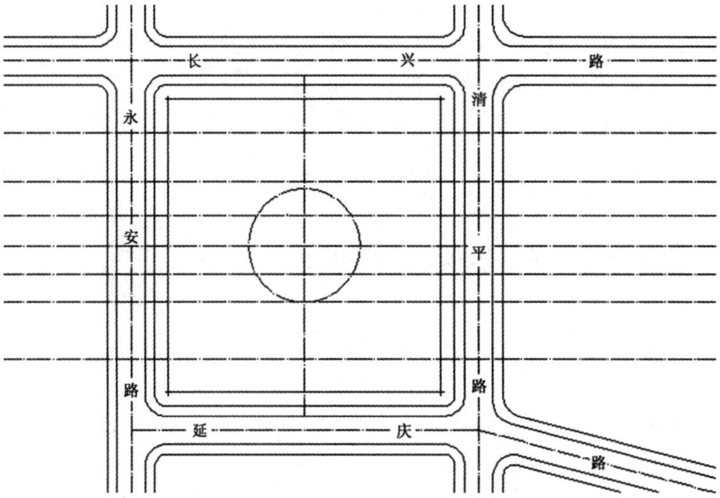

【扫码演示】

图 6.2 偏移好的道路中心线和建筑后退红线图

6.2.2 道路红线的绘制

以道路中心线为参照线,绘制道路红线,首先进行小区级道路的绘制,执行"偏移"命令:

命令:_offset

当前设置:删除源=否 图层=源 OFFSETGAPTYPE=0

指定偏移距离或[通过(T)/删除(E)/图层(L)]〈通过〉: 5000

选择要偏移的对象,或[退出(E)/放弃(U)]〈退出〉: 选择南北向轴线进行左右偏移

指定要偏移的那一侧上的点,或[退出(E)/多个(M)/放弃(U)] 在左右两个方向鼠标任点一〈退出〉: 点,偏移同样距离

命令:_offset

当前设置:删除源=否 图层=源 OFFSETGAPTYPE=0

指定偏移距离或[通过(T)/删除(E)/图层(L)]〈通过〉: 5000

选择要偏移的对象,或[退出(E)/放弃(U)]〈退出〉: 选择圆环道路红线进行偏移

指定要偏移的那一侧上的点,或[退出(E)/多个(M)/放弃(U)] 在圆环内外两侧任点一点,偏〈退出〉: 移同样距离

命令:_offset

当前设置:删除源=否 图层=源 OFFSETGAPTYPE=0

指定偏移距离或[通过(T)/删除(E)/图层(L)]〈通过〉: 5000

选择要偏移的对象,或[退出(E)/放弃(U)]〈退出〉: 选择东西向第6条中心线进行偏移

指定要偏移的那一侧上的点,或[退出(E)/多个(M)/放弃 在中心线南北两侧任点一点,偏移(U)]〈退出〉: 同样距离

以道路中心线为参照线,绘制道路红线,进行组团级道路系统的绘制,执行"偏移"命令:

命令:_offset

当前设置:删除源=否 图层=源 OFFSETGAPTYPE=0

指定偏移距离或[通过(T)/删除(E)/图层(L)]〈通过〉: 3500

选择要偏移的对象，或[退出(E)/放弃(U)]〈退出〉：　　　　选择南北向道路红线第1、2、7条进行偏移

指定要偏移的那一侧上的点，或[退出(E)/多个(M)/放　　在上下两个方向用鼠标任点一点，偏移同

弃(U)]〈退出〉：　　　　　　　　　　　　　　　　　　　样距离

因为偏移参照线为道路中心线，所以偏移的道路红线位于道路中心线图层，需进行转换，执行"特性匹配"命令：

命令：_matchprop

选择源对象：

当前活动设置：颜色　图层　线型　线型比例　线宽　厚度

打印样式　文字　标注　填充图案　多段线　视口　表格

选择目标对象或[设置(S)]：　　　　　　　　　　　　　选择道路红线线条

选择目标对象或[设置(S)]：　　　　　　　　　　　　　选择所有需要转换图层和格式的

　　　　　　　　　　　　　　　　　　　　　　　　　　道路中心线线条

裁切掉多余的线条，将道路红线系统化，执行"裁切"命令：

命令：_trim

当前设置：投影＝UCS，边＝无

选择剪切边…　　　　　　　　　　　　　　　　　　　　选择全部道路红线

选择要修剪的对象，或按住 Shift 键选择要延伸的对象，或[栏选(F)/窗

交(C)/投影(P)/边(E)/删除(R)/放弃(U)]：　　　　　　　选择多余的线条

绘制出的道路图形如图 6.3 所示。

【扫码演示】

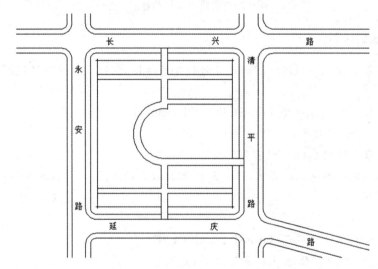

图 6.3　偏移好的小区级和组团级道路红线图

6.2.3　新建建筑物的绘制

将公寓楼图层设为当前图层，进行公寓楼建筑的绘制，使用"多段"线命令绘制新建建筑物，步骤如下：

命令：_pline

指定起点：　　　　　　　　　　　　　　　　　　　　　在辅助线相交点

　　　　　　　　　　　　　　　　　　　　　　　　　　处点击

指定下一个点或[圆弧(A)/半宽(H)/长度(L)/放弃(U)/宽度(W)]：@0,−1500

指定下一个点或[圆弧(A)/半宽(H)/长度(L)/放弃(U)/宽度(W)]：@3900,0

指定下一个点或[圆弧(A)/半宽(H)/长度(L)/放弃(U)/宽度(W)]：@0,1500

指定下一个点或[圆弧(A)/半宽(H)/长度(L)/放弃(U)/宽度(W)]：@3300,0

指定下一个点或[圆弧(A)/半宽(H)/长度(L)/放弃(U)/宽度(W)]：@0,−1500

指定下一个点或[圆弧(A)/半宽(H)/长度(L)/放弃(U)/宽度(W)]：@11700,0

指定下一个点或[圆弧(A)/半宽(H)/长度(L)/放弃(U)/宽度(W)]:@0,-1500

指定下一个点或[圆弧(A)/半宽(H)/长度(L)/放弃(U)/宽度(W)]:@3900,0

指定下一个点或[圆弧(A)/半宽(H)/长度(L)/放弃(U)/宽度(W)]:@0,13400

指定下一个点或[圆弧(A)/半宽(H)/长度(L)/放弃(U)/宽度(W)]:@-3900,0

指定下一个点或[圆弧(A)/半宽(H)/长度(L)/放弃(U)/宽度(W)]:@0,1500

指定下一个点或[圆弧(A)/半宽(H)/长度(L)/放弃(U)/宽度(W)]:@-7800,0

指定下一个点或[圆弧(A)/半宽(H)/长度(L)/放弃(U)/宽度(W)]:@0,-1500

指定下一个点或[圆弧(A)/半宽(H)/长度(L)/放弃(U)/宽度(W)]:@-2700,0

指定下一个点或[圆弧(A)/半宽(H)/长度(L)/放弃(U)/宽度(W)]:@0,1500

指定下一个点或[圆弧(A)/半宽(H)/长度(L)/放弃(U)/宽度(W)]:@-7800,0

指定下一个点或[圆弧(A)/半宽(H)/长度(L)/放弃(U)/宽度(W)]:@0,-1500

指定下一个点或[圆弧(A)/半宽(H)/长度(L)/放弃(U)/宽度(W)]:@-3900,0

指定下一个点或[圆弧(A)/半宽(H)/长度(L)/放弃(U)/宽度(W)]:   **点右键选取闭合**

> **提示**:PLINE 命令可以绘制一条直线或弧线,或由多条直线或弧线相互连接构成图形对象,各线段的宽度是可以变化的。与 LINE 命令不同,PLINE 命令既可绘制直线,又可绘制弧线,且所绘的多个彼此相连接的线段是一个整体,不能分别进行编辑,除非用分解命令将其炸开。

绘制完成后,以道路红线、道路中心线及建筑后退红线为参照点放置公寓建筑,如图 6.4 所示。

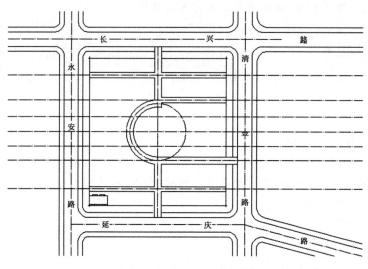

图 6.4 绘制完成的一个新建建筑物图

【扫码演示】

6.2.4 复制其余新建建筑

由于本小区所有建筑户型一致,仅朝向不同,故直接使用"复制"命令将朝北向建筑物绘出。

由于朝南向户型与朝北向相对应,则对于朝南向建筑,可执行镜像命令:

命令:_mirror

选择对象:指定对角点:找到 3 个

选择对象: 选择需要镜像的建筑户型及相应数量

指定镜像线的第一点:指定镜像线的第二点: 选择镜像的参照点

要删除源对象吗?[是(Y)/否(N)]N   否

继续使用"复制"命令将剩余的朝南向建筑户型绘制完成。绘制完成的新建建筑如图 6.5 所示。

6.2.5 绘制组团级道路

将道路红线层作为当前图层,对组团级道路进行绘制,在单元楼出口使用"多段"线命令绘制出宅间小路,将此宅间小路与组团级道路相连接,并使用"圆角"命令将其修改:

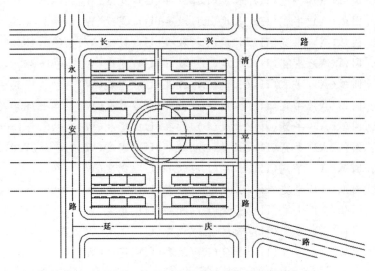

图 6.5 复制好的其余新建建筑物图

命令：_fillett

当前设置：模式＝不修剪,半径＝3000

选择第一个对象或[放弃(U)/多段线(P)/半径(R)/修剪(T)/多个(M)]：　　　　选择宅间小路

选择第二个对象,或按住 Shift 键选择要应用角点的对象：　　　　选择组团级道路

提示：“圆角”命令中确定圆角半径参数很重要,若半径 $R＝0$,则将延伸或修剪两个所选取的实体,使之形成一个直线角;若半径 R 很大,以至于在所选的两实体之间容纳不下这么大的圆弧,则将无法对实体进行圆角操作。

之后使用“修剪”命令将多余直线删除：

命令：_trim

当前设置：投影＝UCS,边＝无

选择剪切边…　　　　选择两条弧线

选择要修剪的对象,或按住 Shift 键选择要延伸的对象,或[栏选(F)/窗交(C)/投影(P)/边(E)/删除(R)/放弃(U)]：　　　　选择多余直线

执行命令后的图形如图 6.6 所示。

【扫码演示】

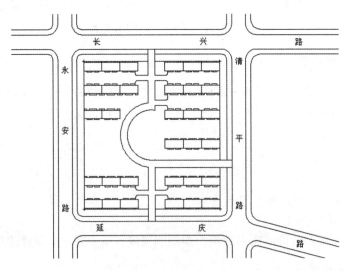

图 6.6 绘制完成的组团级道路图

6.3 湘源控制性详细规划 CAD 系统应用初步

6.3.1 湘源控制性详细规划 CAD 系统简介

湘源控制性详细规划 CAD 系统是一套基于 AutoCAD 平台开发的城市规划设计、城镇规划设计、总平面设计、园林绿化设计及土方计算软件。该软件的大部分功能贯穿了"自动"的思想,例如:自动生成道路、自动交叉口圆角处理、自动标注坐标、自动标注路宽、自动生成横断面、自动生成控制指标图等,该软件的特点是人工输入一些必要数据,其他的工作由计算机完成。

加载后的湘源控制性详细规划软件工具窗口如图 6.7 所示。

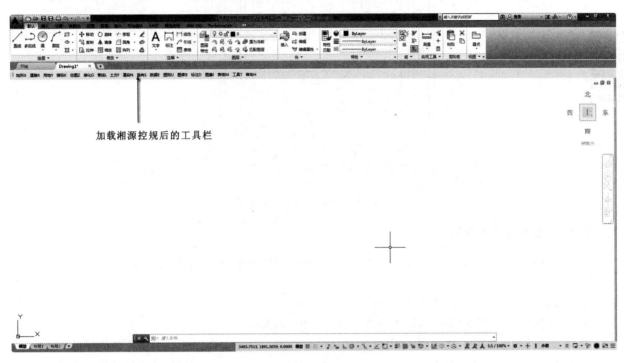

加载湘源控规后的工具栏

图 6.7 加载后的湘源控制性详细规划软件工具窗口

6.3.2 绘制独栋公寓楼的宅前小路

宅前小路使用湘源控制性详细规划 CAD 系统进行绘制,根据公寓楼的出入口宽度确定路的宽度。

执行总图命令,点击 **总图Z** 命令按钮,弹出总图命令对话框,点击宅前小路 **宅前小路R** 命令按钮。

根据相关规定,宅前道路与其出入口宽度相匹配,使用"宅前小路"命令将其绘制,步骤如下:

命令:_drwsmallrd
当前设置:路宽 W/正交 O/〈道路的起点〉:W
输入道路宽度:2700

弧道路 A/路宽 W/正交 O/回退 U/〈下一点〉:	选择需绘制小路的公寓楼出入口
弧道路 A/路宽 W/正交 O/回退 U/〈下一点〉:	选择宅前小路的转弯地点
弧道路 A/路宽 W/正交 O/回退 U/〈下一点〉:	选择宅前小路的终点

提示:重复执行宅前小路的绘制命令,将剩余独栋公寓楼前的宅前小路绘制完成。

6.3.3 修改小区级道路连接处

根据建筑相关规定,道路拐弯时要有一定的曲率半径,可以使用"倒圆角"命令将其绘出,步骤如下:
命令:_fillett

当前设置：模式 ＝ 不修剪,半径 ＝ 2000

选择第一个对象或[放弃(U)/多段线(P)/半径(R)/修剪(T)/多个(M)]:R

指定圆角半径〈2000〉:6000

选择第一个对象或[放弃(U)/多段线(P)/半径(R)/修剪(T)/多个(M)]: 选择居住小区级道路之一

选择第二个对象,或按住 Shift 键选择要应用角点的对象: 选择居住小区级道路之二

由于道路宽度不等,其曲率半径也不同,居住小区级道路相交时 R 为6000,居住区级道路与居住小区级道路相交时 R 为9000,重复执行"倒圆角"命令将道路全部修改完毕,如图6.8所示。

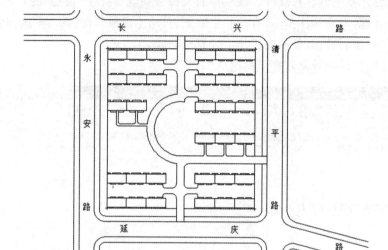

图 6.8　修改好的小区级道路连接处

6.3.4　步行道路的绘制

居住小区的道路系统包含步行道路系统,主要沿小区道路内侧布置,绘制步骤如下:

命令:_offset

当前设置:删除源＝否 图层＝源 OFFSETGAPTYPE＝0

指定偏移距离或[通过(T)/删除(E)/图层(L)]〈通过〉:2000

选择要偏移的对象,或[退出(E)/放弃(U)]〈退出〉   选择小区已经绘制的各级道路

指定要偏移的那一侧上的点,或[退出(E)/多个(M)/   在道路内侧任意一点点击,偏移

放弃(U)]〈退出〉   出步行道路

提示:使用裁剪和延长命令,删除多余线条并延长不足的线条,将步行道路系统绘制完成,绘制完成的图形如图6.9所示。

图 6.9　增添步行道路后的小区道路系统图

6.3.5 停车场的绘制

根据居住区用地配置要求,进行停车场的绘制工作,分别进行沿街停车场和地下停车场的绘制。点击 **总图Z** 按钮,弹出总图对话框,点击 **停车位P** 按钮。绘制步骤如下:

命令:_parkln
输入长度:6000
输入宽度:3000
选择曲线:　　　　　　　　　　　　选择停车位的边界曲线,主要为小区主干道道路红线
方向:　　　　　　　　　　　　　　用鼠标在道路红线内侧点击

绘制完成的沿街停车场如图 6.10 所示。

【扫码演示】

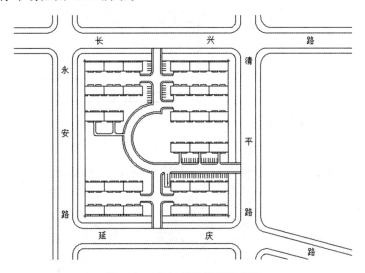

图 6.10　绘制好的沿街停车场

6.3.6 车辆的绘制和插入

居住小区停放车辆是现代社区的重要功能,可使用湘源控制性详细规划 CAD 软件进行车辆图块的插入和绘制工作。点击 **图库B** 按钮选择图库管理。

点击图库管理命令后,弹出"图库管理"对话框,如图 6.11 所示。双击 **lib** 图标,弹出规划图库、建筑配景及用户图库三个对话框。点击 **建筑配景** 按钮,弹出建筑配景图库;点击 **车** 图标,弹出车辆选择框,选择需要的车辆图形,如图 6.12 所示。

图 6.11　点击"图库管理"命令后弹出的选择界面　　　　图 6.12　车辆选择框

　　点击车辆图形,选择合适的车辆,依据居住小区设计内容,将插入的车辆图块放入适宜的位置。

　　插入的图块因为尺寸往往不能满足现状地形的需要,应根据需要进行缩放。点击 🔲 图标,绘制步骤如下:

命令:_scale

选择对象:　　　　　　　　　　　　　　　　　　　选择需要进行缩放的对象车辆

指定基点:　　　　　　　　　　　　　　　　　　　选择车辆的任意一点

指定比例因子或[复制(C)/参照(R)]:1000

　　绘制完成后的车辆及其与周边建筑地形关系如图 6.13 所示。

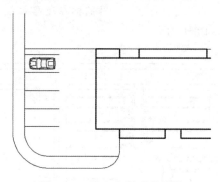

图 6.13　插入车辆后的图形

　　使用"阵列"命令,绘制停车场内的其他车辆,点击 ⊞ 图框,弹出"阵列"命令图框,如图 6.14 所示。

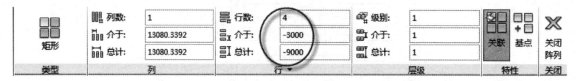

图 6.14　"阵列"命令图框

　　提示:行(W)命令栏填写数据表示竖向阵列行数,行偏移(F)内所填数据,正值代表图形向上阵列,负值代表图形向下阵列。列(W)命令栏填写数据表示横向阵列列数,列偏移(M)内所填数据,正值代表图形向右侧阵列,负值代表图形向左侧阵列。

　　重复使用"图形"和"阵列"命令,将车辆绘制完成,绘制完成的图形如图 6.15 所示。

【扫码演示】

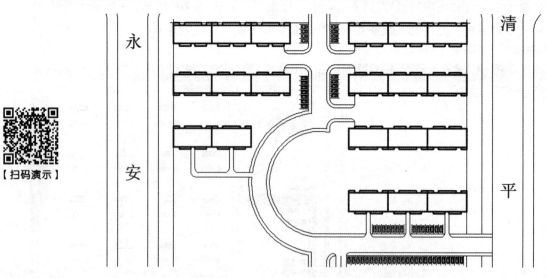

图 6.15　绘制完成的车辆图

6.3.7　体育设施的绘制和插入

　　体育设施是现代社区的重要功能,可使用湘源控制性详细规划 CAD 软件进行体育设施的插入和绘制工作。点击**图库B**菜单,弹出图库对话框,点击图库管理命令后,弹出"图库管理"对话框,如图 6.11 所示;双击 lib 图标,弹出规划图库、建筑配景及用户图库三个对话框。点击**建筑配景**按钮,弹出建筑配景图库;点击**体育设施**图标,弹出体育设施选择框,选择需要的体育设施图形,如图 6.16 所示。

图 6.16 体育设施选择框

插入的体育设施图块因为尺寸往往不能满足现状地形的需要,应根据需要进行缩放。点击 图标,绘制步骤如下:

命令:_scale
选择对象:　　　　　　　　　　　　　　　　　　　选择需要进行缩放的对象体育设施
指定基点:　　　　　　　　　　　　　　　　　　　选择体育设施的任意一点
指定比例因子或[复制(C)/参照(R)]:1000
将缩放完成的体育设施图形进行旋转和移动,绘制完成的图形如图 6.17 所示。

【扫码演示】

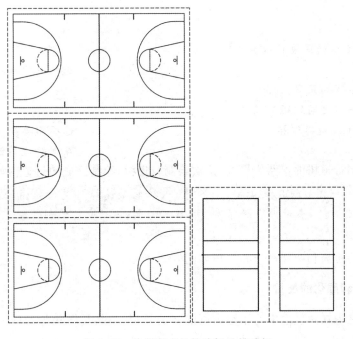

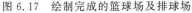

图 6.17 绘制完成的篮球场及排球场

6.3.8　行道树的绘制和插入

行道树是指种植在各种道路两侧及分车带树木。居住区内的行道树主要种植在人行道上,用于遮阳和景观及分隔作用。

点击"图库管理"命令后,弹出"图库管理"对话框,如图 6.11 所示;双击 **lib** 图标,弹出规划图库、建筑配景及用户图库三项。点击 **建筑配景** 按钮,弹出建筑配景图库;点击 **树-平面** 图标,弹出平面树选择窗口,选择所需的行道树图形,如图 6.18 所示。

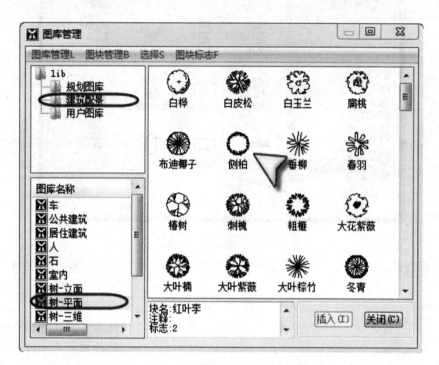

图 6.18　在平面树选框内选择行道树图形

参照前面所述步骤,将插入行道树图形缩放至合适的尺寸,进行总平面内行道树的绘制,绘制步骤如下:

命令:_ multree

树种图块 B/圆圈 C/〈选择边界〉:B

选择实体:　　　　　　　　　　　　　　　　　　　　选择刚才插入的行道树图形

输入树中心至边界线的距离:1000

输入相邻两棵树中心之间的距离:5000

树种图块 B/圆圈 C/〈选择边界〉:　　　　　　　　选择需要绘制行道树的道路边界线

方向:　　　　　　　　　　　　　　　　　　　　　　在道路边界线内侧点击

选择全部需要绘制行道树的道路边界线,依次绘制行道树,绘制完成的行道树如图 6.19 所示。

> 提示:"树种图块 B/圆圈 C/〈选择边界〉"命令中,选择 B 则选择行道树的树种式样图块,用户选择从图库插入的树木图块;选择 C,表示用圆圈作为树木进行绘制;当用户自己制作树木图块时,图块的插入点应该设为树木的中心点。

行道树至边界线的距离和两棵树中心距离如图 6.20 所示。

6.3.9　宅间配景和绿化的配置

宅间配景和绿化是指在两住宅中间用地内所配置的景观、小品及绿化等设施。点击 **绿化G** 按钮,选择 **自由小路R**,进行自由小路的绘制。绘制步骤如下:

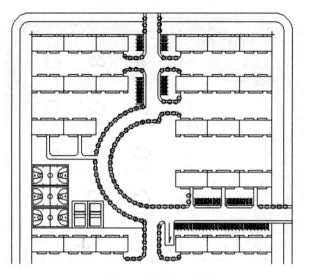

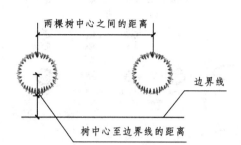

【扫码演示】

图 6.19　绘制完成的行道树　　　　图 6.20　行道树至边界线的距离和两棵树中心距离

命令：_ freeroad

宽度 W/〈起点〉:W

输入宽度:1500

宽度 W/〈起点〉:　　　　　　　　　　　　　　　　选择自由小路的绘制起点

闭合 C/回退 U/〈下一点〉:　　　　　　　　　　　　选择自由小路的下一点

> **提示:** 宽度 W/〈起点〉:用户输入自由小路起点。如果选择 W,则输入自由小路的宽度,缺省为 3 m 宽。闭合 C/回退 U/〈下一点〉:用户输入下一点,选择 C 为闭合,选择 U 为后退一步。该命令所绘制的自由小路不能自动进行圆角处理,需要进行人工修改。

对绘制完成的自由小路进行填充工作,点击██命令,进行选择和调整,使用 GRAVEL 图案;对其周边用地进行填充,选择 AR-CONC 命令,弹出对话框如图 6.21 所示。

图 6.21　周边草地的填充设置

使用图库命令绘制内部景观树,点击**图库B**命令,弹出图库对话框,点击图库管理命令,弹出对话框,进行树种的选择,如图 6.22 所示。

> **提示:** 选择配景平面树后,在图内需要添加图形的位置进行单击,按住鼠标左键不动,将光标向外侧拖移,使插入的树木放大至需要的尺寸,光标拖移的距离即为树冠的半径。

使用图库命令绘制内部景观树,点击**图库B**命令,弹出图库对话框,点击图库管理命令,在弹出的对话框中选择园林小品,如图 6.23 所示。

将插入的园林小品缩放至合适的尺寸,点击██图标,绘制步骤如下:

命令:_scale

选择对象:　　　　　　　　　　　　　　　　　　选择需要进行缩放的园林小品

指定基点:　　　　　　　　　　　　　　　　　　选择园林小品的中心一点

指定比例因子或[复制(C)/参照(R)]:2000

绘制完成的宅间绿化及配景如图 6.24 所示。

图 6.22　内部景观树的属性设置　　　　　　　图 6.23　园林小品的属性设置

【扫码演示】

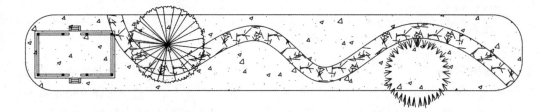

图 6.24　绘制完成的宅间绿地及配景图

6.3.10　公共建筑及其配景的绘制

公共建筑是指居住区内除去公寓住宅之外用于居民活动和购物娱乐等用途的辅助性建筑，使用图库、绿化、填充等命令进行绘制，绘制步骤如下：

使用图库命令绘制公共建筑，点击**图库B**命令，弹出图库对话框，点击图库管理命令，在弹出的对话框中进行公共建筑的选择，如图 6.25 所示。

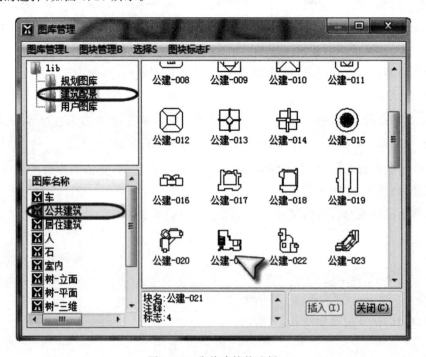

图 6.25　公共建筑的选择

在平面中需要插入公共建筑的地方插入所选择的图形。

当插入的公共建筑尺寸不能适应地形时,进行尺寸的缩放,点击 图标,绘制命令如下:

命令: _scale

选择对象: 　　　　　　　　　　　　　　　　　　　　选择需要进行缩放的公共建筑

指定基点: 　　　　　　　　　　　　　　　　　　　　选择公共建筑的中心一点

指定比例因子或[复制(C)/参照(R)]:400

自公共建筑边界线引出多段线至人行道,作为公共建筑铺地的边界线,在所选区域内进行公共建筑铺地的绘制工作,点击 图标,设置如图 6.26 所示。

图 6.26　铺地的填充设置

点击图库管理命令后,弹出"图库管理"对话框,如图 6.11 所示;双击 lib 图标,弹出规划图库、建筑配景及用户图库三项。点击**建筑配景**按钮,弹出建筑配景图库;点击 **园林小品**命令,弹出园林小品选择窗口,选择所需的园林小品建筑图形,如图 6.27 所示。

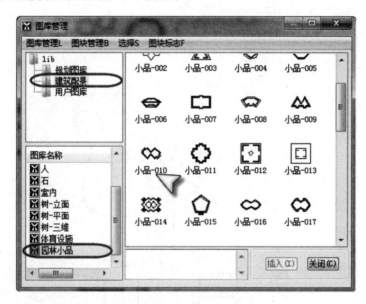

图 6.27　园林小品建筑的选择

在平面中需要插入园林小品的地方插入所选择的图形。

当插入的园林小品尺寸不能适应地形时,进行尺寸的缩放,点击 图标,绘制命令如下:

命令: _scale

选择对象: 　　　　　　　　　　　　　　　　　　　　选择需要进行缩放的园林小品

指定基点: 　　　　　　　　　　　　　　　　　　　　选择园林小品的中心一点

指定比例因子或[复制(C)/参照(R)]:3000

将缩放完成的园林小品建筑旋转并移动至合适的位置,操作步骤同前。在两个园林小品的中间进行水面驳岸的绘制,点击**绿化G**图标,选择 **水面驳岸W**选项,绘制步骤如下:

命令: _drawedge

宽度 W/〈起点〉:W

输入宽度:600

宽度 W/〈起点〉: 　　　　　　　　　　　选择输入水面驳岸的起点

闭合 C/回退 U/〈下一点〉: 　　　　　　　选择驳岸的定位点,进行连续的选择,确定水面驳岸的位置

闭合C/回退U/〈下一点〉:C

提示:宽度W/〈起点〉:用户单击鼠标左键输入水面驳岸的起点,如果选择W,则输入水面驳岸两条线的距离;闭合C/回退U/〈下一点〉:用户单击鼠标左键输入下一点,选择C则闭合,选择U则退回一步。使用该命令时,请注意绘图的方向,顺时针方向绘制常规的水面驳岸,逆时针方向绘制岛屿式水面驳岸。

在两个园林小品的中间进行水面驳岸的绘制,点击**绿化G**图标,选择　　**游廊Y**选项,绘制步骤如下:

命令:_youlang

参数设置P/〈起点〉:P

宽度:1200

扶手宽度:300

回退U/正交O/〈下一点〉:　　　　选择游廊的定位点,单击鼠标左键进行连续的选择,确定游廊的位置

提示:参数设置P/〈起点〉:用户单击鼠标左键选择游廊的起点,选择P,则输入游廊的参数,如游廊宽度、扶手宽度。内侧两条边线之间的宽度,代表游廊宽度,单侧两条线代表游廊扶手,其中间的距离代表扶手宽度。回退U/正交O/〈下一点〉:用户单击鼠标左键输入定位点,选择U则退回一步,选择O则控制是否采用正交模式。

绘制完成的公共建筑及其配景如图6.28所示。

【扫码演示】

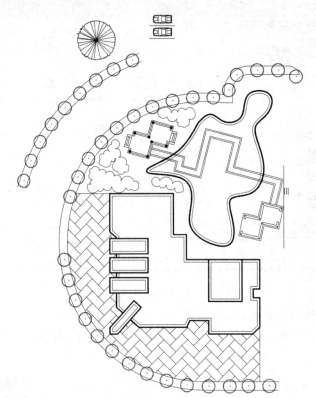

图6.28　绘制完成的公共建筑及其配景

6.3.11　小区游园的绘制

在总平面图中绿篱主要用于进行隔离和区域的防护,一般位于建筑与道路、游园等公私边界需要加以区分和隔离的区域,呈线形分布。点击**绿化G**图标,弹出绿化下拉菜单,点击**绿篱L**图标,具体操作步骤如下:

命令:_ mklvli

绿篱宽度W/选曲线O/〈起点〉:W

输入绿篱宽度:3500

绿篱宽度 W/选曲线 O/〈起点〉：　　　　　　　　　　　单击鼠标左键，选择绿篱起点

圆弧 A/〈下一点〉：　　　　　　　　　　　　　　　　　选择绿篱的线路点，进行连续多次点选

在总平面图小区游园中进行凉亭的绘制工作，点击**绿化G**图标，弹出图库下拉菜单，点击**图库管理L…**图标，弹出"图库管理"命令框，如图 6.29 所示。

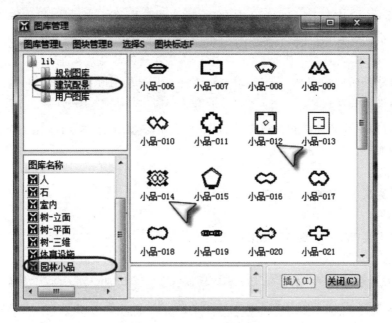

【扫码演示】

图 6.29　凉亭的属性设置

当插入的凉亭尺寸不能适应地形时，进行尺寸的缩放，具体操作步骤如下：

命令：_ scale

选择对象：　　　　　　　　　　　　　　　　　　　　　选择需要进行缩放的园林小品

指定基点：　　　　　　　　　　　　　　　　　　　　　选择园林小品中间一点

指定比例因子或[复制(C)/参照(R)]：1500

在总平面图中绿化树木主要用于进行绿化和营造景观的作用，对于环境非常重要，一般位于总平面图内的开敞空间，呈组团行分布。点击**绿化G**图标，弹出绿化下拉菜单，点击**阔叶林K**图标，具体操作步骤如下：

命令：_ mkcloud

角度 D/〈第一点〉：　　　　　　　　　　　　　　　　　选择阔叶林的位置点

回退 U/〈下一点〉：　　　　　　　　　　　　　　　　　选择阔叶林的每个位置点

提示：角度 D/〈第一点〉：用户输入阔叶林的第一点，单击鼠标左键选择阔叶林的起点；选择 D，则改变阔叶林圆弧的角度值，缺省圆弧度数为 150°。回退 U/〈下一点〉：用户输入下一点；选择 U，则退回一步。点击回车，程序自动闭合所绘多段线。该命令绘制阔叶林时，应注意绘图的方向，即注意顺时针、逆时针方向。用户可以调整圆弧的角度值，从而改变阔叶林的式样。绘制的阔叶林为一闭合多段线，用户可以对其进行填充。

点击**绿化G**图标，弹出绿化下拉菜单，点击**针叶林Z**图标，具体操作步骤如下：

命令：_ mkzyl

角度 D/刺长 L/〈第一点〉：　　　　　　　　　　　　　选择针叶林的位置点

回退 U/〈下一点〉：　　　　　　　　　　　　　　　　　选择针叶林的每个位置点

提示：角度 D/刺长 L/〈第一点〉：用户输入针叶林的第一点，单击鼠标左键选择针叶林的起点；选择 D，则修改针叶林圆弧的角度值；选择 L，则输入针刺长度。回退 U/〈下一点〉：用户输入下一点，如果选择 U 则回退一步。绘制针叶林时，应注意顺时针和逆时针方向，方向不同，效果不同。选择回车，程序自动闭合所绘多段线。可以调整针刺长度和圆弧角度数值，改变式样。

点击**绿化G**图标,弹出绿化下拉菜单,点击**灌木丛G**图标,具体操作步骤如下:

命令:_ mycloud

长度 L/角度 A/填充 H/〈输入起点〉:　　　　　　　　　　　　　选择灌木丛的起始点

移动十字光标:　　　　　　　　　　　　　　　　　　　　　　　选择灌木丛的路径

> **提示**:长度 L/角度 A/填充 H/〈输入起点〉:用户输入灌木丛的起始点,输入起始点后,拖动鼠标位置进行移动,圈出灌木丛的位置,程序会根据鼠标的轨迹绘制,鼠标的位置靠近起始点时,会自动闭合然后退出。选择 L,则输入圆弧两端点得直线长度值。选择 A,输入圆弧的角度数值,缺省为 110°。选择 H,则选择填充图案样式,程序提供四种式样:无、竹、灌木和草地。用户绘制时应注意选择顺时针方向。如果选择不同方向,则绘制结果不一样。

花架在总平面游园中起到连接和景观步道的作用,点击**绿化G**图标,弹出绿化下拉菜单,点击**花架G**图标,具体操作步骤如下:

命令:_ mkhuajia

选曲线 O/花架宽度 W/单双线 S/〈花架起点〉:W

花架宽度:2000

选曲线 O/花架宽度 W/单双线 S/〈花架起点〉:　　　　　　　　　选择花架的起点

圆弧 A/〈下一点〉:　　　　　　　　　　　　　　　　　　　　选择花架的路径点

> **提示**:选曲线 O/花架宽度 W/单双线 S/〈花架起点〉:用户输入花架的起点。选择 O,则用户选择一条曲线,生成花架。选择 W,则输入花架的宽度。选择 S,控制生成的花架为单线还是双线。

碎石路在总平面游园中一般起到连接和组织路线的作用,点击**绿化G**图标,弹出绿化下拉菜单,点击**碎石路S**图标,具体操作步骤如下:

命令:_ stoneroad

碎石路宽度 W/填充图案 H/选曲线生成 O/〈起点〉:W

输入碎石路宽度:2000

碎石路宽度 W/填充图案 H/选曲线生成 O/〈起点〉:　　　　　　　选择碎石路的起点

圆弧 A/〈下一点〉:　　　　　　　　　　　　　　　　　　　　选择碎石路的路径点

> **提示**:碎石路宽度 W/填充图案 H/选曲线生成 O/〈起点〉:用户输入碎石路的起点。选择 W,则输入碎石路的宽度;选择 H,则选择碎石路的填充图案;选择 O,则选择一条曲线,生成以该曲线为中心的碎石路。圆弧 A/〈下一点〉:用户输入下一点,选择 A,则输入圆弧段。

对总平面游园进行树木绿化、水面及游廊的绘制,并插入景观石,具体的绘制方法同前。

6.4　尺寸标注与文字说明

6.4.1　标注尺寸

在总平面图中标注尺寸的原则主要是以道路和用地红线为基准,标注道路宽度、轴线位置、建筑外包尺寸或轴线尺寸。在标注前首先要对标注的样式进行设置,具体操作步骤如下:

执行【格式】/【标注样式】命令,在弹出的对话框中新建一个标注样式,与标准间客房平面图的设置不同之处在于总图的比例较小,是 1∶200,因此要将标注样式对话框中"使用全局比例"因子修改为"200",直线的起点偏移量修改为"5",如图 6.30 和图 6.31 所示。

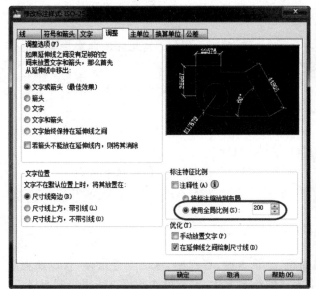

图 6.30 "修改标注样式"中调整的设置

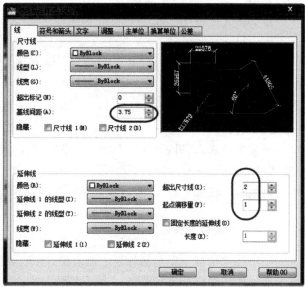

图 6.31 "修改标注样式"中线的设置

【扫码演示】

使用线性标注和连续标注将图中道路及建筑物的长宽作相应的标注。

6.4.2 标注定位坐标

总平面图要明确新建工程或扩建工程的具体位置。一般在房屋墙角处标注坐标,作为整个小区的定位依据,使用单行文字命令标注坐标,步骤如下:

命令:_ text
当前文字样式:建筑 当前文字高度:2000
指定文字的起点或[对正(J)/样式(S)]:   //用鼠标点击
指定高度〈2000〉:   //直接回车
指定文字的旋转角度〈0〉:   //直接回车
                       输入定位点坐标

6.4.3 标注标高和层数

标高是建筑物某一部分相对于基准面(标高的零点)的竖向高度。标注标高要采用标高符号,在建筑总平面图中标注室外地坪的标高时,采用涂黑的等腰三角形。由于标高用途广泛,用户可以将标高画好后保存为一个块,以后绘图时直接插入块即可。

根据制图标准,在建筑总平面图中,建筑物的层数采用一个填充的黑圆圈来表示,建筑物只有一个圆圈表示一层,两个圆圈表示两层,依此类推。当层数较多时,可采用数字来表示建筑物的层数。目前,常规做法为数字标注形式,采用大写字母"F"表示楼层数,楼层数目置于字母"F"之前,例如"5F"即表示 5 层。

6.4.4 绘制指北针

指北针用来表示建筑物的朝向,绘制步骤如下:

命令:_circle
指定圆的圆心或[三点(3P)/两点(2P)/相切、相切、半径(T)]:   //用鼠标点击
指定圆的半径或[直径(D)]:4800
命令:_pline:
指定起点:
当前线宽为 600
指定下一个点或[圆弧(A)/半宽(H)/长度(L)/放弃(U)/宽度

(W)]: W	//设置线的宽度
指定起点宽度〈600〉: 0	
指定端点宽度〈0〉: 600	//指北针尾部宽度为 3 mm
指定下一个点或[圆弧(A)/半宽(H)/长度(L)/放弃(U)/宽度	
(W)]:	//选取圆上一点
指定下一点或[圆弧(A)/闭合(C)/半宽(H)/长度(L)/放弃(U)	
/宽度(W)]:	//选取圆上相对应的象限点
指定下一点或[圆弧(A)/闭合(C)/半宽(H)/长度(L)/放弃(U)	
/宽度(W)]:	//回车结束命令

提示: 使用"多段线"命令绘制指北针较为简捷。

6.4.5　填写主要经济技术指标

　　经济技术指标主要包括规划用地面积、建筑占地面积、建筑密度、容积率、绿地率等指标,可以使用新版本增加的表格命令进行绘制。为使读者了解老版本表格的绘制方法,本节仍然使用直线来绘制表格。

　　使用"直线"和"偏移"命令可以绘制好直线,下面说明如何将文字居中显示:

命令:_ text	
当前文字样式: 字体 当前文字高度: 0	
指定文字的起点或[对正(J)/样式(S)]: J	//选择对正方式
输入选项[对齐(A)/调整(F)/中心(C)/中间(M)/右(R)/左上(TL)/	
中上(TC)/右上(TR)/左中(ML)/正中(MC)/右中(MR)/左下(BL)/中下	
(BC)/右下(BR)]: MC	// 选择正中的对正方式
指定文字的中间点:	//用鼠标点击辅助线中点
指定高度〈3500〉: 2000	//设定文字高度
指定文字的旋转角度〈0〉:	//文字不旋转

　　在技术经济指标表格中面积单位为 m^2,可以使用下面的方法输入:

　　打开随书多媒体素材库中 Fonts 文件夹,将其中的 txt. shx 和 hztxt. shx 字体复制到 AutoCAD 2022 安装文件夹下的 Fonts 文件夹下,如安装目录:\Program Files\AutoCAD 2022\Fonts 文件夹下,然后再次打开 AutoCAD,执行【格式】/【文字样式】命令,打开字体设置对话框,shx 字体选择"txt. shx",勾选使用大字体,并将大字体设置为"hztxt. shx",如图 6.32 所示。

【扫码演示】

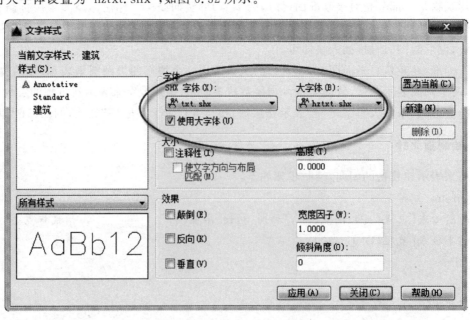

图 6.32　"文字样式"对话框设置

使用该字体可以输入一些特殊字符,具体代码见表 6.2。比如说要输入"m²",就可以输入"m％％1452",结束命令后系统会自动更正为 m²。

表 6.2 txt. shx 字体代码表

字符编码	说 明	字符编码	说 明
130	Ⅰ级钢筋Φ	131	Ⅱ级钢筋Φ
132	Ⅲ级钢筋Φ	133	Ⅳ级钢筋Φ
134	小于或等于≤	135	大于或等于≥
138	罗马数字Ⅺ	139	罗马数字Ⅻ
140	使后面字串增大 1/3	141	使后面字串缩小 1/2
142	使后面字串增大 1/2	143	使后面字串升高 1/2
144	使后面字串降低 1/2(形如 A₂)	145	使后面字串升高缩小 1/2(形如 A²)
146	使后面字串降低增大 1/2	147	对前一字符画圈(形如⑤)
148	对前两字符画圈(形如⑩)	149	对前三字符画圈
150	使后面字串缩小 1/3	151	罗马数字Ⅰ
152	罗马数字Ⅱ	153	罗马数字Ⅲ
154	罗马数字Ⅳ	155	罗马数字Ⅴ
156	罗马数字Ⅵ	157	罗马数字Ⅶ
158	罗马数字Ⅷ	159	罗马数字Ⅸ
160	罗马数字Ⅹ		

利用此字体输入 m² 符号后,根据建筑面积、建筑系数等计算结果填入表格,最终完成总平面图的绘制。

提示:在实际绘图中,常需标注一些特殊的字符,如表示直径的"φ",表示偏差的"±"等。这些字符是不能直接从键盘上键入的。为此,AutoCAD 提供了一些简捷的控制码,通过从键盘上输入这些控制码,可以达到输入特殊字符的目的。控制码均由两个百分号(％％)和一个字母组成。输入控制码时,屏幕上不会立即显示它们所代表的特殊字符,只有在结束该次标注命令之后,控制码才会消失而变成相应的特殊字符。

在绘图时,AutoCAD 2022 提供了一些控制码来输入一些特殊符号,常用的控制码如表 6.3 所示。

表 6.3 AutoCAD 2022 常用的控制码

符号	功能	符号	功能	符号	功能
％％d	"度数"符号	\U+2082	下标	\U+2248	几乎相等
％％p	"正负"符号	\U+20B2	平方	\U+2260	不等于
％％c	"直径"符号	\U+20B3	立方	\U+2261	恒等于

小区总平面图绘制结果如图 6.33 所示。

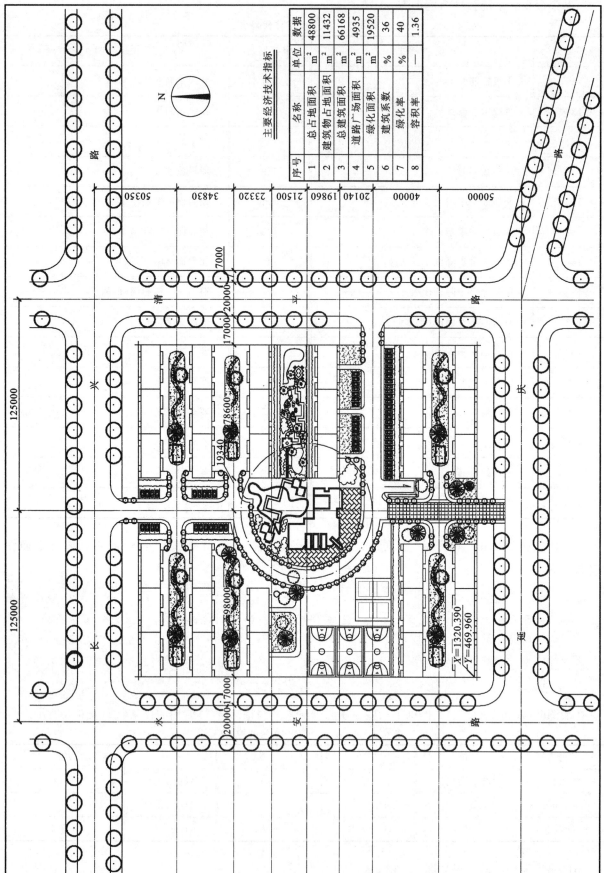

图6.33　小区总平面图绘制结果

主要经济技术指标

序号	名称	单位	数据
1	总占地面积	m²	48800
2	建筑物占地面积	m²	11432
3	总建筑面积	m²	66168
4	道路广场面积	m²	4935
5	绿化面积	m²	19520
6	建筑系数	%	36
7	绿化率	%	40
8	容积率	—	1.36

7 建筑平面图的绘制

📖 知识导读

　　建筑平面图是建筑施工图中最重要的组成部分,主要表示建筑物的平面形状、水平方向上各部分(如出入口、走廊、楼梯、房间、阳台等)的布置和组合关系、门窗位置和型号、承重构件(墙、柱)的布置以及其他建筑构、配件的位置和大小等。本章通过对一座多层住宅楼的标准层建筑平面图的绘制,具体说明在AutoCAD中绘制建筑平面图的基本步骤和基本方法。通过本章的学习,读者应能掌握绘制建筑平面图的基本方法和技巧,并为今后绘制更复杂建筑的平面图奠定坚实的基础。

⊞ 制作思路

　　首先对绘图环境进行设置(图层、颜色、线型、文字样式、标注样式等),接下来依次绘制建筑定位轴线、墙体、阳台、门窗、楼梯间等主要建筑元素,在各个房间内布置家具、卫生洁具,并对图纸进行尺寸标注和必要的文字说明,最后注写图名、比例,完成建筑平面图的绘制。

❖ 知识重点

➤ 绘图环境的设置方法
➤ 建筑轴线网的绘制
➤ 创建并插入图块的方法
➤ 利用 AutoCAD 设计中心绘制家具、洁具
➤ 标注样式的定义与尺寸注写

7.1 例 图 预 览

　　本章将结合一座多层住宅楼的标准层建筑平面图进行绘制讲解,如图 7.1 所示,该建筑为一梯两户式砖混结构住宅楼,共计六层,本例为该住宅的标准层(二至六层)建筑平面图。

　　需要说明的是,为了让读者对本章所绘制的内容有一个明确的了解,图 7.1 中的右侧户型中还绘出了家具布置示意图,而实际上在施工图阶段,房间的家具布置是不需要绘制的。

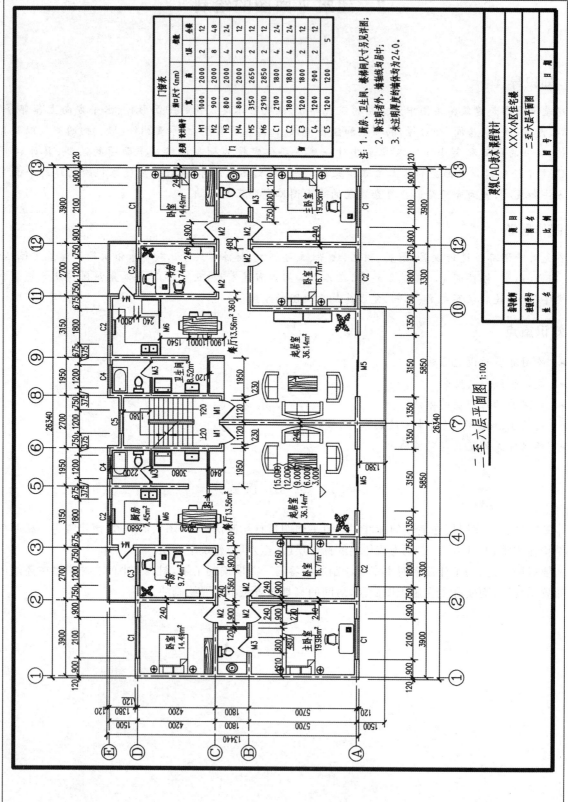

图 7.1　某住宅楼标准层建筑平面图

7.2　设置绘图环境

在正式绘图之前,首先应根据所绘制图形的特点,对绘图环境作一些必要的设置,主要涉及图层的创建,各个图层的颜色、线型、线宽的设定,中文字体、字型的设定,以及符合建筑制图标准的标注样式的设定等。由于以上准备工作在绘制所有的建筑施工图之前都是必不可少的,因此建议读者认真学习和领会,并养成绘图前先做好准备工作这一良好的绘图习惯。

有关绘图环境的其他设置内容,如对象捕捉、对象追踪的设置,正交模式、动态追踪的设定,绘图单位的精度修正等,在第5章中已作详细介绍,此处不再重复。

7.2.1　图层的设置

在 AutoCAD 中,图层相当于图纸绘图中使用的重叠透明图纸。图层是图形中使用的主要组织工具,可以使用图层将各种信息按功能编组,以及执行线型、线宽、颜色和其他标准的设定。通过创建图层,可以将类型相似的对象指定给同一个图层使其相关联。例如,可以将定位轴线、墙体、门窗、文字、标注等置于不同的图层上,然后通过对各个图层的控制来达到控制各个对象的目的。显然,通过使用图层来管理图形,可达到简便与高效的完美统一。

在本例中,需要创建的图层有:轴线、墙体、门窗、楼梯、阳台、洁具、家具、文本、标注。各图层的具体设定如图 7.2 所示。

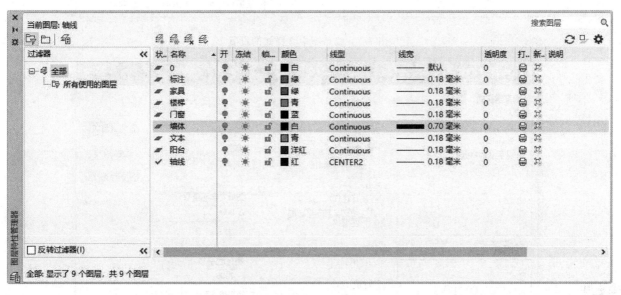

图 7.2　各图层的具体设定

提示:所有的图形文件都包括名为"0"的图层,并且该图层不能被删除或重命名。建议通过创建几个新图层来组织图形,而不要将整个图形均创建在"0"图层上,这对于管理复杂的图形尤其有效。

7.2.2　字体、字型的设置

在 AutoCAD 中,可采用两种方法定义出中文字体。一种如图 7.3 所示,文字样式名为"汉字",采用"gbenor. shx"的 SHX 字体文件和"extfont2. shx"的大字体文件。用这种方法定义的中文、英文及数字均为单线条型,具有占用磁盘空间小、运算速度快的优点。另一种如图 7.4 所示,文字样式名为"汉字_TrueType",采用"仿宋"的 TrueType 字体文件,无须使用大字体文件即可实现中文的书写,字体转角圆润、形状美观,但由于每个文字全部是实体填充,当输入的文字较多时,占用磁盘空间大,影响系统的运行速度。因此,在建筑设计实践中,通常采用前一种方法来定义中文字体。

另外,对于在图纸中大量标注的尺寸数字,如将 SHX 字体文件"gbenor. shx"替换为"simplex. shx",则用该文字样式书写的数字及英文将更加美观。而对于建筑定位轴线编号、索引符号、详图符号等字符的书写,采用双线条的"complex. shx"字体文件,效果将更好。因此,读者还可预先定义出两种标注数字的文字样式"数字"及"数字_轴线号",用于后面的尺寸标注及轴线号注写。

> **提示:**由于"gbenor. shx"和"gbcbig. shx"所定义的中、英文字库已按照长仿宋体的比例设定,因此采用这两个文件设置的文字样式中,"宽度比例"不宜小于1。

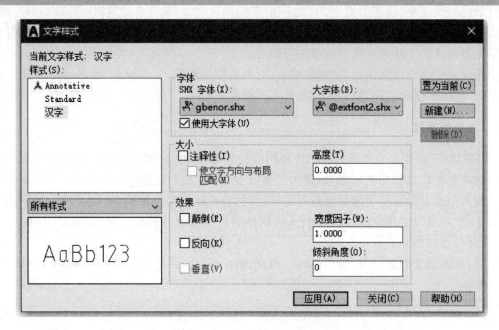

图 7.3　线条型中文样式的设置

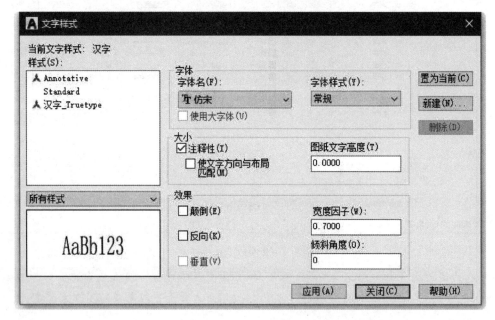

【扫码演示】

图 7.4　TrueType 型中文样式的设置

7.2.3　标注样式的设置

参考第 2 章中尺寸标注的设置方法,定义出符合建筑制图标准的标注样式"建筑_100",其中后缀"_100"代表所要标注图样的出图比例。

由于在一整套建筑施工图中一般会有多种绘图比例,因此,在标注样式定义时可采用不同的"全局比例"来快速设置,并采用不同的后缀名加以区分。图 7.5 所示"使用全局比例"为 100,适用于大多数的建筑平、立、剖面图的出图比例。

图 7.5　标注特征比例的设置

7.2.4 其他设置及文件保存

参考第5章,分别定义出用来绘制墙线的多线样式"WALL"和绘制窗线的多线样式"WINDOW"。至此,绘图前的准备工作已就绪。

最后,可将本图另存为"建筑.dwt"文件,并存放在用户系统配置下的Template文件夹中,如图7.6所示。以后,如需要绘制新的建筑平面图或其他建筑图样,可在新建AutoCAD文件时选择调用该模板文件,则上面所做的准备工作就不必每一次都重复进行了。

图 7.6 建筑模板文件的保存

提示:AutoCAD创建的图形文件通常被保存为".dwg"文件类型,但为了满足特殊需要,也可另存为图形样板文件".dwt"、图形标准文件".dws"以及图形交换格式文件".dxf"。

7.3 绘制建筑定位轴线

本例中,单元楼两侧的户型关于楼梯间中心线左右对称,因此,在绘图时应充分利用这一特点,先绘出左侧的单元,最后再通过镜像复制得到整个图样。

7.3.1 设置绘图区域

考虑到整个建筑平面图的大小,按照1:1绘图的思路,首先在绘图窗口绘出一个"42000×29700"的矩形区域,作为后续图形绘制的界限。

单击绘图工具条上的███按钮,或在命令行键入"rectang",进行下面的操作:

命令:_rectang

指定第一个角点或[倒角(C)/标高(E)/圆角(F)/厚度(T)/宽度(W)]:0,0

指定另一个角点或[面积(A)/尺寸(D)/旋转(R)]:42000,29700

进行全图缩放后,得到的图形如图7.7所示。

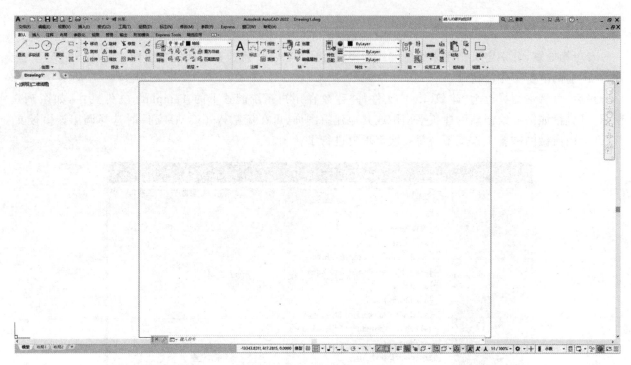

图 7.7　设置绘图区域

7.3.2　调整线型比例

将"轴线"图层置为当前图层,在绘图窗口的适当位置用"line"命令绘出一横、一纵两道定位轴线,如图 7.8 所示。

观察此时的屏幕,会发现刚才所绘制的两道轴线看起来均为连续线,而并非预先所设定的"CENTER"线型。这是由于当前的绘图区域较大,与系统默认的初始线型比例不协调所致。

在命令行键入"ltscale",进行下面的操作,得到的图形如图 7.9 所示。

命令:_ltscale

输入新线型比例因子〈1.0000〉:30

正在重新生成模型。

图 7.8　初始线型比例下所显示的轴线　　　　　　图 7.9　调整线型比例后所显示的轴线

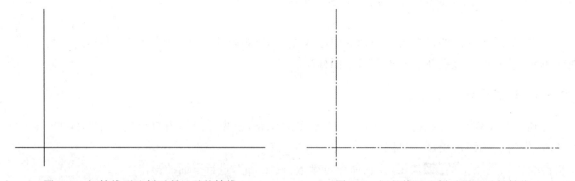

提示:在 AutoCAD 中,除了"Continuous"线型之外,其他的非连续线型在绘图窗口上的显示效果均与该线型的比例有关。各种线型的初始比例均为"1"。命令"ltscale"为全局线型比例控制命令,用来控制当前图形文件中的所有非连续线的比例。如仅需调整部分非连续线的比例,调用"特性"选项板,如图 7.10所示,可非常方便地对所选对象的线型比例进行调整。

图 7.10 利用"特性"选项板调整线型比例

7.3.3 绘制整个轴网

参照图 7.1 所示尺寸,调用"offset"命令平移复制其他轴线。图 7.11 所示为经过若干次平移复制命令后得到的轴网,图中所标注尺寸是为了便于读者学习而特别添加的。由此可见,当建筑的定位轴线较复杂且上下、左右不能完全对齐时,在轴网平移复制过程中应及时进行修剪方可使图面整洁易读。

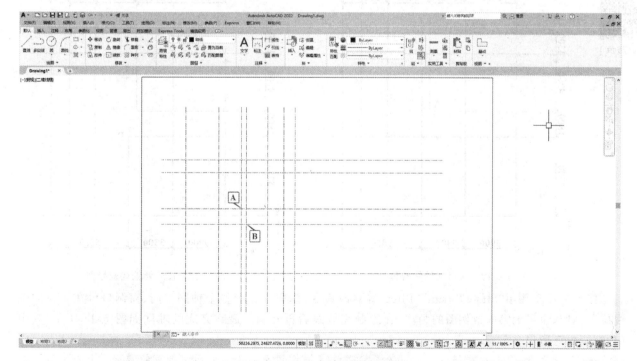

图 7.11 轴网绘制中间过程图

注意图 7.11 中示意的 A 点和 B 点:A 点右侧及下侧的轴线应剪去,B 点右侧及上侧的轴线应剪去。对图形元素进行修剪的命令是"trim"。单击修改工具条上的按钮 ─/─ ,或在命令行键入"trim",进行下面的操作：

　　命令：_trim

　　当前设置：投影＝UCS,边＝无

　　选择剪切边…

　　选择对象或〈全部选择〉：找到 1 个　　　　　　　　　　点选通过 A 点水平轴线

　　选择对象：找到 1 个,总计 2 个　　　　　　　　　　　点选通过 A 点竖直轴线

　　选择对象：　　　　　　　　　　　　　　　　　　　　回车结束修剪边界的选择

　　选择要修剪的对象,或按住 Shift 键选择要延伸的对象,或

[栏选(F)/窗交(C)/投影(P)/边(E)/删除(R)/放弃(U)]：　　点选通过 A 点水平轴线的右半段

　　选择要修剪的对象,或按住 Shift 键选择要延伸的对象,或

[栏选(F)/窗交(C)/投影(P)/边(E)/删除(R)/放弃(U)]：　　点选通过 A 点竖直轴线的下半段

　　选择要修剪的对象,或按住 Shift 键选择要延伸的对象,或

[栏选(F)/窗交(C)/投影(P)/边(E)/删除(R)/放弃(U)]：　　回车结束修剪命令

　　得到的结果如图 7.12 所示。

　　实际上,对这种两条相交线互为修剪边界和修剪对象的情形,调用"倒圆角"或"倒直角"的命令效率更高。单击修改工具条上的按钮▟,或在命令行键入"fillet",进行下面的操作：

　　命令：_fillet

　　当前设置：模式＝修剪,半径＝0.0000

　　选择第一个对象或[放弃(U)/多段线(P)/半径(R)/修剪

(T)/多个(M)]：　　　　　　　　　　　　　　　　　　点选通过 B 点水平轴线的左半段

　　选择第二个对象,或按住 Shift 键选择要应用角点的对象：　点选通过 B 点竖直轴线的下半段

　　　　　　　　　　　　　　　　　　　　　　　　　　回车结束倒圆角命令

　　　　　　　　　　　　　　　　　　　　　　　　　　//注意要确保倒角半径为 0

　　得到的结果如图 7.13 所示。比较上面两个命令,为达到同样的目的,孰优孰劣自然清楚。

【扫码演示】

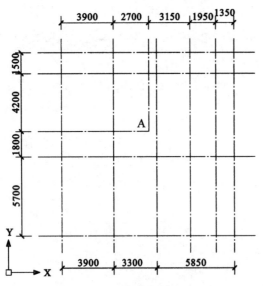

图 7.12　A 点处轴线被修剪

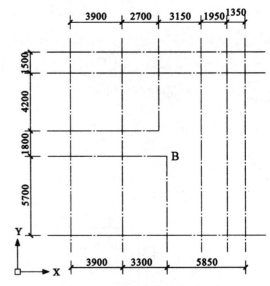

图 7.13　B 点处轴线被修剪

　　接下来反复调用"offset""trim""fillet"等修改命令,修剪并完善整个轴网。门、窗洞口可在相应的轴线位置预留,也可如第 5 章例图的画法,在绘制完墙线后再开洞。最终完成的轴网如图 7.14 所示,其中门、窗洞口已留出。

　　提示：绘图过程中,修改工具条上的命令往往比绘图工具条上的命令调用得更加频繁。能够熟练掌握和运用每一个修改命令的各种参数或选项,是达到熟练绘图的必然途径。

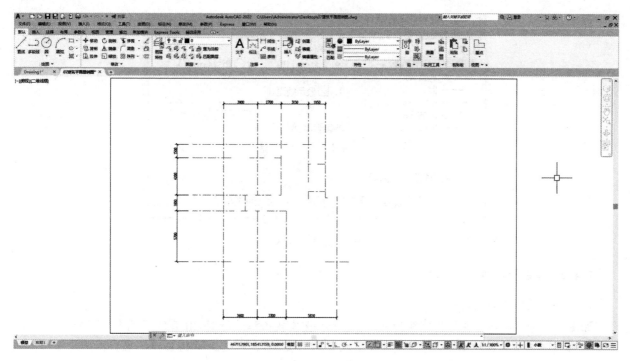

图 7.14　绘制完成的轴网

7.4　绘制墙体和阳台

7.4.1　墙线的绘制与编辑

将"墙体"图层置为当前层。在命令行键入"mline",进行下面的操作,依次绘出各段墙体。

命令：_mline

当前设置：对正 ＝ 上,比例 ＝ 20.00,样式 ＝ WALL　　　　　　//系统初始值

指定起点或[对正(J)/比例(S)/样式(ST)]:J

输入对正类型[上(T)/无(Z)/下(B)]〈上〉:Z　　　　　　　//选择中间对齐

当前设置：对正 ＝ 无,比例 ＝ 20.00,样式＝WALL

指定起点或[对正(J)/比例(S)/样式(ST)]:S

输入多线比例〈20.00〉:240　　　　　　　　　　　　　//承重墙为24墙

当前设置：对正＝无,比例＝240.00,样式＝WALL

指定起点或[对正(J)/比例(S)/样式(ST)]:　　　　　在轴网上单击输入墙线的起点

指定下一点:　　　　　　　　　　　　　　　　　　继续输入墙线的其他点

指定下一点或[放弃(U)]:

应当注意,卫生间的部分墙体为非承重的 12 墙,在绘制时需将"多线比例"改为 120。

参考第 5 章,在命令行键入"mledit",调用"多线编辑工具"对话框,对已绘出的墙线在交接部位进行合并编辑,完成墙体的绘制。

【扫码演示】

> 提示：在"格式"下拉菜单中可调出"线宽设置"对话框,如图 7.15 所示。如"显示线宽"选项被打开,则前面所定义的 0.70 mm 的"墙体"随层线将以大于一个像素的宽度在模型空间和图纸空间中显示。这样墙线较粗,看起来会比较直观,缺点是图形重新生成的时间会延长。另外,无论线宽是否显示,均不影响图形的打印输出。

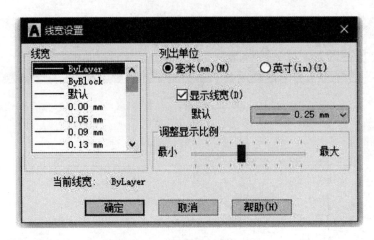

图 7.15　"线宽设置"对话框

7.4.2　绘制阳台线

将"阳台"图层置为当前层。

如图 7.16 所示,阳台的外轮廓线为 AD、DC 线。按常规方法绘制时,由于 D、C 两点均不能直接给定,需要从 B 点向上引垂直辅助线,从 A 点向左引水平辅助线,两者相交后得到 D 点。最后再进行图线的修剪。显然,上述操作过程较为烦琐。

如开启"对象追踪"功能并配合必要的"对象捕捉",则操作过程可大大简化。

如图 7.17 所示,键入"line"命令后,第一点输入点 A;接着从 A 点向左移动鼠标,并将鼠标在 B 点悬停后向上移动,最后会追踪到两者的交点 D 作为"line"命令输入的第二点;然后再利用一次对象追踪可输入 C 点。采用这种方法不需要绘制任何辅助线就可一次完成阳台外轮廓线的绘制。

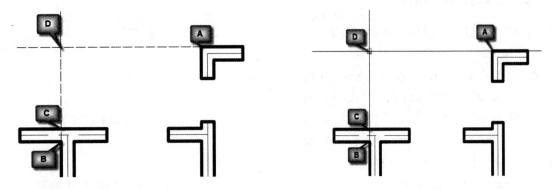

图 7.16　阳台线常规绘制方法示意　　　　　　　图 7.17　对象追踪绘制方法示意

墙体和阳台线绘制完成后得到的图形如图 7.18 所示。

　　提示:"对象捕捉"与"对象追踪"功能都是 AutoCAD 提供给用户高效、精确制图的利器。相对而言,"对象追踪"功能的掌握稍难一些。读者应认真体会上述绘图过程,并能举一反三,真正掌握"对象追踪"带来的便利。

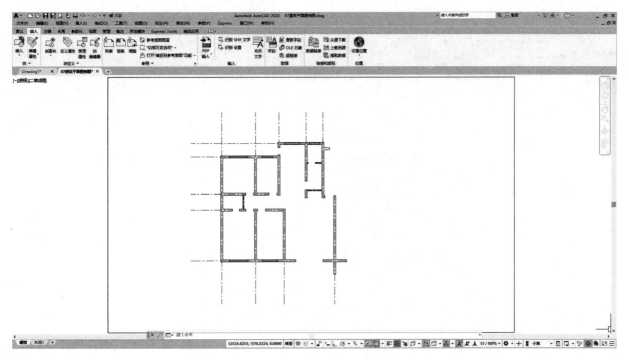

图 7.18 绘制完成的墙体和阳台

7.5 绘 制 门 窗

7.5.1 窗线的绘制

将"门窗"图层置为当前层。由于前面已设定好绘制四线窗的多线样式"WINDOW",故可调用"mline"命令依次绘出各个窗线。命令示例如下：

命令：_mline

当前设置：对正 = 无，比例 = 240.00，样式 = WALL   //绘制墙线后的多线当前值

指定起点或[对正(J)/比例(S)/样式(ST)]：ST

输入多线样式名或[?]：WINDOW   //改变当前多线样式

当前设置：对正 = 无，比例 = 240.00，样式＝WINDOW

指定起点或[对正(J)/比例(S)/样式(ST)]：   在轴网上单击输入窗线的起点

指定下一点：   输入窗线的终点

指定下一点或[放弃(U)]：   //结束当前窗的绘制，继续下一个窗

所有窗线绘制完成后得到的图形如图 7.19 所示。

7.5.2 创建门块

本图中，入户门(洞)宽 1000 mm，卧室、书房门(洞)宽 900 mm，卫生间、生活阳台门(洞)宽 800 mm。这 8 个门均为平开门，样式相同，仅宽度不同。因此，可先创建一个"平开门"块，再按照不同的比例逐个插入即可。

将"0"层置为当前图层。第 5 章介绍了"平开门"块的一种创建方法，这里再给大家介绍"平开门"块的另一种常见创建方法。

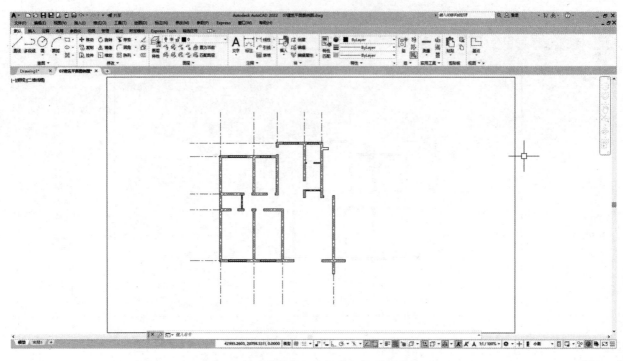

图 7.19　所有窗线绘制完成后得到的图形

　　调用"rectang"命令,在绘图区的适当位置绘出一个"1000×1000"的矩形,如图 7.20(a)所示。以该矩形的左下角点为圆心,调用"arc"命令绘出一段半径为 1000 的四分之一圆弧,如图 7.20(b)所示。单击绘图工具条上的 按钮,或在命令行键入"pline",进行下面的操作:

命令:_pline

指定起点:　　　　　　　　　　　　　　　　　　　　回车

当前线宽为 0.0000　　　　　　　　　　　　　　　　//多段线的系统初始线宽为 0

指定下一个点或[圆弧(A)/半宽(H)/长度(L)/放弃(U)/
宽度(W)]:W　　　　　　　　　　　　　　　　　　　//输入 W 修改线宽

指定起点宽度〈0.0000〉:　　　　　　　　　　　　　　35

指定端点宽度〈35.0000〉:　　　　　　　　　　　　　回车

　　　　　　　　　　　　　　　　　　　　　　　　　//不输入任何值表示端(终)点同起
　　　　　　　　　　　　　　　　　　　　　　　　　点宽

指定下一个点或[圆弧(A)/半宽(H)/长度(L)/放弃(U)/
宽度(W)]:　　　　　　　　　　　　　　　　　　　　输入矩形左下角点

指定下一点或[圆弧(A)/闭合(C)/半宽(H)/长度(L)/放
弃(U)/宽度(W)]:　　　　　　　　　　　　　　　　　输入矩形右上角点

　　得到的图形如图 7.20(c)所示。对图形进行修剪并删除矩形,最后得到"平开门"图样,如图 7.20(d)所示。

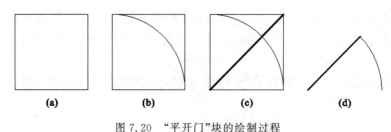

　　(a)　　　　　　　　(b)　　　　　　　　(c)　　　　　　　　(d)

图 7.20　"平开门"块的绘制过程

提示:命令"pline"可绘制出首尾相接的具有指定宽度的直线段、圆弧线段,并且所绘制线段的起点和终点宽度可不同。当指定的线宽不为 0 时,在绘图区用实体填充的方式显示,因此比较直观。本例中,门开启线用宽为"35 mm"的多线段绘制,按 1∶100 比例出图时,刚好为 0.35 mm 的中实线宽,符合建筑制图标准。

单击绘图工具条上的 按钮,或在命令行键入"block",弹出"块定义"对话框。将所要创建的块命名为"平开门",基点选在多段线的左下角点,选择前面绘制的图样,并注写简略的说明,完成"平开门"块的创建,如图 7.21 所示。

图 7.21 "平开门"块的创建

7.5.3 绘制门块

将"门窗"图层置为当前层。首先插入单元入户门。单击绘图工具条上的 按钮,或在命令行键入"insert",弹出"插入"对话框。选定"平开门"块,缩放比例为"1",旋转角度为"180",如图 7.22 所示。

在图样适当位置指定门块的插入点,完成入户门的绘制,如图 7.23 所示。

图 7.22 插入"平开门"块

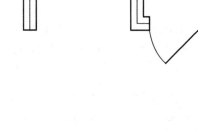

图 7.23 完成入户门的绘制

其他门的绘制过程与此类似。应注意在插入各卧室门及书房门时缩放比例为 0.9,插入卫生间门、生活阳台门时缩放比例为 0.8。此外,如插入后门的方位不合适,可调用"mirror"命令来调整。

阳台推拉门可先在"0"层创建"推拉门"块后再插入。但由于在本图中只有一个阳台推拉门,也可直接绘制。最后,所有门线绘制完成后得到的图形如图 7.24 所示。

提示:在完成一个门线的绘制后,其他门线也可通过调用"copy""scale""mirror"等编辑命令进行绘制和修改,而不必每次都重复进行插入操作。

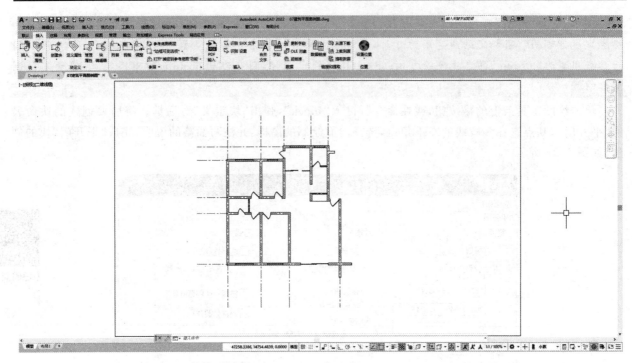

图 7.24　绘制完成的门线

7.5.4　注写门窗编号

接下来为已绘制好的门窗注写编号。

使用"TEXT"命令可创建出单行文字或各自独立的多行文字。由于每行文字都是独立的对象,因此可重新定位、调整格式或进行其他修改。对于像门窗编号这样的简短文字,采用单行文字命令输入较为简单。

在命令行键入"text"或"dtext",进行下面的操作:

命令:_text

当前文字样式:Standard 当前文字高度:0.0000　　　　　　//系统当前文字样式及高度值

指定文字的起点或[对正(J)/样式(S)]:S　　　　　　　//选择文字样式

输入样式名或[?]〈Standard〉:数字　　　　　　　//"数字"为预先定义的文字样式,
　　　　　　　　　　　　　　　　　　　　　　　　　　　"si-mplex. shx"字体,宽度比例 0.7,
　　　　　　　　　　　　　　　　　　　　　　　　　　　用于非中文字符的输入

当前文字样式:数字 当前文字高度:0.0000

指定文字的起点或[对正(J)/样式(S)]:J　　　　　　　//选择对正方式

输入选项

[对齐(A)/调整(F)/中心(C)/中间(M)/右(R)/左上(TL)/
中上(TC)/右上(TR)/左中(ML)/正中(MC)/右中(MR)/
左下(BL)/中下(BC)/右下(BR)]:BC　　　　　　　//选择"中下"对正方式

　指定文字的中下点:　　　　　　　　　　　　　　　屏幕选取待输入编号的窗的上线中点

　指定高度〈0.0000〉:300

　指定文字的旋转角度〈0〉:　　　　　　　　　　　　回车

　　　　　　　　　　　　　　　　　　　　　　　　输入文字,如"C1"

　　　　　　　　　　　　　　　　　　　　　　　　回车两次结束命令

输入第一个窗编号后,其他的门窗编号可以采用先复制,再对文字内容进行编辑修改的方法快速输

入。点击下拉菜单"修改"/"对象"/"文字"/"编辑…",或在命令行键入"ddedit",进行下面的操作:

命令:_ddedit

选择注释对象或[放弃(U)]: 　　　　　　屏幕选取待修改的文字内容后进行修改编辑

选择注释对象或[放弃(U)]: 　　　　　　//还可继续修改其他文字

　　　　　　　　　　　　　　　　　　　　回车结束命令

重复上面的操作,完成所有门窗编号的注写,如图 7.25 所示。

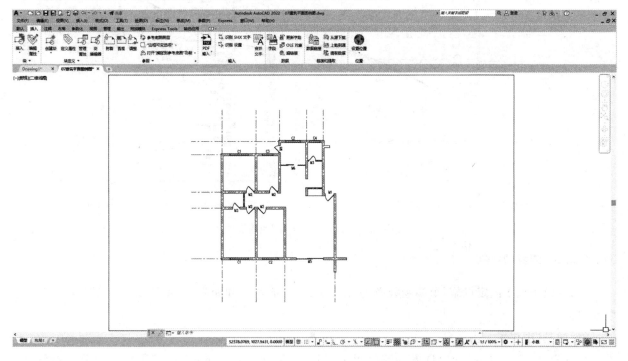

图 7.25　所有门窗编号注写完成图

7.6　绘制家具和洁具

7.6.1　家具的绘制

如前所述,非固定设施不在各层平面图的表达范围之列,如活动家具、屏风、盆栽植物等。主要原因在于如所有的活动家具均绘出后,将会影响到房间细部尺寸的标注,使得图面不够简洁。但对于住宅楼的建筑平面也可另行绘出家具布置图,作为设备工种布置管线的依据以及供业主使用时参考。

本例中,将家具在"家具"图层上绘出,然后可通过"开启/关闭"该图层来控制打印时是否显示,从而区分正式的建筑平面施工图及家具布置图。这进一步说明了分图层绘图的优越性。

将"家具"图层置为当前层。

单击标准工具条上的　按钮,打开设计中心,在 AutoCAD 安装路径下的"Zh-cn\Sample\DesignCenter"子目录中提供了随盘安装的几个示例文件。找到文件"Home-Space Planner. dwg",点击"块",在右侧窗口中显示了该文件内包含的图块。选定好所需要的图块后,用鼠标单击并拖动到绘图窗口中,即可实现图块的插入,如图 7.26 所示。

随后可根据各房间的功能需要,对插入的床、桌、椅、柜等家具调用"move""rotate""mirror""copy"等各种编辑命令,调整方位,将其布置到合适的位置。但应注意,比例缩放"scale"命令宜慎用,否则家具和房间大小可能会不合比例。

【扫码演示】

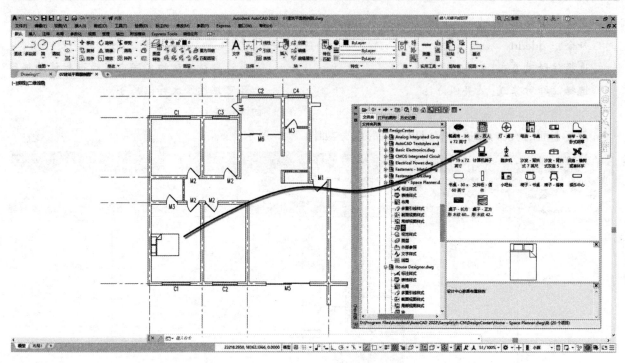

图 7.26　利用"设计中心"插入图块

7.6.2　洁具的绘制

厨、卫设备属于固定设施,牵涉到设备专业管线、洞口的预留和布置,因此需要在建筑平面图中绘出。

将"洁具"图层置为当前层。

打开设计中心,在 AutoCAD 安装路径下的"Zh-cn\Sample\DesignCenter"子目录中分别找到文件"House Designer. dwg"和"Kitchens. dwg",重复上面的操作,完成厨房、卫生间的布置,如图 7.27 所示。

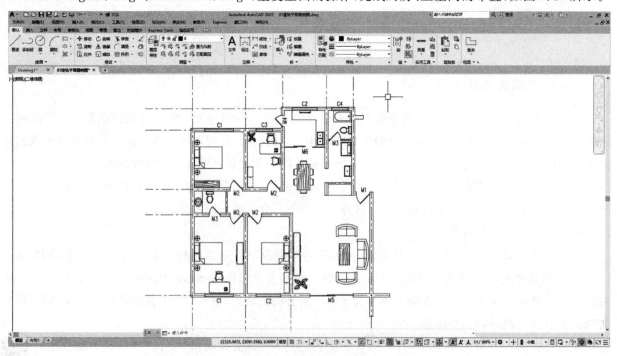

图 7.27　家具、洁具布置图

提示：AutoCAD 的"设计中心"是为用户在不同文件之间传递各种有用信息的高效平台。除上面示例的图块传递外，用户还可以组织对图案填充、线型、标注样式和其他图形内容的访问和传递。可以将源图形文件中的任何内容拖动到当前图形中，也可以将图形、块和填充拖动到工具选项板上。源图形文件可以位于用户的计算机上，也可位于网络位置或网站上。另外，如果打开了多个图形，则可以通过设计中心在图形之间复制和粘贴其他内容(如图层定义、布局和文字样式)，从而简化绘图过程。

7.6.3 房间功能、面积的注写

在已绘出的建筑平面图各房间内适当位置，还应注写出各房间的功能(名称)并宜注写房间净面积。

将"文本"图层置为当前层。

首先注写主卧室名称。在命令行键入"text"或"dtext"，进行下面的操作：

命令：_text	
当前文字样式：数字 当前文字高度：300.0000	//系统当前文字样式及高度值
指定文字的起点或[对正(J)/样式(S)]:S	//选择文字样式
输入样式名或[?]〈数字〉:汉字	//"汉字"文字样式,"gbenor.shx"+"gbcbig.shx",宽度比例1,用于中文字符输入
当前文字样式：汉字 当前文字高度：300.0000	
指定文字的起点或[对正(J)/样式(S)]:	在主卧室内适当位置单击
指定高度〈300.0000〉:500	//房间名称的文字高度应较大
指定文字的旋转角度〈0〉:	回车
	输入文字"主卧室"
	回车两次结束命令

接下来应注写主卧室的房间净面积，但需事先知道房间的净长、净宽尺寸并通过计算方可得出。这里介绍一种简便方法。

AutoCAD 提供了对图形特性的某些方面进行查询的实用工具。点击"工具"下拉菜单的"查询"子菜单，如图 7.28 所示，可对两点之间距离，封闭图形的面积、周长，面域的几何特性等内容实施查询。

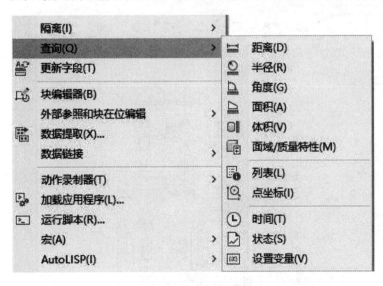

图 7.28 "查询"子菜单

单击查询工具条上的 ▬ 按钮，或在命令行键入"area"，参考图 7.29，进行下面的操作：

命令：_area	
指定第一个角点或[对象(O)/加(A)/减(S)]:	单击"A"点
指定下一个角点或按 ENTER 键全选:	单击"B"点
指定下一个角点或按 ENTER 键全选:	单击"C"点

指定下一个角点或按 ENTER 键全选：　　　　　　　　单击"D"点

指定下一个角点或按 ENTER 键全选：　　　　　　　　回车结束输入

面积＝19983600.0000，周长＝18240.0000　　　　　//AutoCAD 自动计算出由依次输

　　　　　　　　　　　　　　　　　　　　　　　　　　入的各点所围成的图形的面积和周长

　　注意绘图时所设定的单位为 mm，因此，计算得出的主卧室净面积为 19.98 m²，调用"text"命令将其标注在房间名称下面，如图 7.30 所示。

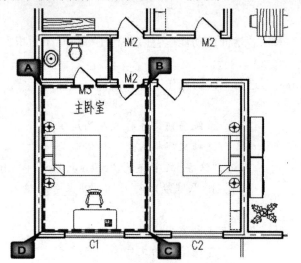

图 7.29　查询主卧室面积的输入点　　　　　　　　　　　图 7.30　注写房间面积

　　实际上，由于主卧室内开有两道门，如计算更为精确的话，该房间的净面积还应包括两个门洞的宽度乘以 240 墙厚的一半，即应包括墙轴线内侧的半个门洞大小。但由于面积较小，通常忽略不计。

　　重复上面的操作，依次查询求得其他房间的面积，并在适当的位置注写。全部完成后的图样如图7.31所示。注意餐厅、起居室均在一个连通的空间，因此其面积大小也是相对的；如采用不同　　　　　的分隔方案，当然会得出不同的结果。

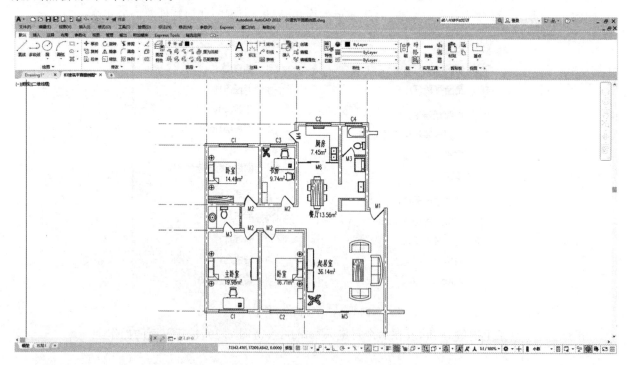

图 7.31　注写完成的房间名称与面积

提示:查询功能在绘图中的用途非常广泛。"dist"命令可以用来查询任意两点之间的距离、两点所连线段在 XY 平面中的倾角以及该线段与 XY 平面的夹角。"area"命令可以用来查询由选定对象或点序列所定义的面积和周长,并可通过每次加减一个对象来求得多个对象的组合面积。"list"命令可在文本窗口中显示对象类型,对象图层,相对于当前用户坐标系(UCS)的 X、Y、Z 位置以及对象是位于模型空间还是图纸空间。另外,如果预先已将封闭图形创建为"面域",则通过调用"massprop"命令可在文本窗口中显示该面域的面积、周长、边界、质心、惯性矩、惯性积、旋转(回转)半径等几何参数,这一功能在快速求解复杂图形的几何参数时非常实用。

7.7 图样镜像与楼梯间的绘制

7.7.1 图样镜像

到目前为止,该住宅楼单元平面的左半部分已经绘制完成。下面通过调用"mirror"命令,可一次整体镜像复制出单元平面图的右半部分。

单击修改工具条上的按钮◢◣,或在命令行键入"mirror",进行下面的操作:

命令：_mirror
选择对象：指定对角点：找到 178 个　　　　　　//矩形窗口选中单元左半部分的全部对象
选择对象：　　　　　　　　　　　　　　　　回车结束对象选择
指定镜像线的第一点：　　　　　　　　　　　点选单元中心轴线的一个端点
指定镜像线的第二点：　　　　　　　　　　　点选单元中心轴线的另一个端点
要删除源对象吗？［是(Y)/否(N)］〈N〉：　　回车结束镜像复制命令
　　　　　　　　　　　　　　　　　　　　　//为避免中心轴线上的单元分户墙线被原
　　　　　　　　　　　　　　　　　　　　　位复制,在选择镜像对象时该墙线应不选

镜像复制后得到的图样还需要进行少量加工:如调用"多线编辑工具"对话框,对单元分户墙处的"十字形"节点进行合并编辑;将"门窗"图层置为当前图层,调用"mline"命令绘出楼梯间处的窗线并注写编号"C5";移动并调整个别文字的位置等。最后得到的结果如图 7.32 所示。

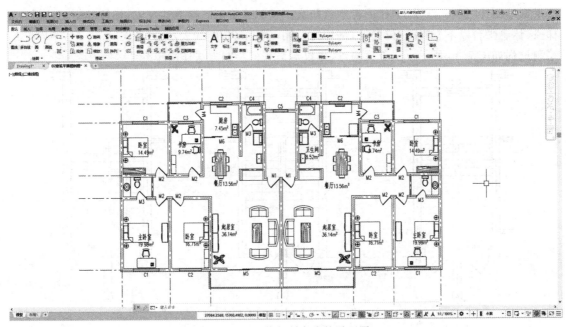

图 7.32 镜像复制完成的平面图

> **提示**：变量"mirrtext"用来控制镜像复制后的文字显示方式。该变量值为"0"时，文字不被镜像，复制后仍保持原来方向；该变量值为"1"时，如同其他对象，文字也关于镜像线(面)被镜像复制了。"mirrtext"的系统初始值为"0"。

【扫码演示】

7.7.2　楼梯间的绘制

将"楼梯"图层置为当前层。

首先绘制梯段、梯井投影线。由于本例为标准层平面图，故上行、下行梯段均应绘出。

距楼梯间外墙轴线向下 1500，绘制休息平台与梯段相交线，如图 7.33(a)所示。单击修改工具条上的按钮🔳，或在命令行键入"array"，弹出"阵列"对话框，按图 7.34 所示的数字输入(每踏步宽为 260 mm)；点击确定后，得到的图形如图 7.33(b)所示。最后在梯段中部绘出梯井投影线(梯井宽 120 mm，扶手宽 60 mm)，并修剪多余线段，得到的图形如图 7.33(c)所示。

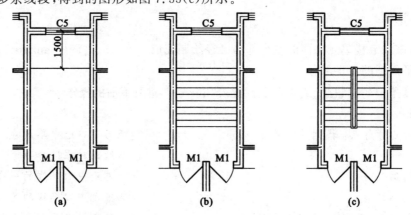

图 7.33　梯段、梯井的绘制

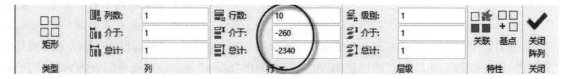

图 7.34　阵列复制对话框

接下来绘制梯段剖断线及上行、下行示意箭头。按照建筑制图标准的规定，梯段的剖切位置应在上行第一梯段(休息平台以下)的任一位置处，剖切符号用一根 45°折断线表示。

绘制过程如图 7.35 所示。限于篇幅，这里仅对箭头的绘制方法作简单介绍。

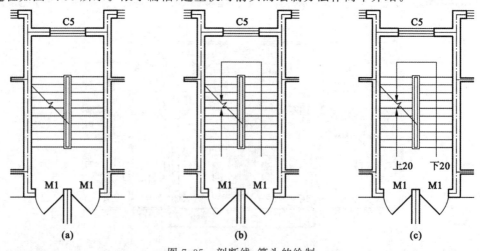

图 7.35　剖断线、箭头的绘制

实心箭头和箭杆的绘制可使用"多段线"命令一次完成。例如：单击绘图工具条上的🔳按钮，或在命令行键入"pline"，进行下面的操作：

命令：_pline

指定起点：　　　　　　　　　　　　　　　　　　输入所要绘制箭杆的起点

当前线宽为 0.0000　　　　　　　　　　　　　　//当前线宽为 0

指定下一个点或[圆弧(A)/半宽(H)/长度(L)/放弃
(U)/宽度(W)]：〈正交 开〉　　　　　　　　　//开启"正交"功能

　　　　　　　　　　　　　　　　　　　　　　输入箭杆的终点(同时也是箭头的起点)

　指定下一点或[圆弧(A)/闭合(C)/半宽(H)/长度(L)
/放弃(U)/宽度(W)]：W　　　　　　　　　　　//输入 W 修改线宽

　　指定起点宽度〈0.0000〉：80　　　　　　　　//箭头起点宽度

　　指定端点宽度〈80.0000〉：0　　　　　　　　//箭头终点宽度

　　指定下一点或[圆弧(A)/闭合(C)/半宽(H)/长度(L)
/放弃(U)/宽度(W)]：I　　　　　　　　　　　//输入 I 指定箭头的长度

　　指定直线的长度：400

　　指定下一点或[圆弧(A)/闭合(C)/半宽(H)/长度(L)
/放弃(U)/宽度(W)]：　　　　　　　　　　　　回车结束箭头绘制

　　　　　　　　　　　　　　　　　　　　　　//箭杆宽度为 0；箭头变宽度为 80～0，长
　　　　　　　　　　　　　　　　　　　　　　度 400 为最宽处的 5 倍

至此，楼梯间绘制完成，平面图如图 7.36 所示。

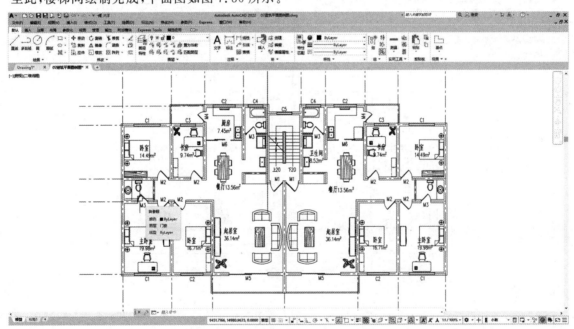

图 7.36　楼梯间绘制完成的平面图

7.8　尺　寸　标　注

在建筑平面图中，完整而又简洁的尺寸标注是整个图样的重要组成部分。平面图中应当注有外部和内部尺寸。从各道尺寸的标注，可了解到各房间的开间、进深、门窗及室内设备的大小和位置。

7.8.1　外部尺寸标注

为便于读图和施工，一般在图形的下方及左侧注写三道尺寸，通称为外部尺寸。

第一道尺寸表示建筑外轮廓的总尺寸，即指从一端外墙边到另一端外墙边的总长和总宽尺寸。

第二道尺寸表示轴线间的距离，是用来说明房间的开间及进深的尺寸。

　　第三道尺寸表示各细部的位置及大小,如门窗洞口的宽度和位置、柱的大小和位置等。标注这道尺寸时,应当与轴线联系起来。

　　此外,室外台阶(坡道)、花池、散水等细部的尺寸,可以单独标注。

　　三道尺寸线之间应留有适当的距离(一般为 7 mm,但第三道尺寸线应离图形最外轮廓线 10～15 mm),以便注写数字。如果房屋的前后或左右不对称,则在平面图的上、下、左、右四边均应注写三道尺寸线。如有些部分相同,另一些不同,则可只注写不同的部分。

> 　　**提示**:标注外部尺寸时应特别注意以下两点:① 门窗洞口尺寸与轴线间尺寸要分别在两行上各自标注,宁可留空也不要混注在一行上;② 门窗洞口尺寸也不要与其他实体的尺寸混行标注,如墙厚、雨篷宽度、踏步宽度等均应另行标注。

　　下面结合本例,具体说明外部尺寸的标注方法。

　　将"标注"图层置为当前层。另外,可将"家具""洁具""文本"这三个与外部尺寸标注无关的图层点击💡暂时将其关闭,使图面简洁。

　　由于该房屋上下不对称,因此上下两边均需标注三道尺寸线;而房屋左右对称,故仅在左侧标注即可。参照图 7.37,首先在房屋的上、下、左侧的适当位置各绘制三道尺寸标注辅助线(本例中离房屋最近的一道辅助线距外墙轮廓边缘 1500 mm,相邻辅助线间距 700 mm),并将这三侧与外墙垂直相交的轴线延伸至最外一道辅助线外侧的适当位置,以便衔接后续绘制的轴线圈。

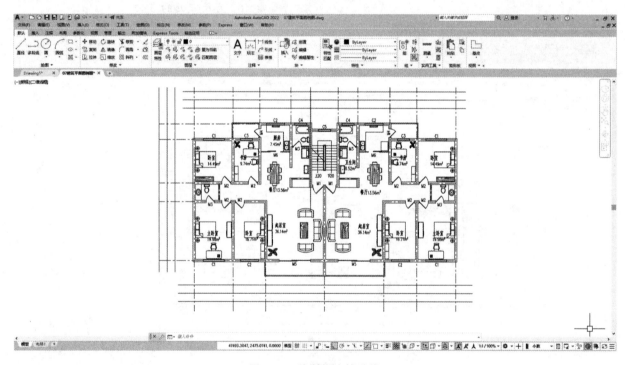

图 7.37　绘制标注辅助线

　　尺寸标注时直接调用"标注"工具条上的按钮比较方便。如图 7.38 所示,在"标注"工具条的"标注样式控制"下拉列表中选择预先定义好的标注样式"建筑_100"。由于本例中的尺寸均为水平标注及垂直标注,因此只需调用"线性标注"工具和"连续标注"工具即可完成。

图 7.38　"标注"工具条

　　参考图 7.39,单击线性标注按钮█,进行下面的操作:

命令:_dimlinear
指定第一条尺寸界线原点或〈选择对象〉:　　　　　　输入"A"点
指定第二条尺寸界线原点:　　　　　　　　　　　　输入"B"点
指定尺寸线位置或[多行文字(M)/文字(T)/

角度(A)/水平(H)/垂直(V)/旋转(R)]:　　　　在离房屋最近的一道标注辅助线的适当位置点
　　　　　　　　　　　　　　　　　　　　　击输入

标注文字 = 120　　　　　　　　　　　　　//标注完成,并列出尺寸值

　　　　　　　　　　　　　　　　　　　　//当所标注对象的长度较短,在尺寸线上部无法
　　　　　　　　　　　　　　　　　　　　注写文字时,系统会自动采用引线标注

　　　　　　　　　　　　　　　　　　　　//读者可自行调整标注文字的位置,使图面美观

【扫码演示】

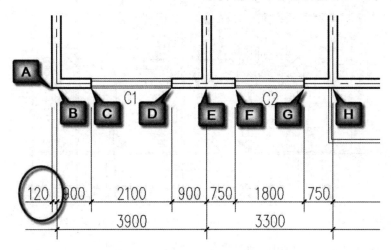

图 7.39　外部尺寸标注参考图

　　接下来以刚刚完成的"AB"段尺寸"120"作为连续标注的基准尺寸,单击连续标注按钮，进行下面的
操作:

命令:_dimcontinue

选择连续标注:　　　　　　　　　　　　　　　选择"AB"段标注的尺寸"120"上任一点

指定第二条尺寸界线原点或[放弃(U)/选择(S)]〈选择〉:　输入"C"点

标注文字＝900

指定第二条尺寸界线原点或[放弃(U)/选择(S)]〈选择〉:　输入"D"点

标注文字＝2100

指定第二条尺寸界线原点或[放弃(U)/选择(S)]〈选择〉:　输入"E"点

标注文字＝900

指定第二条尺寸界线原点或[放弃(U)/选择(S)]〈选择〉:　输入"F"点

标注文字＝750

指定第二条尺寸界线原点或[放弃(U)/选择(S)]〈选择〉:　输入"G"点

标注文字＝1800

指定第二条尺寸界线原点或[放弃(U)/选择(S)]〈选择〉:　输入"H"点

标注文字＝750

指定第二条尺寸界线原点或[放弃(U)/选择(S)]〈选择〉:　回车

选择连续标注:　　　　　　　　　　　　　　　回车结束"AH"段的连续标注

　　　　　　　　　　　　　　　　　　　　//也可继续向右侧逐段标注,完成该道
　　　　　　　　　　　　　　　　　　　　尺寸线

　　标注图 7.39 中的第二道轴线尺寸时,首先调用线性标注命令,完成"BE"段尺寸"3900"的标注;再调
用连续标注命令,完成"EH"段尺寸"3300"的标注。重复上面的操作,标注其他各道尺寸线,并对部分文
字的位置进行适当调整。最后完成所有的外部尺寸标注,如图 7.40 所示。

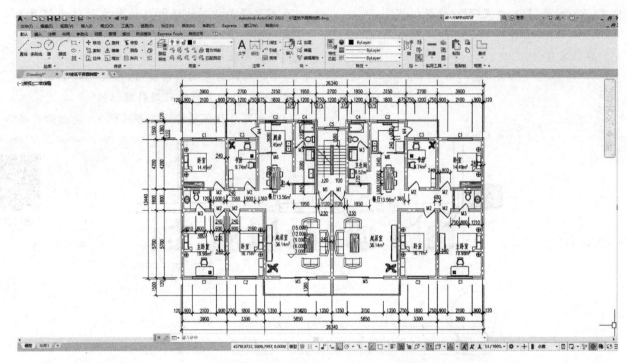

图 7.40   完成所有外部尺寸标注的平面图

提示：关于尺寸标注的整体性概念和关联性概念。

整体性：在默认情况下，每标注一个尺寸，该尺寸的所有组成部分将成为一个整体，即尺寸线、尺寸界线、尺寸箭头、尺寸文本构成一个整体。选择尺寸时只能选中整个尺寸进行整体处理（如整体移动、旋转、删除等），而不能单独选择某一个部分进行操作。实际上，该尺寸在 AutoCAD 中是以一个块来对待的。因此，在调整某些尺寸文本的位置时，可对其先"分解"再进行其他操作。尺寸的整体性可通过系统变量"DIMASO"控制。当该变量值为"OFF"时，所标注的尺寸不具备整体性，即各组成部分彼此无关。

关联性：标注尺寸时，系统将自动测量所标注对象的大小，并在尺寸线上给出测量结果，即尺寸文本。当用有关编辑命令修改标注对象时，尺寸文本将随之变化并自动给出新的测量值，这种尺寸标注称为关联性尺寸。如果一个尺寸标注不具有整体性，就是无关性尺寸，即当标注对象的大小改变时，尺寸线和尺寸文本不发生变化。因此若想取消尺寸标注的关联性，对其执行"分解"操作即可。

7.8.2   内部尺寸标注

为了说明房间的净空大小和室内的门窗洞、孔洞、墙厚和固定设备的大小与位置，以及室内楼地面的高度，在平面图上应清楚地注写出有关的内部尺寸和楼地面标高，通称为内部尺寸。

标注内部尺寸时，在能够表达清楚的基础上应尽量简化，以利于识图。具体说明如下：

（1）大量性的内部尺寸，可在图内附注中注写，而不必在图内重复标注。如注写："未注明之墙身厚度均为 240，门大角头均为 240""除注明者外，墙轴线均居中""内墙窗均位于所在开间中央"等。

（2）对于在索引的详图（含标准图）中已经标注的尺寸，则在各种平面图中可不必重复。例如内门的宽度、洗脸盆的尺寸、卫生隔间的尺寸等。

（3）当已索引局部放大平面图时，在该层平面图上的相应部位，可不再重复标注相关尺寸。

（4）钢筋混凝土柱和墙，可不注写断面尺寸和定位尺寸，但应在图注中写明见结施某图。复杂者则应绘出节点大样图。

内部尺寸标注的具体方法同外部尺寸没有什么区别，这里不再详细举例介绍，读者可参考上一小节的内容自行练习。由于该单元楼左右对称，故相同的尺寸可仅在一侧标注，并在图中适当的位置注写文字说明。

楼面标高符号的绘制方法在第 2 章中已作详细介绍，此处不再重复。但应注意，本例为某住宅楼的标准层平面图,因此所注写的楼面标高应包括多个楼层的标高数。

7.8.3 轴线圈及编号的绘制

按照建筑制图标准的规定,轴线编号的圆圈用细实线表示,直径为 8～10 mm。

将"标注"图层置为当前层。

调用"circle"命令,以轴线①的端点为圆心绘制一个直径为 800 mm 的圆,再将其向下移动 400 mm。在命令行键入"text"或"dtext",进行下面的操作:

命令:_text

当前文字样式:Standard 当前文字高度:0.0000 　　　　　//系统当前文字样式及高度值

指定文字的起点或[对正(J)/样式(S)]:S 　　　　　//选择文字样式

输入样式名或[?]〈Standard〉:数字_轴线号 　　　　　//"数字_轴线号"为预先定义的文字样式,"complex.shx"字体,宽度比例1,用于轴线编号、索引符号等特殊字符的输入

当前文字样式:数字_轴线号 当前文字高度:0.0000

指定文字的起点或[对正(J)/样式(S)]:J 　　　　　//选择对正方式

输入选项

[对齐(A)/调整(F)/中心(C)/中间(M)/右(R)/左上(TL)/中上(TC)/右上(TR)/左中(ML)/正中(MC)/右中(MR)/左下(BL)/中下(BC)/右下(BR)]:MC 　　　　　//选择"正中"对正方式

指定文字的中间点: 　　　　　输入轴线圈的圆心

指定高度〈0.0000〉:500

指定文字的旋转角度〈0〉: 　　　　　回车输入轴线编号"1"

　　　　　回车两次结束命令

【扫码演示】

其他轴线圈及编号可采用先整体复制再编辑文字的方法快速绘出,最后得到的图样如图 7.41 所示。图中"家具"图层仍为关闭状态。

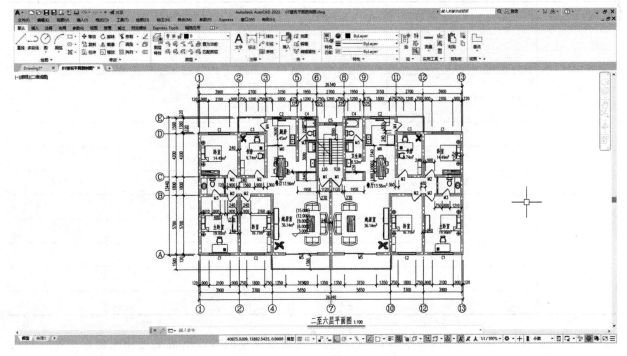

图 7.41 所有尺寸标注及轴线编号绘制完成的平面图

7.9 门窗表及其他

7.9.1 统计并绘制门窗表

通常情况下,对于规模较大、结构形式较复杂的建筑,门窗表应单独绘制并独立成页。在全套建筑施工图中,门窗表一般编排在设计说明、工程做法之后,底层(或地下室)平面图之前。但对于规模较小、形式较简单的建筑,由于门窗的种类、数量均较少,门窗表也可绘制在建筑底层平面图上。

根据《建筑工程设计文件编制深度规定》,门窗表应按表 7.1 的形式编排。

表 7.1 门窗表编排形式

类别	设计编号	洞口尺寸/mm		樘数	采用标准图集及编号		备 注
		宽	高		图集代号	编号	
门							
窗							

注:采用非标准图集的门窗应绘制门窗立面图及开启方式。

作为教学示例,这里对全楼门窗进行统计并绘出如表 7.2 所示的表格。该建筑共 6 层,假定每层门窗规格、数量均同标准层,则可根据已完成图样统计出全楼门窗数量。表中"采用标准图集及编号""备注"项此处略去。

表 7.2 门窗表

类别	设 计 编 号	洞口尺寸/mm		樘 数	
		宽	高	1 层	全楼
门	M1	1000	2000	2	12
	M2	900	2000	8	48
	M3	800	2000	4	24
	M4	800	2000	2	12
	M5	3150	2650	2	12
	M6	2910	2850	2	12
窗	C1	2100	1800	4	24
	C2	1800	1800	4	24
	C3	1200	1800	2	12
	C4	1200	900	2	12
	C5	1200	1200	5	

在 AutoCAD 2004 及更早的版本中,用户只能通过绘制单独的直线组成的栅格来创建表格。而从 AutoCAD 2006 开始,用户可以直接插入表格对象,从而使表格的创建工作变得非常高效、简单。用户可通过指定行和列的数目以及大小来设置表格的样式,也可以定义新的表格样式并保存这些设置以供将来使用。在创建表格后,可在表格单元中输入文字或添加块。

下面具体介绍表7.2在AutoCAD中的创建过程。

点击下拉菜单【格式】/【表格样式】命令,弹出"表格样式"对话框,如图7.42所示。单击"表格样式"对话框中的"修改(M)…"按钮,按照图7.43所示进行样式修改。其中"标题"标签页中未选择"包含页眉行"。

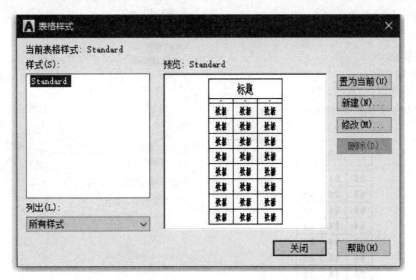

图7.42 "表格样式"对话框

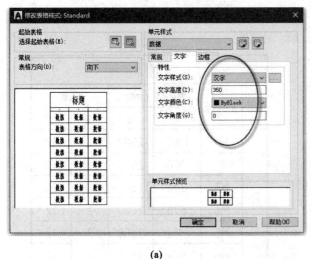 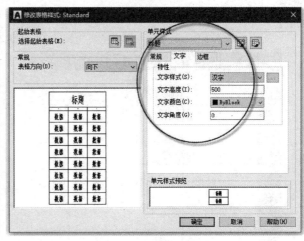

(a)   (b)

图7.43 "修改表格样式"对话框

(a)"数据"标签页;(b)"标题"标签页

注意当前图层仍为"标注"图层。

单击绘图工具条上的▦按钮,弹出"插入表格"对话框,按照图7.44所示输入列和行的设置。点击"确定",在绘图窗口的合适位置插入空白表格。系统随即弹出"文字格式"设置框,并提示在空白表格的单元格内输入文字,如图7.45所示。

按照表7.2所示内容在各单元格内输入相应的文字。对于需要进行合并的单元格可先选中后再单击鼠标右键,在弹出的快捷菜单中选择"合并单元格"。所有文字输入完成后,可根据表格内容对列宽进行调整。如图7.46所示。

> **提示:**通过先选定单元格再单击鼠标右键调出快捷菜单,可实现对表格的各种编辑功能,如单元格合并、删除(或插入)行(或列)、单元格内文字对齐方式、单元格边框线宽的设定等。

7.9.2 注写图名

最后,在所绘制平面图的正下方注写本图的图名、比例,完成该六层住宅楼标准层(二至六层)建筑平面图的绘制,如图7.1所示。

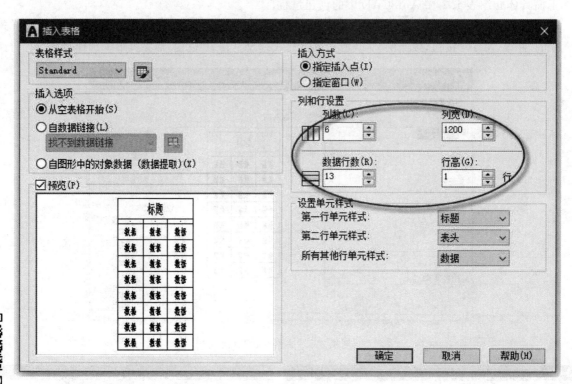

图 7.44 "插入表格"对话框

图 7.45 文字格式设置框及单元格内容的输入

图 7.46 绘制完成的门窗表

门窗表					
类别	设计编号	洞口尺寸 /mm		樘数	
		宽	高	1层	全楼
门	M1	1000	2000	2	12
	M2	900	2000	8	48
	M3	800	2000	4	24
	M4	800	2000	2	12
	M5	3150	2650	2	12
	M6	2910	2850	2	12
窗	C1	2100	1800	4	24
	C2	1800	1800	4	24
	C3	1200	1800	2	12
	C4	1200	900	2	12
	C5	1200	1200	5	

7.10 图样输出

绘制完成的图样在打印输出前还需要添加图框,而图框添加的方法有很多种,可以参考第 5 章的方法插入图框后输出图形。

8　建筑立面图的绘制

知识导读

　　建筑立面图是表示建筑物外部造型、立面装修及其做法的图样,是建筑施工图的重要组成部分之一。建筑物的外形是否美观,直接取决于建筑立面的艺术处理。本章在示例内容上延续上一章,在住宅楼的标准层平面图绘制完成后,通过对其正立面图的绘制过程,具体说明在 AutoCAD 中绘制建筑立面图的基本步骤和基本方法。通过本章的学习,读者应能掌握绘制建筑立面图的基本方法和技巧,从而为今后绘制更复杂建筑的立面图奠定坚实的基础。

制作思路

　　在平面图绘制完成的基础上,添加设置用于立面图的图层;将平面图轴线向上延伸构成绘图辅助网格;绘制立面窗线、墙面装饰材料,并复制到每个楼层;绘制楼梯间、檐口、屋面;绘制轴线圈及编号、标注尺寸和标高;最后注写图名、比例,完成建筑立面图的绘制。

知识重点

- ➢ 利用轴线延伸绘制辅助网格
- ➢ 立面窗线的绘制
- ➢ 立面楼梯间的绘制
- ➢ 图案填充绘制墙体材料及屋面
- ➢ 立面标高及尺寸注写

8.1　例图预览

　　本章内容将结合一座多层住宅楼的正立面图的绘制,具体说明在 AutoCAD 中绘制立面图的基本步骤和方法。图 8.1 所示为一座六层住宅楼的正立面,与第 7 章所绘建筑平面图相对应。

图 8.1　某住宅楼建筑的正立面图

提示：施工图阶段的建筑立面图中不得加绘阴影和配景（树木、车辆、人物等）。这是因为阴影和配景虽能加强建筑物立面的整体效果，但是影响图面的简洁性、易读性，故只宜出现在方案设计阶段。但立面装饰材料的样式（图8.1）可以绘出。

8.2 添加新图层

本章立面图是在第7章平面图的基础上绘制的，因此不需重新设置绘图环境，仅添加几个图层即可。

在 AutoCAD 中打开第7章示例文件"07建筑平面图例图.dwg"，删除图框、门窗表、文字说明等，将其另存为"08建筑立面图例图.dwg"。创建以下新图层："立面""立面门窗""立面墙体"，并按照图8.2所示设置颜色、线型及线宽。

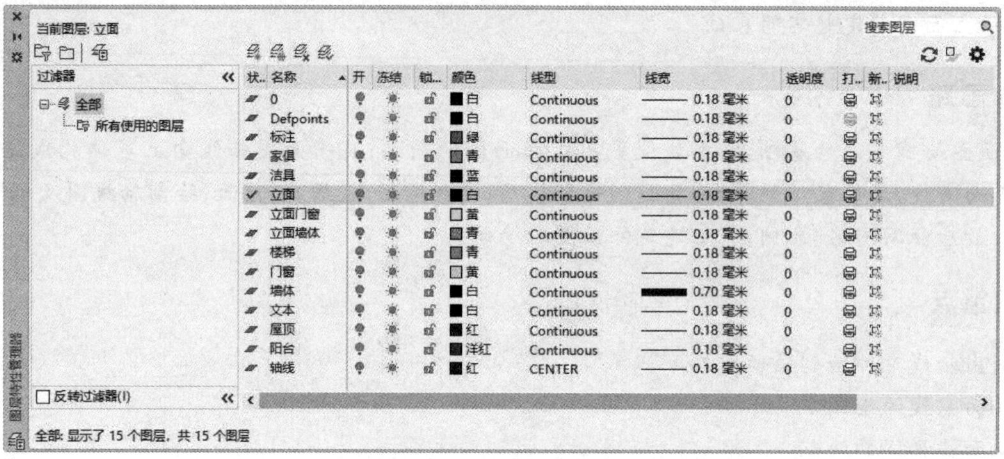

图 8.2 建筑立面图的图层设置

8.3 轴线延伸绘制辅助网格

在大多数的立面图上，窗户、阳台、墙身装饰等建筑元素都具有很强的韵律感，即它们往往按照一定的规律多次重复出现。因此，在绘制立面图时，应充分利用这种规律性，首先绘出辅助网格。而辅助网格的绘制，往往要利用平面图上的轴线延伸得到。由于该建筑左右对称，延伸轴网时不需要翻转平面。

将"轴线"图层置为当前层，将不需显示的"标注""文本""家具"等图层关闭。

参照图8.3，首先调用"pline"命令在平面图上方适当位置绘出"AB"线，作为立面图的室外地坪线（辅助线，下略）。调用"offset"命令，将"AB"线向上平移复制900得到"CD"线，为±0.000室内地坪线。由于该建筑层高3 m，共6层，因此将"CD"线向上平移复制3000得到"EF"线，为二层楼面标高线；将"CD"线向上平移复制6000、9000、12000……，可分别得到三层、四层、五层……的楼面标高线。图中"GH"线为六层顶面标高线，距"CD"线18000。

接下来对轴线进行延伸。单击修改工具条上的 ┅/ 按钮，或在命令行键入"extend"，进行下面的操作：

命令：_extend

当前设置：投影＝UCS，边＝无

选择边界的边…

选择对象或〈全部选择〉：   鼠标点选"GH"线

找到1个   回车结束对象选择

选择对象：

选择要延伸的对象，或按住 Shift 键选择要修剪的对象，或

［栏选(F)/窗交(C)/投影(P)/边(E)/放弃(U)］：C   //选择"窗交"方式

指定第一个角点：

指定对角点：　　　　　　　　　　　　　　　　鼠标依次点击与所有需要延伸的轴
　　　　　　　　　　　　　　　　　　　　　线相交的矩形窗口的两对角点

选择要延伸的对象，或按住 Shift 键选择要修剪的对象，或
［栏选（F）/窗交（C）/投影（P）/边（E）/放弃（U）］：　　　回车结束命令

轴线延伸后，得到的辅助网格如图 8.3 所示。

【扫码演示】

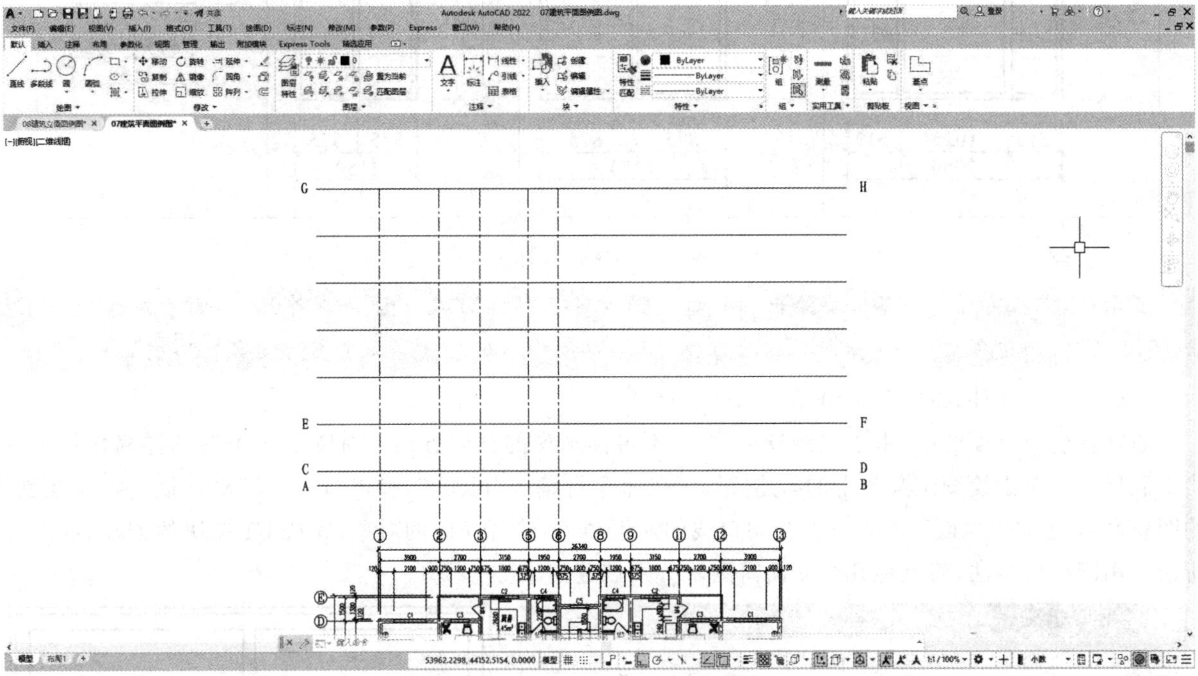

图 8.3　轴线延伸绘制的辅助网格

> **提示**：对象延伸命令"extend"和修剪命令"trim"的执行过程非常相似，且可在按住"Shift"键后相互转换。此外，当要延伸（或修剪）的对象较多时，先选择"栏选（F）"方式或"窗交（C）"方式，再选择对象，命令执行效率会更高。

8.4　绘制立面窗

窗户是立面图上重要的建筑元素，绘制立面窗一般可采用两种方法。

第一种方法：原位绘制法。即在立面图上窗户的相应位置，直接绘制出窗洞口轮廓线及窗扇分隔线。一种类型的窗户只需绘制一次，其他的用 AutoCAD 的编辑命令（复制、阵列等）即可实现。这种方法一般用于窗全部采用标准图集的场合。

第二种方法：先绘制立面窗详图再使用插入法。当本设计中的窗并非全部采用标准图集时，还需绘出较大比例的立面窗详图，在图中表达对厂家的制作要求，如尺寸、形式、开启方式、注意事项等。因此，可在立面窗详图绘制完成的基础上，创建各种类型的立面窗图块，然后在立面图中相应位置插入即可。该方法的优点显而易见：立面图完成时，窗详图也已完成。

下面具体介绍第二种方法的绘图过程。

参考第 7 章建筑平面图，①～②轴线间居中布置 C1，2100 mm×1800 mm（洞口宽、高尺寸，下同）；②～③轴线间居中布置 C3，1200 mm×1800 mm；③～⑤轴线间居中布置 C2，1800 mm×1800 mm；⑤～⑥轴线间居中布置 C4，1200 mm×900 mm。其中 C1、C2、C3 洞口下边缘距本层楼（地）面室内标高 900 mm；C4 为高窗，洞口下边缘距本层楼（地）面室内标高 1800 mm。

本设计中，以上各窗均为 60 系列铝合金推拉窗，即窗框的构造尺寸为 60 mm。C1～C4 详图如图 8.4

所示,具体的绘制过程此处不再详述,读者可参照图中尺寸自行绘制。绘制完成后可将其另存为"门窗详图. dwg"文件备用。

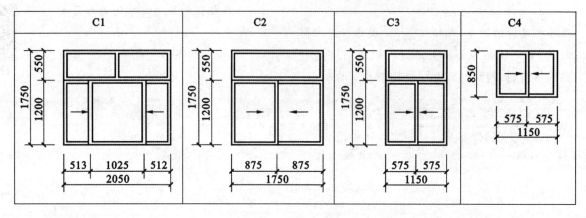

图 8.4   C1～C4 详图

提示:通常在窗详图中不需要绘出洞口线。图 8.4 中所标注尺寸均为制作尺寸,由于洞口线并未绘出,安装尺寸(四边各 25 mm)未标注。应注意"窗洞口尺寸=窗制作总尺寸+两侧安装尺寸"。

下面回到本文件,将"0"图层置为当前层。

通常在建筑立面图中,由于比例较小,往往不再标示窗的开启方向。对图 8.4 中的图样稍作加工,并绘出洞口线。单击绘图工具条上的 按钮,或在命令行键入"block",弹出"块定义"对话框。将所要创建的图块命名为"C-1 立面",基点选在窗洞口线的左下角点,选择相应的对象,完成 C1 图块的创建,如图8.5所示。用同样的方法,将其他几个立面窗图块分别创建出来。

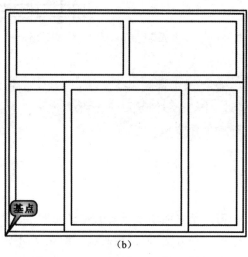

(a)   (b)

图 8.5   创建"C-1 立面"图块

(a) "块定义"对话框;(b) 拾取"基点"

【扫码演示】

将"立面门窗"图层置为当前层。参照图 8.6,将"CD"线向上平移复制 900 mm,从平面图上①～②轴线间 C1 左端点向上引辅助线,两者相交得到 C1 的插入点。

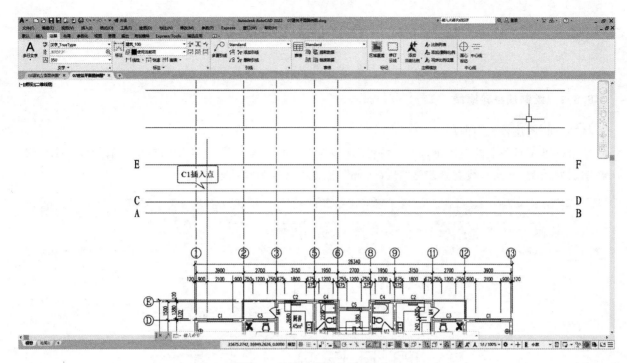

图 8.6　绘辅助线定位 C1 插入点

单击绘图工具条上的 按钮，或在命令行键入"insert"，弹出"插入"对话框，执行"C-1 立面"块的插入。用同样的方法，完成 C2～C4 的插入并删去多余的辅助线，如图 8.7 所示。

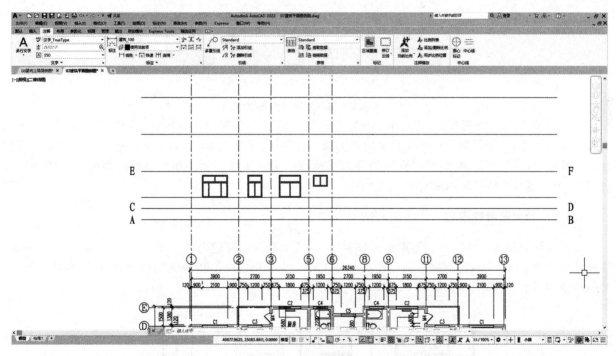

图 8.7　一层立面窗绘制完成

提示：利用对称性，仅需绘制本楼左半侧的窗户即可。同时又由于各层窗均相同，因此仅需绘制第一层，再进行楼层复制即可。

8.5 绘 制 墙 体

8.5.1 绘制墙身轮廓线

将"立面"图层置为当前层。

单击标准工具条上的 按钮,调出"特性"选项板。如图8.8所示,在绘图窗口单选辅助线"AB",将其所在图层修改为"立面",线宽修改为"1.00 mm",把该线转换为室外地坪线。

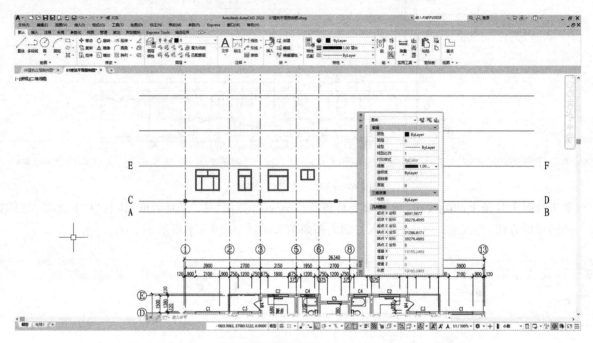

图 8.8 绘制外墙立面轮廓线

仍参照图8.8,将线宽变换为"0.70 mm",完成第一层(①～⑥轴线间)外墙立面轮廓线的绘制。应当注意在立面图中,并非仅最外轮廓线要采用粗实线(本图中设置为0.70 mm)绘制。在所有平面发生转折处的外墙线,如③轴线左侧、⑥轴线右侧的外墙线也均应用粗实线绘制。而绘制墙身勒脚线应用中实线(0.35 mm),墙身分格线采用细实线(0.18 mm)。

8.5.2 绘制阳台轮廓线

将当前线宽设为0.35 mm,绘制②～③轴线间的生活阳台立面轮廓线。阳台高1000 mm+120 mm,顶板外挑120 mm。阳台绘制完成后会遮挡C3部分可见线,则应将C3"分解"后方可修剪掉不可见部分。关闭其他图层后,所得图样如图8.9所示。

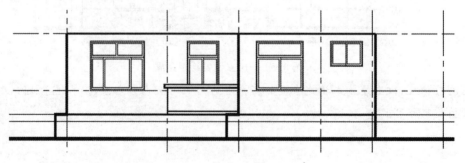

图 8.9 绘制阳台轮廓线

8.5.3 填充墙体

接下来应用"图案填充"功能绘制墙身装饰材料。将"立面墙体"图层置为当前层。

单击绘图工具条上的 █ 按钮,或在命令行键入"hatch",弹出"图案填充和渐变色"对话框。为选择图案,可进一步打开"填充图案选项板",并选定图案"AR-BRSTD"后返回前一对话框。单击右下角按钮 ⊙,参照图 8.10 对填充方式进行设置。

按照图 8.10 示例修改部分参数,应特别注意将"孤岛检测"方式改为"外部"。点击"添加:拾取点" █ 按钮后,在图 8.9 所示墙身待填充区域点击(两次)。返回"图案填充"对话框后可进行填充"预览",如对结果满意,点击"确定"。

采用同样的方法,墙身勒脚选用预定义图案"AR-B816",填充比例修改为"1.5";阳台立面选用预定义图案"LINE",填充比例"70",角度"90"。填充完成后得到的图样如图 8.11 所示。

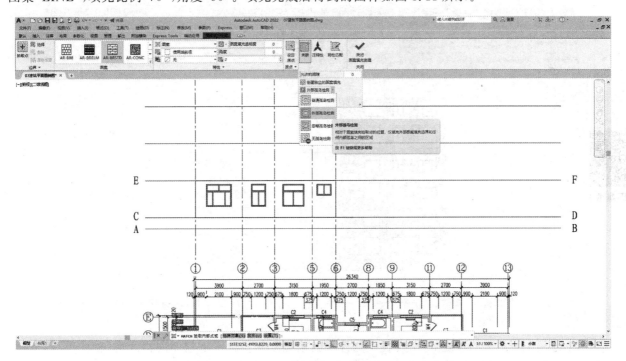

图 8.10 "图案填充"对话框设置

图 8.11 一层墙体图案填充完成

当有多个封闭区域时,填充区域最外边界所包含的各对象进行图案填充时,共有三种孤岛检测方式。"普通样式"是指从填充区域最外边界开始向内,在交替的区域中进行图案填充。即对单次相交的区域进行图案填充时,偶次相交的区域不填。"外部样式"是指仅在填充区域的最外边界及其内的第一个内部边界之间区域进行图案填充。"忽略样式"是指对填充区域最外部边界内的所有区域进行图案填充(不管其中是否存在内部边界)。

【扫码演示】

> **提示**:使用图案填充命令应当明确以下两个重要概念:① 图案填充的关联性;② 图案填充的三种孤岛检测方式。请读者多做练习,认真领会。

8.6 楼层复制与图样镜像

单击绘图工具条上的  按钮，或在命令行键入"array"，弹出"阵列"对话框。输入如图 8.12 所示参数，选择一层窗、阳台、墙体填充等对象，"阵列"复制得到的图样如图 8.13 所示。

图 8.12 "阵列"对话框

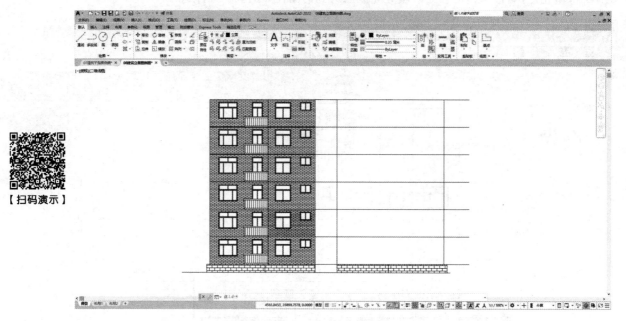

图 8.13 楼层复制完成

单击绘图工具条上的 按钮，完成右半侧楼层的镜像复制。将水平辅助网格线由"轴线"层移至"立面"图层，进行修剪加工，删除多余的轴线及编号，仅保留两端轴线编号（注意①轴线在右侧）。结果如图 8.14 所示。

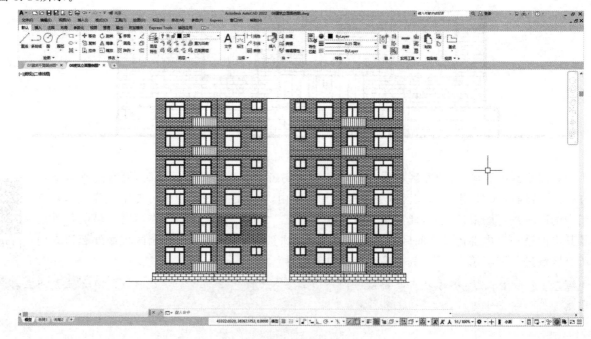

图 8.14 图样镜像完成

8.7　楼梯间绘制

8.7.1　绘制楼梯间单元门及门套

立面图上楼梯间的绘制内容主要有单元门（包括装饰用门套）和楼梯间窗（包括窗套）。

楼梯间单元门在⑥～⑧轴线间居中布置，洞口宽、高尺寸 1500 mm×2100 mm，洞口下边缘标高 −0.450 m。装饰门套外挂安装在Ⓔ轴线外墙外侧，其细部尺寸如图 8.15 所示。对于这种形式较复杂的建筑构（配）件，在比例为 1:100 的立面图上是无法反映出其所有尺寸的。因此，其细部尺寸、建筑材料及建筑做法应当另绘详图说明。这样，立面图上就可不再详细标注，以使图面整洁。

将"立面门窗"图层置为当前层。由于单元门及门套左右对称，因此可先绘出左半侧，再镜像复制即可。具体绘制方法就是一个多次调用"line""rectang""offset""trim""extend"等绘图及修改命令的过程，此处不再详述，读者可参照图中尺寸自行绘制。绘制完成后可将其另存为"楼梯间单元门.dwg"文件（或图块）备用。但应注意，图 8.15 并非完整的建筑详图，完整的详图还应包括门套侧视图、俯视图及建筑做法等内容。

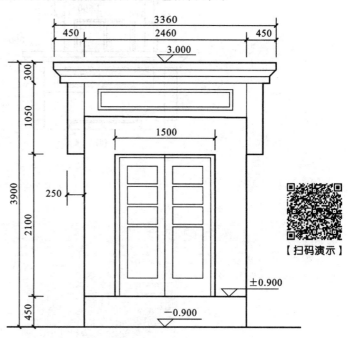

图 8.15　楼梯间单元门及门套细部尺寸

【扫码演示】

将所绘制图样整体插入到立面图上相应位置，注意门洞轮廓线应为中实线（本图中宽度 0.35 mm），门套轮廓线可用粗实线（0.70 mm）表示，以突显其立面效果。此外，还应注意由于门套遮挡住了部分已填充的墙面，故该区域的墙体填充可删除后重新完成。

> **提示**：使用填充命令"hatch"得到的图样无论其样式多么复杂，一个封闭区域内的图样都是作为一个整体（图块）在 AutoCAD 中记录的。因此，切不可对其执行"分解"操作，否则将会生成大量的图形元素，既不便于修改，又会大大增加文件的存储内容。而对于在填充区域内还有文字的情形（可参见图 8.1），AutoCAD 在执行图案填充时会自动扣除文字部分所占的面积。

8.7.2　绘制楼梯间窗及窗套

参见第 7 章平面图，楼梯间的窗编号为 C5，⑥～⑧轴线间居中布置，洞口尺寸 1200 mm×1200 mm，数量 5 个。洞口下边缘标高距本层楼梯间休息平台 900 mm，即距下一层楼（地）面标高 2400 mm。装饰窗套底端起于单元门套顶部（标高 3.000 m 处），顶端终止于 16.800 m 标高处。其细部尺寸见图 8.16。

具体绘制过程不再详述，这里仅说明一点：顶端的三道半圆线可先绘出半径最小的一道，由于圆心角相同（均为 180°），其他两道调用"offset"命令分别平移复制 180、70 即可。而半圆线的绘制既可采用"arc"命令完成，也可采用"circle"命令绘出后再进行修剪的方法完成。楼梯间绘制完成后的图样见图 8.17。

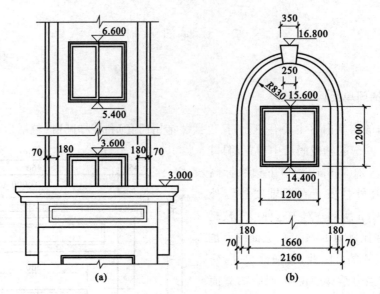

图 8.16　楼梯间窗套细部尺寸

(a) 窗套底端；(b) 窗套顶端

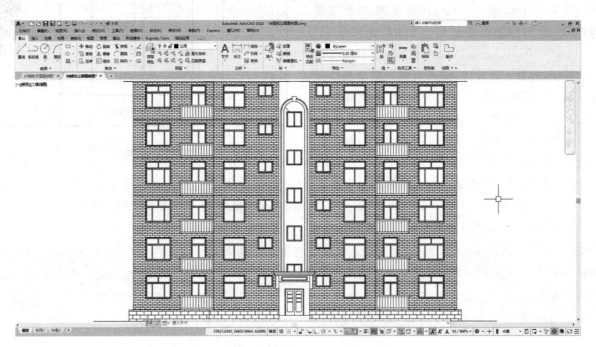

图 8.17　楼梯间绘制完成后的图样

8.8　屋　顶　绘　制

屋顶的绘制比较简单。绘制时也是先完成左半侧再镜像复制出全楼屋面。

将"立面"图层置为当前层。参照图 8.18 所示尺寸，首先调用"line"命令绘制左侧山墙处的屋顶轮廓线（图中 A 区域）。外轮廓线用粗实线（0.70 mm），其他均为细实线（0.18 mm）。然后将其分别复制到图中 B、C 处。注意 C 区域轮廓线应在复制后原位镜像。

左半侧屋顶绘制完成后，将其关于⑦轴线镜像复制。调用图案填充命令"hatch"或点击■按钮，选用预定义图案"LINE"，填充比例"40"，角度"90"。屋面填充完成后得到的图样如图 8.19 所示。

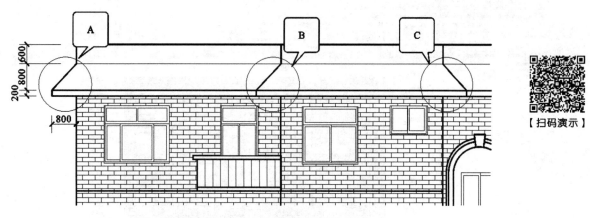

图 8.18 屋顶轮廓线的绘制

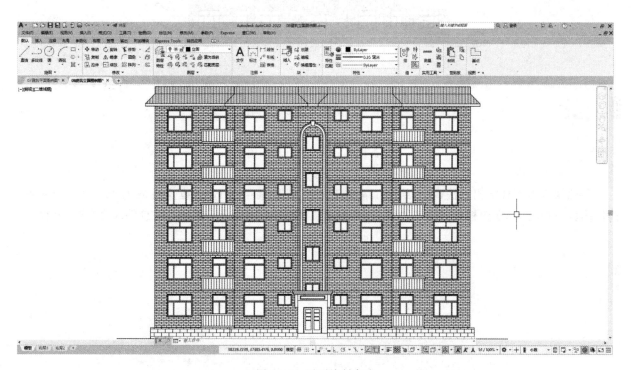

图 8.19 屋顶绘制完成

8.9 标高注写及其他

在立面图上不需要标注轴线尺寸和建筑总尺寸,也不需要标注建筑沿竖向的尺寸,通常只注写相对标高即可。

立面图的标高符号与平面图的一样,只是在所需标注的地方作一引出线。标高注写位置一般应包括室外地坪、出入口地面、勒脚、窗台、门窗顶及檐口等处。

对于立面图上难以表达清楚的细部尺寸,可在相应位置注写详图索引符号。

最后,在图中正下方注写图名、比例,完成该立面图的绘制,如图 8.20 所示。

【扫码演示】

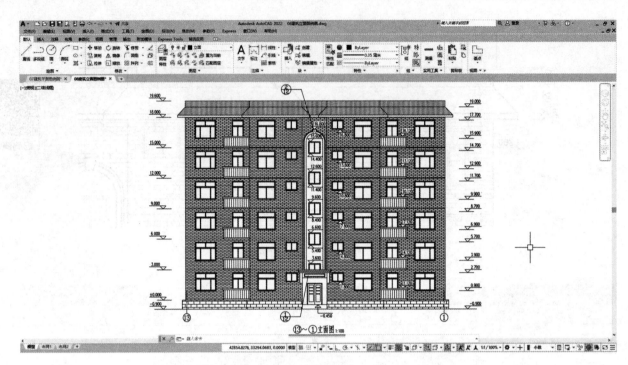

图 8.20　绘制完成的正立面图

8.10　图 样 输 出

参照第 5 章图样输出方法,单击绘图工具条上的 按钮,将"A3-H"图框文件放大 100 倍后插入到当前绘图区,调整图样在图框中的位置,在标题栏中输入图名、比例及设计者个人信息等内容,保存文件。

9 建筑剖面图的绘制

📖 知识导读

建筑剖面图就是用来表示建筑物内部垂直方向的结构形式、分层情况、内部构造以及各部位高度的图样。建筑剖面图的剖切位置通常选择在能够表现建筑物内部结构和构造比较复杂、有变化、有代表性的部位，一般通过门窗洞口、楼梯间及主要出入口等位置。本章在示例内容上延续上两章，在住宅楼的标准层平面图与立面图绘制完成后，通过对其剖面图的绘制过程，具体说明在 AutoCAD 中绘制建筑剖面图的基本步骤和基本方法。

🚩 制作思路

在平面图和立面图绘制完成的基础上，添加设置用于剖面图的图层；根据平面剖切方向，将平面图轴线向上延伸构成剖面图墙体辅助线，将立面图轴线向右延伸构成剖面层高绘图辅助线；绘制剖面的墙体和门窗；使用多段线命令绘制楼梯的踏步和踢步，并且进行合适的图案填充，阵列得到其他楼层的剖面；进行尺寸标注、标高和轴线圈的绘制；最后注写图名、比例，完成建筑剖面图的绘制。

❖ 知识重点

- ➤ 利用轴线延伸绘制辅助网格
- ➤ 旋转命令的使用方法
- ➤ 剖面楼梯的绘制
- ➤ 图案填充绘制墙体材料及屋面
- ➤ 剖面标高及尺寸注写

9.1 例 图 预 览

本章将结合一座多层住宅楼的剖面图的绘制，具体说明在 AutoCAD 中绘制建筑剖面图的基本步骤和方法。

图 9.1 所示为一座六层住宅楼的剖面，与第 7、8 章所绘的建筑平面图相对应。

> 提示：施工图阶段的建筑剖面图中不得加绘阴影和配景(树木、车辆、人物等)。这是因为阴影和配景虽能加强建筑物剖面的整体效果，但影响图面的简洁性、易读性，故只宜出现在方案设计阶段。但剖面装饰材料的样式应该绘出。

9.2 添 加 新 图 层

本章剖面图是在前几章平面图和立面图的基础上绘制的，因此不需重新设置绘图环境，仅添加几个图层即可。

在 AutoCAD 中打开第 7 章示例文件"07 建筑平面图例图. dwg""08 建筑立面图例图. dwg"，将立面图复制到平面图中，删除图框、门窗表、文字说明等，将其另存为"09 建筑剖面图例图. dwg"。创建以下新图层："剖面看线""剖面填充""剖面墙体"，并按照图 9.2 所示设置颜色、线型及线宽。

9.3 轴线延伸绘制辅助网格

在大多数的剖面图上，不同层的剖面构件往往按照一定的规律多次重复出现。因此，在绘制剖面图时，要先研究一下绘制剖面图的构成规律，把握其中的规律并充分利用这种规律性，从而节约时间。

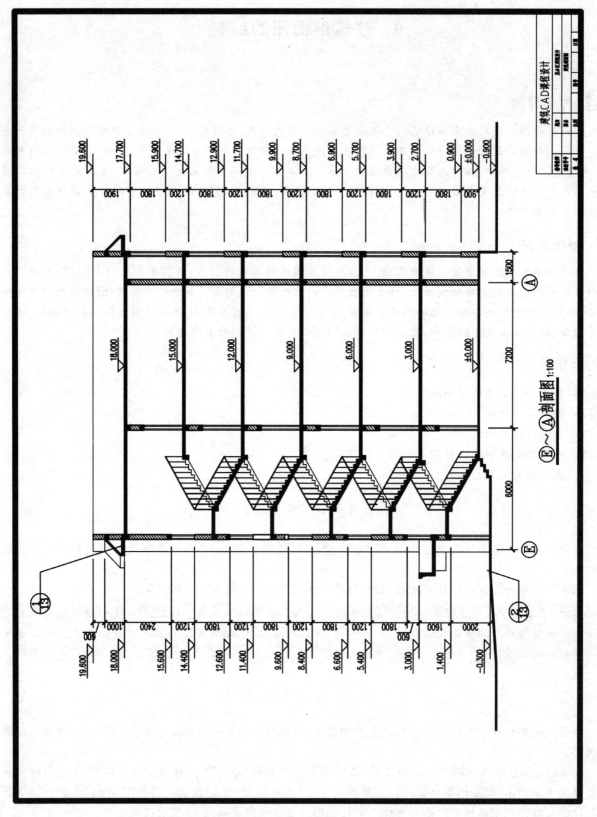

图9.1　某住宅楼建筑剖面图

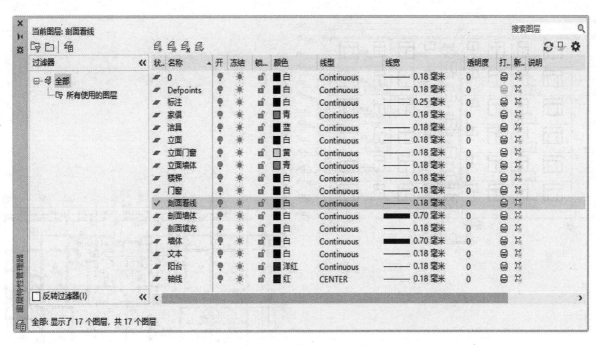

图 9.2　建筑剖面图的图层设置

首先绘出辅助网格,而辅助网格的绘制,往往要利用平面图与立面图的轴线延伸得到。

将"轴线"图层置为当前层,将不需显示的"标注""文本""家具"等图层关闭。

参照图 9.3,将立面图与平面图放到如图所示的位置,并且按照设定的剖切方向将平面图逆时针旋转 90°(图 9.4),以方便绘制辅助线。下面是旋转命令的操作方法:

命令:_rotate
UCS 当前的正角方向:ANGDIR＝逆时针　ANGBASE＝0　　　鼠标点选整个平面图
选择对象:指定对角点:找到 575 个
选择对象:　　　　　　　　　　　　　　　　　　　　　　　　回车结束对象选择
指定基点:　　　　　　　　　　　　　　　　　　　　　　　　鼠标点击到平面图的中心位置
指定旋转角度,或[复制(C)/参照(R)]〈0〉:90　　　　　　　键盘输入 90,回车结束命令

首先,调用"line"命令在平面图的剖切位置绘制出"1—1"线,观察"1—1"剖切到的线,参考图 9.5,绘出"AB""CD"辅助线;其次,调用"extend"命令,将剖切到的墙体轴线与剖面看到的线依次向上延伸到"AB"线,从而得到剖面的墙体轴线与看线(辅助线);再次,按照立面图的各构件,画出层高辅助线,将立面层高线向右延伸到"CD"线,形成一个剖面绘制轴线网,而"GH"线便是剖面的地面标高线。下面是延伸命令的操作方式:

命令:_extend
当前设置:投影＝UCS,边＝无
选择边界的边…
选择对象或〈全部选择〉:　　　　　　　　　　　　　　　　鼠标点选"AB"线
找到 1 个　　　　　　　　　　　　　　　　　　　　　　　　回车结束对象选择
选择对象:
选择要延伸的对象,或按住 Shift 键选择要修剪的对象,或
[栏选(F)/窗交(C)/投影(P)/边(E)/放弃(U)]:C　　　　　//选择"窗交"方式
指定第一个角点:　　　　　　　　　　　　　　　　　　　　鼠标依次点击与所有需要延伸的轴
指定对角点:　　　　　　　　　　　　　　　　　　　　　　线相交的矩形窗口的两对角点
选择要延伸的对象,或按住 Shift 键选择要修剪的对象,或
[栏选(F)/窗交(C)/投影(P)/边(E)/放弃(U)]:　　　　　　回车结束命令
轴线延伸后,得到的辅助网格如图 9.5 所示。

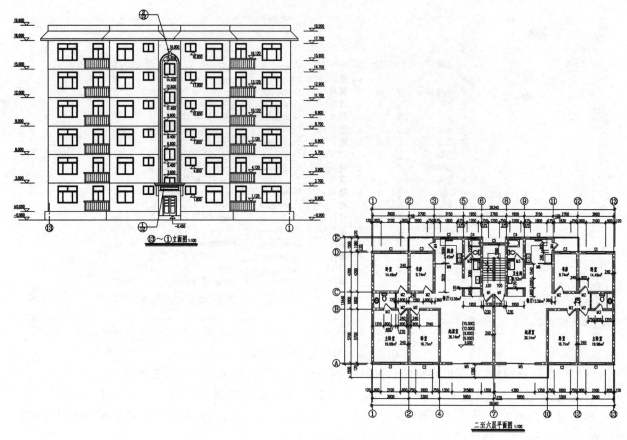

图 9.3 平面图与立面图放置位置

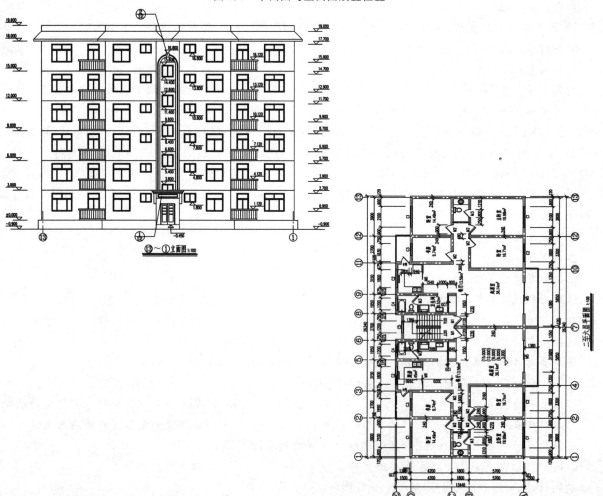

图 9.4 旋转平面图到适合位置

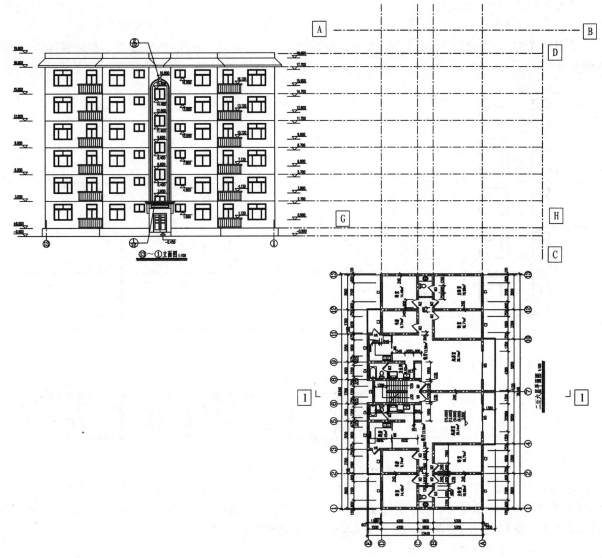

图 9.5　轴线延伸绘制的辅助网格

9.4　绘制剖面墙体、地坪线与楼板

　　剖面图中，一层剖面绘制是最复杂的，通常情况下，它涉及建筑的出入口、雨篷等。在本章绘制的剖面图中，楼层总共有三种形式：底层剖面、标准层剖面和屋顶剖面。对标准层剖面，可只画出第二层，然后利用复制命令将绘制好的二层剖面复制到各层。下面是一层剖面的绘制过程，主要包括剖面的墙体绘制、地坪线绘制和楼板绘制。

9.4.1　绘制剖面墙体

　　根据已经绘制好的剖面轴线，绘制剖面墙体门窗。将"剖面墙体"作为当前层，执行【绘图】/【多线】命令，进行下面的操作：

命令：_ mline　　　　　　　　　　　　　　　　　　　　　输入命令

当前设置：对正＝无，比例＝240.00，样式＝WALL

指定起点或[对正(J)/比例(S)/样式(ST)]:J　　　　　　　　选择对正选项

输入对正类型[上(T)/无(Z)/下(B)]〈无〉:B　　　　　　　　根据将要绘制的方向选择

当前设置：对正＝下，比例＝240.00，样式＝WALL

指定起点或[对正(J)/比例(S)/样式(ST)]:　　　　　　　　　选择右侧外墙 H 点(图 9.5)

指定下一点：900   窗台高为 900

指定下一点或[放弃(U)]：   回车结束命令

　　运用同样的方法绘制阳台窗、过梁，其中阳台窗高 1800，过梁高 200，这样就完成了右边墙体的绘制，如图 9.6 所示。

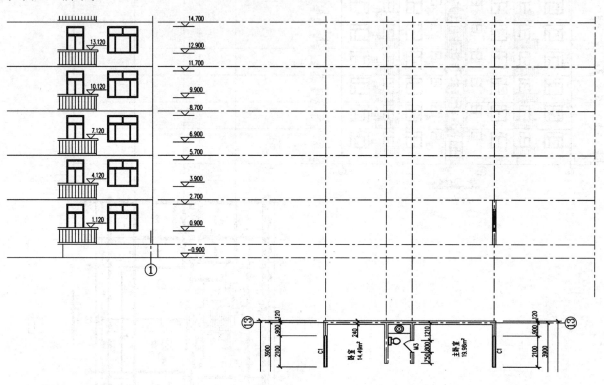

图 9.6　绘制完成的右边墙体与门窗（一）

　　重复执行"多线"命令绘制门和梁，其中门的高度为 2000，过梁的高度为 200，圈梁的高度为 300。此时，可以参考第 5 章"标准间客房平面图的绘制"中介绍修改多线的方法对多线相交处进行编辑，也就是执行【修改】/【对象】/【多线】命令，利用"多线编辑工具"对话框进行修改。

　　绘制完成的图形如图 9.7 所示。

【扫码演示】

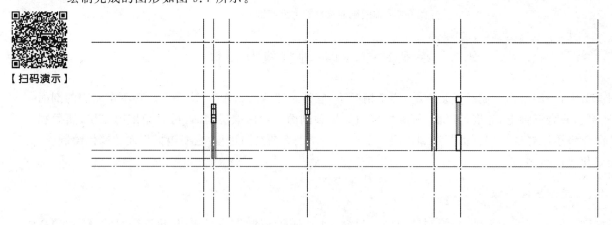

图 9.7　绘制完成的右边墙体与门窗（二）

9.4.2　绘制剖面地坪线

　　将"剖面墙体"图层置为当前层，将正交方式和对象捕捉方式打开，设置对象捕捉方式为"交点"和"端点"捕捉方式。利用多段线命令分别绘制室外和室内的地坪线，同时画出楼梯底层第一梯段的踏步和雨篷前面的台阶。单击标准工具条上的多段线 🖋 按钮，按照下面的方法设置它的宽度为 100。

命令：_pline   输入命令

指定起点：   参考图 9.7 确定起点

当前线宽为 1.000

指定下一个点或[圆弧(A)/半宽(H)/长度(L)/放弃(U)/宽度(W)]：W   选择宽度选项

指定起点宽度〈100.0000〉：100   设定多线的宽度为 100

指定端点宽度〈100.0000〉：100

提示：二维多段线是作为单个平面对象创建的相互连接的线段序列。可以创建直线段、圆弧段或两者的组合线段，在建筑制图中经常应用。PLINEGEN 系统变量用于设置绕二维多段线的顶点生成线型图案的方式。将 PLINEGEN 设置为 0，则线型图案在整条多段线中的顶点位置不连续[图 9.8(a)]。将 PLINEGEN 设置为 1，则线型图案在整条多段线中连续跨越顶点[图 9.8(b)]。PLINEGEN 不适用于带变宽线段的多段线。

(a)   (b)

图 9.8 绘制多段线

(a)PLINEGEN 设置为 0；(b)PLINEGEN 设置为 1

按照设置好的线宽，根据剖面的基本关系绘制地坪线，绘制好的图形如图 9.9 所示。

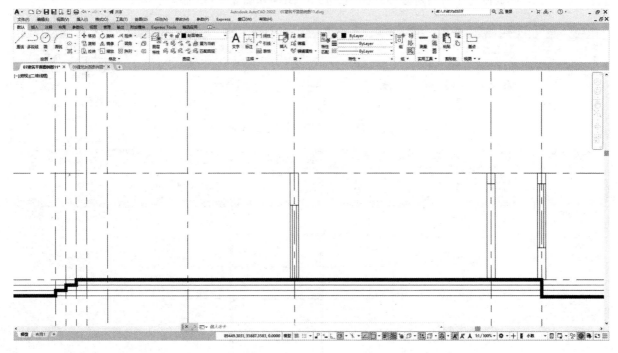

图 9.9 绘制完成的地坪线

9.4.3 绘制剖面楼板

将"剖面墙体"图层置为当前层，将正交方式和对象捕捉方式打开，设置对象捕捉方式为"交点"和"端点"。参照下述方法修改多线参数，可绘制 120 mm 厚板，绘制时对正方式改为上对正。执行多线命令，进行以下操作：

命令：_ mline

当前设置：对正＝无，比例＝240.00，样式＝WINDOW

指定起点或[对正(J)/比例(S)/样式(ST)]：J   //进行对正选择

输入对正类型[上(T)/无(Z)/下(B)]〈上〉:T	//选择上对正
指定起点或[对正(J)/比例(S)/样式(ST)]:S	//进行比例设置
输入多线比例〈240.00〉:120	//板厚120
指定起点或[对正(J)/比例(S)/样式(ST)]:ST	//进行线型设置
输入多线样式名或[?]:WALL	//选择墙体的多线样式

按照已经绘制好的辅助线,如图9.10所示绘制楼板层,参考前面几章介绍的多线编辑工具,将楼板与墙体的交接部分修剪成图9.11所示的形式,完成楼板的绘制。

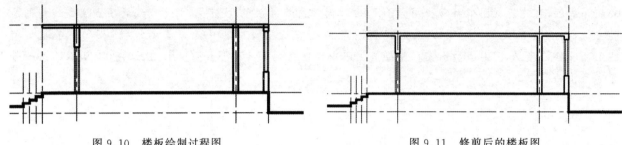

图9.10　楼板绘制过程图　　　　　　　　　　　图9.11　修剪后的楼板图

9.4.4　利用阵列命令复制楼板与墙体

该案例层高基本相同,因此,可以利用阵列命令快速绘制各层楼板。下面就详细介绍阵列的绘制过程。单击绘图工具条上的 ⊞⊞ 按钮,或在命令行键入"array",弹出"阵列"对话框。输入图9.12所示参数,选择一层窗、阳台、墙体与楼板等对象,阵列复制得到的图样如图9.13所示。

默认	插入	注释	布局	参数化	视图	管理	输出	附加模块	Express Tools	精选应用		
矩形	列数:	1		行数:	6		级别:	1				
	介于:	8626.2765		介于:	3000		介于:	1	关联	基点	关闭阵列	
	总计:	8626.2765		总计:	15000		总计:	1				
类型	列			行 ▼			层级		特性		关闭	

图9.12　"阵列"对话框参数设置

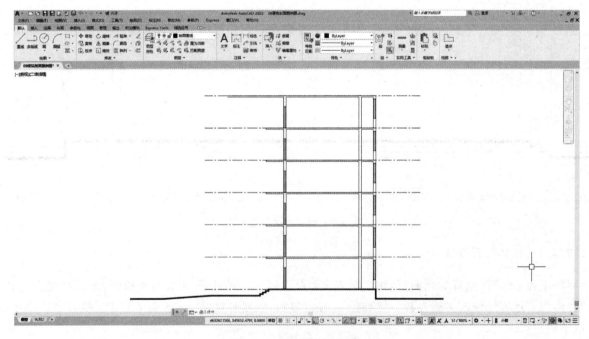

图9.13　"阵列"后的图样

9.5　绘制剖面楼梯间墙窗与楼梯休息平台

9.5.1　绘制剖面楼梯间墙窗

根据已经绘制好的辅助线,在命令行键入"mline",设置墙体的比例为 240,对齐方式为中心对齐,具体的操作方式如下:

命令:_ mline
当前设置:对正=无,比例=240.00,样式=WALL
指定起点或[对正(J)/比例(S)/样式(ST)]:J　　　　　　　　　//进行对正选择
输入对正类型[上(T)/无(Z)/下(B)]〈上〉:Z　　　　　　　　　//选择中心对正
指定起点或[对正(J)/比例(S)/样式(ST)]:S　　　　　　　　　//进行比例设置
输入多线比例〈120.00〉:240　　　　　　　　　　　　　　　//墙厚 240
指定起点或[对正(J)/比例(S)/样式(ST)]:　　　　　　　　　//点击起点(图 9.14)
指定下一点:　　　　　　　　　　　　　　　　　　　　　//点击终点(图 9.14)
指定下一点或[放弃(U)]:　　　　　　　　　　　　　　　回车结束命令

完成整个楼梯间的剖面墙体绘制,如图 9.14 所示。

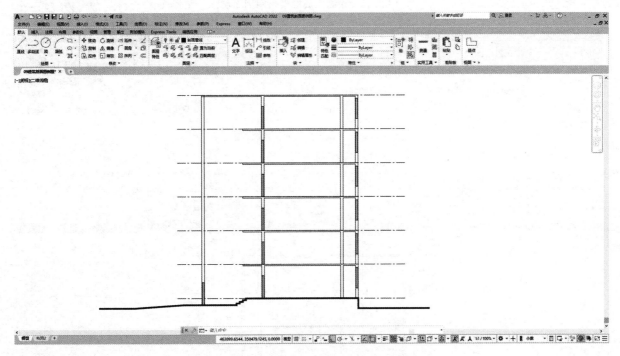

图 9.14　绘制好的楼梯间剖面墙体

根据立面图可知,楼梯间窗户为 1200 mm 高,由于该建筑层高为 3000 mm,所以两窗之间的距离为 1800 mm。将"窗户"图层置为当前层,运用"多线"命令绘制 1200 mm 高的窗户,绘制完成后如图 9.15 所示。

同上面的阵列方式一样,单击绘图工具条上的 ⊞ 按钮,或在命令行键入"array",弹出"阵列"对话框。输入图 9.16 所示参数,选择窗,阵列复制得到的图样如图 9.17 所示。

【扫码演示】

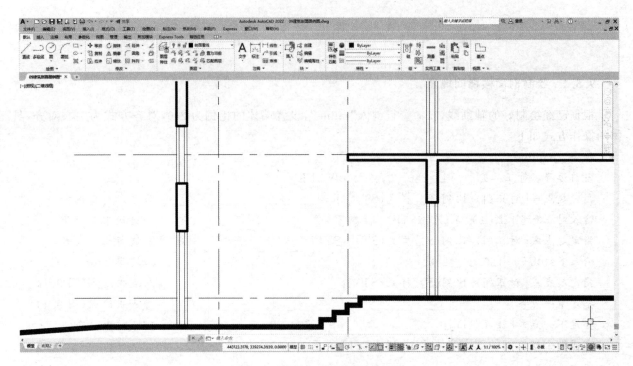

图 9.15　绘制完成的楼梯间剖面窗

默认	插入	注释	布局	参数化	视图	管理	输出	附加模块	Express Tools	精选应用	阵列创建

	列数:	1	行数:	5	级别:	1			
矩形	介于:	10434.7356	介于:	3000	介于:	1	关联	基点	关闭
	总计:	10434.7356	总计:	12000	总计:	1			阵列
类型	列		行 ▼		层级		特性		关闭

图 9.16　窗户"阵列"参数设置

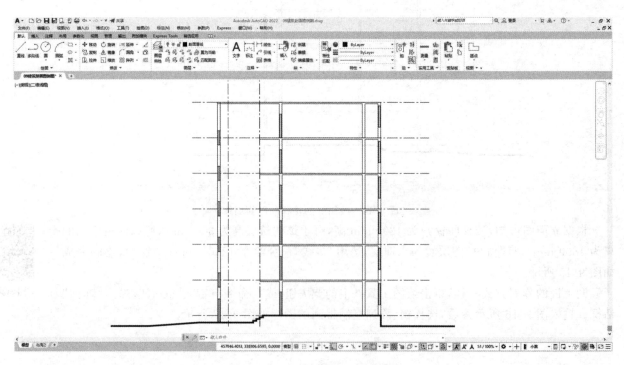

图 9.17　窗户"阵列"后的图样

9.5.2 绘制剖面楼梯休息平台

将"楼梯"层设置为当前层,设置对象捕捉方式为"端点""交点"捕捉方式。利用多线命令绘制楼梯休息平台。绘制方法与画墙体的方法相同,但多线样式设置比例为120,多次重复多线命令,分别绘制楼梯休息平台,绘制结果如图9.18所示。

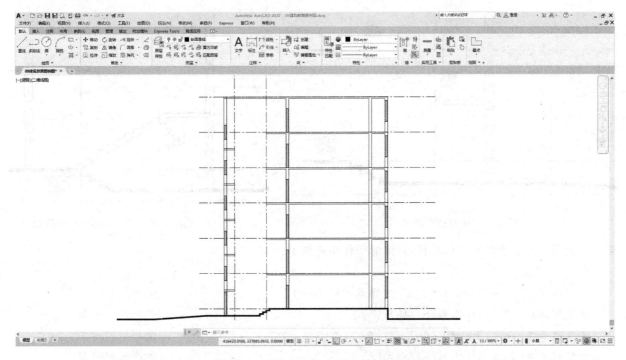

图 9.18 楼梯休息平台"阵列"后的图样

提示:绘制楼板和楼梯休息平台时,也可只画一层的,修剪和填充完后再利用阵列或复制命令绘制其他层楼板和楼梯休息平台。

9.6 绘制剖面楼梯

在剖面图中,楼梯剖面是最常见的,也是绘制时较为复杂的。在本节绘制的剖面图中,楼梯共有三种样式:底层楼梯、标准层楼梯、顶层楼梯。对标准层的楼梯,可只画出第二层的,然后利用阵列命令将绘制好的标准层楼梯复制到各层。一般情况下,如果很多相邻层楼梯的样式完全相同,则只需画其中一层的,然后用阵列命令复制出其他层的楼梯。

根据建筑设计规范与建筑设计模数,踏步的高度,成人以150 mm左右较适宜,不应高于175 mm。踏步的宽度以300 mm左右为宜,不应窄于260 mm。一般公共建筑标准的楼梯踏步尺寸为300 mm×150 mm,本例中住宅楼梯的踏步尺寸采用的是260 mm×150 mm。

9.6.1 绘制底层楼梯

将"楼梯"层设置为当前层,设置对象捕捉方式为"端点"和"中点"捕捉方式,打开正交方式。

单击【绘图】工具栏中的直线命令按钮,捕捉到辅助线的交点I作为起点,向上画150,向左画260,再向上画150,向左画260,依此类推,一直画到K点,如图9.19所示。

提示:如感觉这种画法较麻烦,可只画出一个踏步,然后用AutoCAD默认的多重复制结合端点捕捉完成第一跑的所有踏步。

依次绘制第二梯段的所有踏步。空格键重复直线命令,捕捉到底层休息平台右上角位置K作为起点,向上画150,向右画260,再向上画150,向右画260,依此类推,一直画到H点,如图9.19所示。

绘制休息平台楼板的梯段梁,梁的尺寸为 200 mm×300 mm。接下来绘制梯段板,点击直线命令,分别捕捉第一梯段的右下角和左上角画一直线。单击【修改】工具栏中的偏移命令按钮,将所绘直线向左下方偏移 120。单击【修改】工具栏中的删除命令按钮,将第一条直线删除。再利用延伸命令和修剪命令修改偏移出的直线,绘制完成第一梯段的梯段板 LM,如图 9.20 所示。重复上述步骤,绘制第二梯段的梯段板。

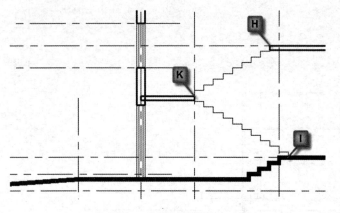

图 9.19   绘制楼梯踏步   图 9.20   绘制完成的第一段楼梯的梯段板

使用多线命令绘制护栏的栏杆,具体的操作步骤如下:

命令:_mline

当前设置:对正=无,比例=240.00,样式=WINDOW

指定起点或[对正(J)/比例(S)/样式(ST)]:J   //进行对正选择

输入对正类型[上(T)/无(Z)/下(B)]〈上〉:Z   //选择中间对正

指定起点或[对正(J)/比例(S)/样式(ST)]:S   //进行比例设置

输入多线比例〈240.00〉:15   //栏杆直径15

指定起点或[对正(J)/比例(S)/样式(ST)]:ST   //进行线型设置

输入多线样式名或[?]:Standard   //选择标准多线样式

指定起点或[对正(J)/比例(S)/样式(ST)]:   //点击起点 N(如图 9.21)

指定下一点或[放弃(U)]:〈正交   开〉900   //点击终点 Q(如图 9.21)

指定下一点或[放弃(U)]:   //回车结束命令

然后将绘制好的栏杆分解,并使用复制命令绘制其余的栏杆。具体的操作步骤如下:

命令:_explode   //选择多线 NQ

选择对象:找到 1 个   //回车,分解多线 NQ

多线 NQ 分解   //输入命令

命令:_copy   //选择分解后的多线 NQ

选择对象:找到 2 个

选择对象:

当前设置:复制模式=多个

指定起点或[位移(D)/模式(O)]〈位移〉:

指定第二个点或〈使用第一个点作为位移〉:   //捕捉点 N

指定第二个点或〈使用第一个点作为位移〉:@260,-150   //输入@260,-150

指定第二个点或[退出(E)/放弃(U)]〈退出〉:   //回车,结束命令(得到 RS)

以上绘制结果如图 9.21 所示,然后,捕捉第二踏步中点,向上复制,捕捉第三踏步中点……依此类推,直至绘制完成底层楼梯所有踏步上的栏杆。

绘制护栏扶手。绘制护栏的方法同绘制栏杆,利用"多线"命令,将多线比例改为30,顺着栏杆方向分别捕捉点 S、T 和 U,回车结束命令,绘制好的图形如图 9.22 所示。

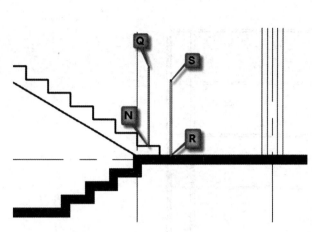

图 9.21　绘制护栏的栏杆

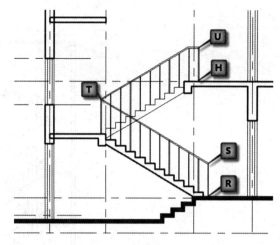

图 9.22　初步绘制完成的楼梯护栏

【扫码演示】

单击【修改】工具栏中的分解命令按钮,将前面绘制的护栏扶手分解,然后利用修剪命令、直线命令对护栏的栏杆和扶手进行修改,完成护栏的绘制。绘制完成的底层楼梯如图 9.23 所示。

9.6.2　绘制其他层楼梯

绘制二层楼梯。二层楼梯的绘制方法与底层楼梯的绘制方法完全相同,参照一层楼梯的绘制方法绘制,在此不再赘述。与一层不同的是二层楼梯的两个梯段都是 10 步台阶。

三层、四层、五层的楼梯与二层的楼梯完全相同,因此可用阵列命令将二层楼梯复制到其他层。然后利用修剪命令、直线命令对绘制出的楼梯进行修改。绘制完成的楼梯如图 9.24 所示。

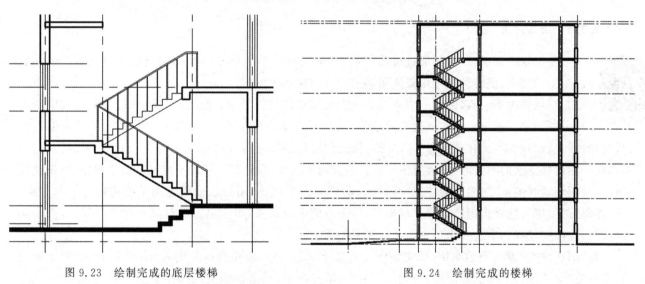

图 9.23　绘制完成的底层楼梯　　　　　　　　图 9.24　绘制完成的楼梯

9.7　剖　面　填　充

前面虽然已经绘制了剖面的大体轮廓,但是还不能正确反映整体剖面的剖切关系,而剖面填充能够有助于体现剖面的基本关系,下面介绍剖面的填充。

9.7.1　绘制梁和圈梁

梁通常设置在楼板的下面,或者设置在门窗的顶部、楼梯的下面。本例中楼板下面的梁尺寸为 240 mm×300 mm,运用绘图工具栏的 ▭ 按钮或者在命令行输入"rectang",绘制矩形,然后运用复制命令完成绘制,完成的效果如图 9.25 所示。

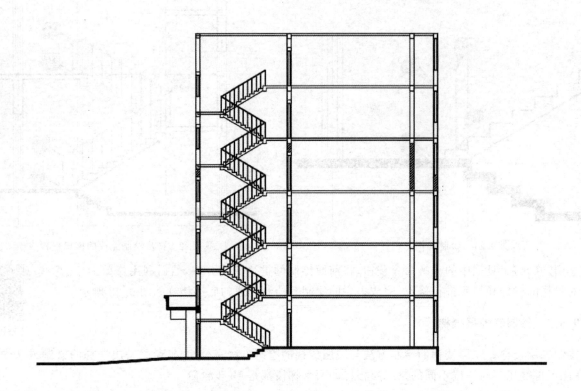

图 9.25　剖面梁绘制完成的效果

9.7.2　填充剖面

　　根据制图标准,要对图形进行图案填充,本剖面图梁的填充可以用完全填充的图案代替钢筋混凝土的图案,而砖的图案则要使用制图标准中规定的图案。

　　默认情况下,当以拾取一内点方式来定义填充区域边界时,AutoCAD 将分析当前视区中所有可见的对象。通过重新定义边界对象集,用户可以忽略掉某些"不用"的对象(而不必将它们隐藏或删除掉),从而减少系统在确定边界时分析、检测的对象的数量,以达到快速产生定义边界的目的。这一点,在绘制比较复杂的图形时,非常有用。该区包含两个选项:"新建"选项用于定义新的边界集,单击该按钮后,系统将暂时关闭"边界图案填充"对话框,回到图形界面,让用户从中指定用于构造边界集的对象;"边界集"选项用于选择指定所需边界对象集,单击右侧下拉箭头,将弹出边界对象集列表名称,有两个选项,即当前视窗及现有集合和为用户定义边界对象集。

　　将"剖面填充"置为当前图层,单击绘图工具条上的█按钮,或在命令行键入"hatch",弹出"图案填充和渐变色"对话框,如图 9.26 所示,设置 SOLID 为填充图案,点击添加拾取点按钮进行填充,填充完成的图形如图 9.27 所示。

图 9.26　"图案填充和渐变色"对话框

　　单击绘图工具条上的█按钮,或在命令行键入"hatch",弹出"图案填充和渐变色"对话框,如图 9.28 所示,设置 JIS_LC_20A 为填充图案,其他是默认设置,点击添加拾取点按钮进行填充,填充完成的图形如图 9.29 所示。

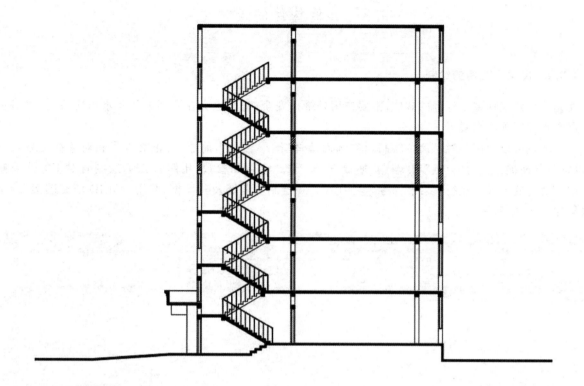

图 9.27 剖面楼板填充完成的效果

图 9.28 剖面墙体填充设置

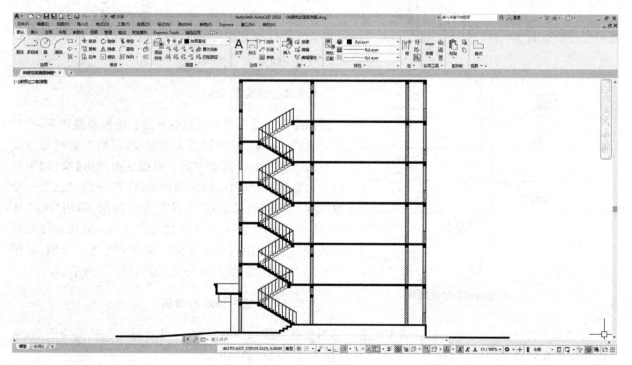

图 9.29 填充完成的墙体图

9.8 其他构件的绘制

9.8.1 屋顶女儿墙的绘制

女儿墙是建筑物屋顶外围的矮墙,主要作用是维护安全,有时也会在底部施作防水压砖收头,以避免防水层渗水或屋顶雨水漫流。

女儿墙也可以运用"多线"命令绘制,将"剖面墙体"图层置为当前层,将正交方式和对象捕捉方式打开,设置对象捕捉方式为"交点"和"端点"捕捉方式。修改多线的参数,比例为 240,绘制时对正方式要修改为中间对正的方式。执行"多线"命令,参照图 9.30 绘制女儿墙及其屋檐,并用 SOLID 填充图案,绘制的成果如图 9.30 所示。

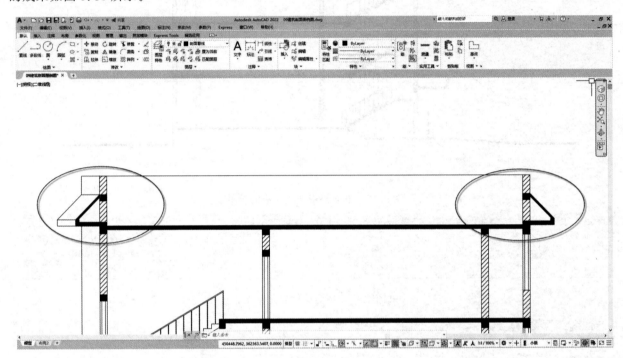

图 9.30　女儿墙剖面图

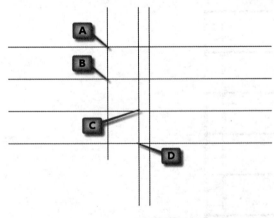

图 9.31　雨篷剖面绘制辅助线

9.8.2 雨篷的绘制

雨篷顶盖是一个有线脚的矩形。绘制步骤如下:打开正交方式,将"轴线"层设置为当前层,设置对象捕捉方式为"端点"和"交点"捕捉方式。根据立面单击【绘图】工具栏中的直线命令按钮,绘制如图 9.31 所示的辅助线。绘制完成后,将"剖面墙体"层设置为当前层,调用"line"命令,从 A 点开始绘制,依次经过 B、C、D 点,完成雨篷外面的线脚形式,运用同样的方法完成整个雨篷的绘制,并用 SOLID 填充图案,绘制好的图形如图 9.32 所示。

9.8.3 其他可见线的绘制

通过上面的绘制,整个剖面已经基本成形。然而根据剖面的绘制原理,一些可见线仍然需要绘制,从而能更好地反映建筑的空间关系。下面就详细介绍其他可见线的绘制。

打开正交方式,将"剖面看线"层设置为当前层,设置对象捕捉方式为"端点"和"交点"捕捉方式。调用"line"命令,如图 9.33 所示先后点击 E、F 点,完成女儿墙看线的绘制。

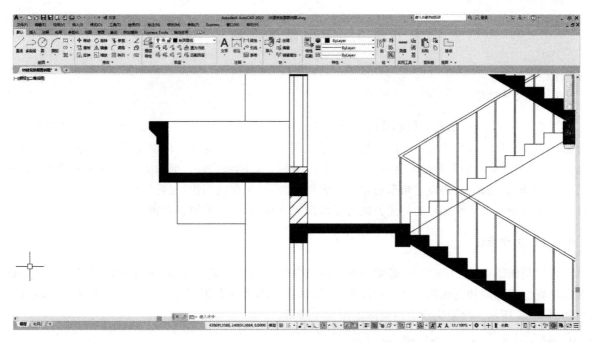

图 9.32 绘制好的雨篷图

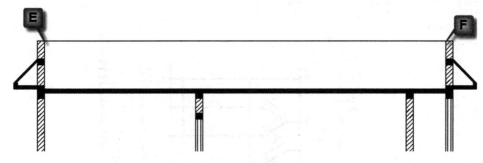

【扫码演示】

图 9.33 绘制好的女儿墙看线

参照上面的方法绘制出其他部位的看线,最终完成的看线图如图 9.34 所示。

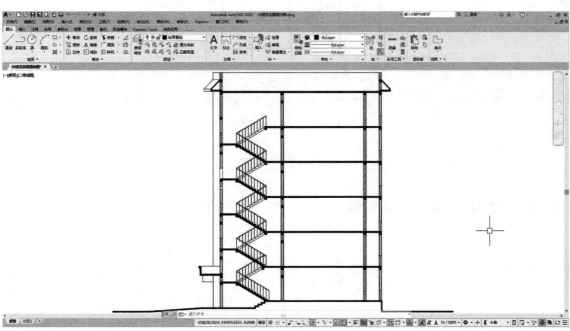

图 9.34 绘制好的看线图

9.9　剖面图标注

9.9.1　尺寸标注

在剖面图中,应该标出被剖切部分的必要尺寸,包括竖直方向剖切部位的尺寸和标高。外墙需要标注门窗洞口的高度尺寸以及相应位置的标高。在建筑剖面图中,还需要标注出轴线符号,以表明剖面图所在的范围,本节的剖面图需要标注出两条轴线的编号,分别是Ⓔ轴和Ⓐ轴。剖面图标高的标注方法与立面图相同,先绘制出标高符号,再以三角形的顶点作为插入基点,保存成图块,然后依次在相应的位置插入图块即可。剖面图细部尺寸和轴号的标注方法与平面图完全相同,在此不再多介绍。

9.9.2　文字标注

在建筑剖面图中,除了图名外,还需要对一些特殊的结构进行说明,比如详图索引、坡度等。文字标注的基本步骤与平面图和剖面图的文字标注基本相同,在此不再多介绍。完成尺寸标注和文字标注后的剖面图如图 9.35 所示。绘制完成的剖面图如图 9.1 所示。

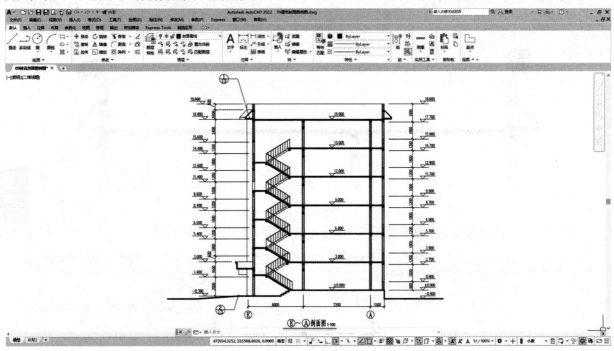

图 9.35　标注完成的剖面图

9.10　输　出　图　形

参照前面介绍过的打印方法,输出图形。

10 天正建筑应用初步

知识导读

本章对天正建筑绘制建筑施工图的流程作了介绍,并应用天正建筑软件绘制了前文的建筑平、立、剖面图,应用本章的基本方法和技巧,可以为绘制更复杂的建筑图奠定基础。

制作思路

本章先介绍天正建筑的基本绘图流程,接下来介绍天正选项设置以及天正自定义。

平面图绘制思路:首先绘制建筑轴网,接下来依次创建墙体、绘制阳台、插入门窗及楼梯等主要建筑元素,并在各个房间布置家具及卫生洁具,对图纸进行尺寸标注和必要的文字说明,最后将图纸添加到工程。

立面图绘制思路:首先根据工程管理自动生成立面图,接下来对自动生成的立面图进行修正与深化,并标注立面,最后插入图名后将图纸添加到工程。

剖面图绘制思路:首先根据工程管理自动生成剖面图,接下来对自动生成的剖面图进行修正与深化,并标注剖面,最后插入图名和图框。

知识重点

- 天正建筑基本绘图流程
- 建筑轴线网的绘制与编辑
- 墙体、阳台的绘制与修改
- 门窗的插入与修改
- 楼梯的创建
- 绘制首层、顶层及屋顶平面图
- 门窗表及工程管理
- 生成建筑立面图和剖面图
- 建筑立面图和剖面图的修正与深化
- 添加图名及图框

10.1 天正建筑概况

10.1.1 用天正建筑软件进行建筑设计的流程

天正建筑的主要功能可支持建筑设计各个阶段的需求,无论是初期的方案设计还是最后阶段的施工图设计。图 10.1 是包括日照分析与节能设计在内的建筑设计流程图。

10.1.2 天正选项

在"基本设定"页面中包括与天正建筑软件全局相关的参数,这些参数仅与当前图形有关,也就是说这些参数一旦修改,本图的参数设置会发生改变,但不影响新建图形中的同类参数。在对话框右上角提供了全屏显示的图标,更改高级选项内容较多,此时可选择使用。

命令:设置→天正选项

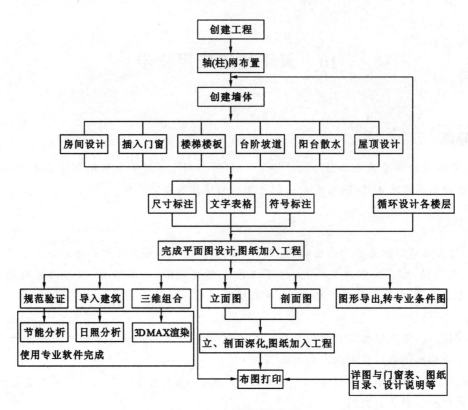

图 10.1　建筑设计流程图

执行此命令后弹出"天正选项"对话框,从中单击"基本设定""加粗填充""高级选项"选项卡进入各自的页面。在对话框下方有"恢复默认""导出""导入""确定""取消""应用""帮助"共 7 个按钮,提供了方便的参数管理功能,如图 10.2 所示。

图 10.2　天正"基本设定"选项卡

【当前比例】:天正默认的初始比例为 1∶100,本例中不作修改。本比例对已存在的图形对象没有影响,只影响新创建的天正对象。另外,还控制标注类和文本与符号类对象中的文字字高与符号尺寸,选择的比例越大,文字、符号就越小。

【当前层高】:设定本图的默认层高。本设定不影响已经绘制的墙、柱和楼梯的高度,只是作为以后生成的墙和柱的默认高度。用户不要混淆了当前层高、楼层表的层高、构件高度三个概念。

当前层高:仅仅作为新产生的墙、柱和楼梯的高度。

楼层表的层高:仅仅用在把标准层转换为自然层,并进行叠加时的 Z 向定位用。

构件高度:墙柱构件创建后其高度参数就与其他全局的设置无关,一个楼层中的各构件可以拥有各自独立的不同高度,以适应梯间门窗、错层、跃层等特殊情况需要。

【门窗编号大写】:选中后,图上门窗编号统一以大写字母标注,不管原始输入是否包含小写字母。本例中选中大写字母。

"加粗填充":专用于墙体与柱子的填充,提供各种填充图案和加粗线宽。共有"普通填充"和"线图案填充"两种填充方式,适用于不同材料的填充对象,后者专门用于墙体材料为填充墙和轻质隔墙,在"绘制墙体"命令中有多个填充墙材料可供设置。如图 10.3 所示,共有"标准"和"详图"两个填充级别,按不同当前比例设定不同的图案和加粗线宽,由用户通过"比例大于 1:××启用详图模式"参数进行设定,当前比例大于或小于设置的比例界限后切换模式,有效地满足了施工图中不同图纸类型填充与加粗详细程度不同的要求。

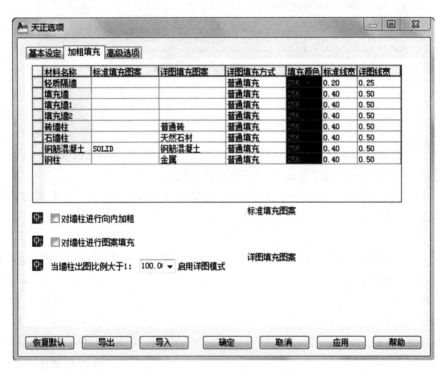

图 10.3　天正"加粗填充"选项卡

10.2　天正建筑平面图的绘制

本节将结合一座多层住宅楼介绍标准层建筑平面图的绘制(即前面介绍的 AutoCAD 绘制的平面图)。该建筑为一梯两户式砖混结构住宅楼,共六层,本例为该住宅的标准层(2～5 层)建筑平面图。

10.2.1　轴网的绘制与编辑

轴网是建筑设计和施工的重要依据,因此绘制建筑施工图首先要绘制轴网。天正建筑提供了专门的轴网绘制、编辑和标注命令。

(1) 轴网的绘制

命令:轴网柱子→绘制轴网

选择【轴网柱子】命令后弹出"绘制轴网"对话框,如图 10.4 所示。默认"直线轴网"面板,可确定直线轴网上、下开间及左、右进深方向的主要轴网尺寸。如果切换到"圆弧轴网",可通过夹角、进深、半径等数据确定弧形轴网。

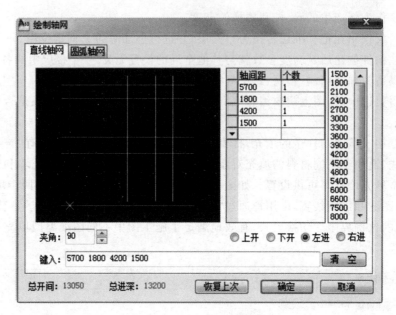

图 10.4　"绘制轴网"对话框

上开间/mm	3900 2700 3150 1950
下开间/mm	3900 3300 5850
左进深/mm	5700 1800 4200 1500

以上数据可通过键盘输入或鼠标选择。通过键盘输入时,每输入一个数据要按一下【空格】或【Enter】键。输入完所有的数据后单击"确定"按钮,命令行出现提示:

点取位置或 [转 90 度(A)/左右翻(S)/上下翻(D)/对齐(F)/改转角(R)/改基点(T)]〈退出〉:

在绘图区单击确定轴网左下角基点位置,结果如图 10.5 所示。

(2) 轴网的标注

轴网的标注主要是指标注轴号及轴线尺寸,一般用天正的【两点轴标】命令可快速规范地完成。

命令:轴网柱子→两点轴标

请选择起始轴线〈退出〉	单击左侧竖向第一条轴线的下端
请选择终止轴线〈退出〉:	单击右侧竖向第一条轴线的下端
请选择起始轴线〈退出〉	单击下侧横向第一条轴线的下端
请选择终止轴线〈退出〉:	单击上侧横向第一条轴线的下端

执行此命令后,会出现如图 10.6 所示对话框,选择"双侧标注"。设置完成后单击【空格】,标注结果如图 10.7所示。可见,在自动标注轴号的同时还标注了第一、第二道尺寸。第一道为总尺寸,第二道为轴线间的尺寸。

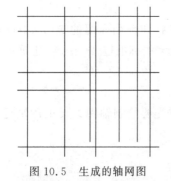

图 10.5　生成的轴网图

图 10.6　"轴网标注"对话框

提示:此处只是简单的标注,标注的修改在后面章节的尺寸标注中具体陈述。

(3) 轴网的修改

根据平面图修改轴网,主要用到 AutoCAD 的偏移、裁剪、延伸等命令。绘制完成后的图形如图 10.8 所示。

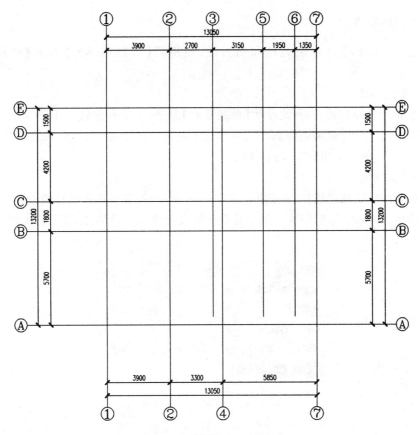

图 10.7 轴网标注后的图形

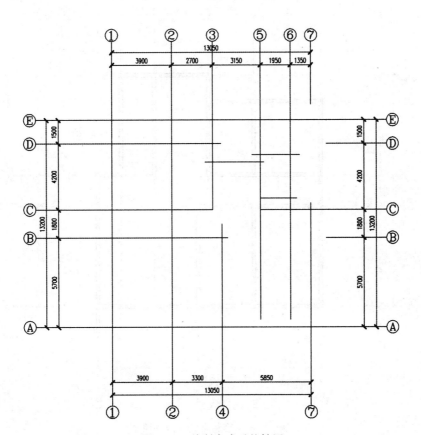

图 10.8 绘制完成后的轴网

【扫码演示】

10.2.2　绘制墙体和阳台

轴网绘制好后,接下来就是绘制墙体和阳台线,要用到【绘制墙体】命令和【楼梯其他】中的【阳台】命令。

（1）墙体的绘制与编辑

墙体的绘制主要有两种方式:一种是使用【单线变墙】命令,让所有轴线一下都变成双线墙体,然后再删除多余墙体;另一种是使用【绘制墙体】命令,沿轴线绘制需要的墙体,当然偶尔也会产生一些多余的墙体,可以在随后删除。本例中采用【绘制墙体】方式。

命令:墙体→绘制墙体

执行此命令后,会弹出"绘制墙体"对话框,如图 10.9 所示,设置好墙体的厚度、材料、用途等参数。本例中设置内外墙均为 240 mm 厚的砖墙。然后捕捉轴线交点绘制各段墙体,完成后关闭对话框,绘制结果如图 10.10 所示。

【扫码演示】

图 10.9　"绘制墙体"对话框

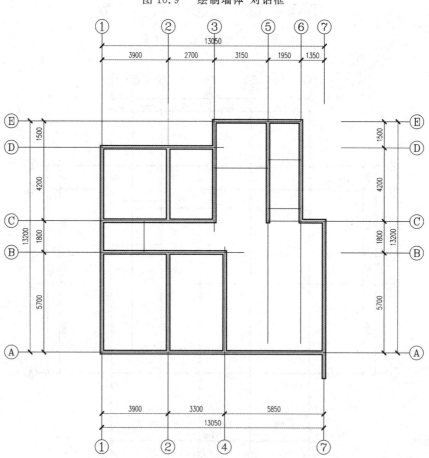

图 10.10　绘制完成的内外墙体

（2）绘制卫生间及厨房的隔墙

命令:墙体→绘制墙体

此时在"用途"中选择"卫生隔断",设置好厚度、材料等参数。参数设置成 120 mm 厚的砖墙,如图 10.11 所示。捕捉轴线交点绘制卫生间厨房的隔墙,绘制完成后的图形如图 10.12 所示。

图 10.11 绘制卫生隔断墙体

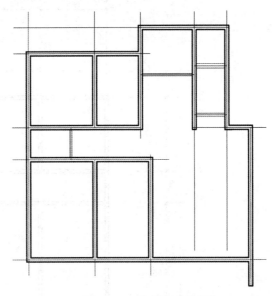

图 10.12 绘制完成的墙体

提示:对于弧线的墙体,则要采用"绘制弧墙"命令,操作可根据命令行的提示进行,与"绘制直墙"命令类似。如果要移动或旋转一段墙体,可以拖动它上面的夹点,操作既方便又快捷。

(3) 绘制阳台线

命令:楼梯其他→阳台

选择此命令后,弹出"绘制阳台"对话框如图 10.13 所示。工具栏中图标从左到右分别为凹阳台、矩形阳台、阴角阳台、偏移生成、任意绘制与选择已有路径绘制共六种阳台绘制方式,选择"阳台梁高"复选框后,输入阳台梁高度可创建梁式阳台。此处选择任意绘制,选择 A、B、C 三点绘制出阳台轮廓,根据提示及图 10.14 所示选择阳台靠近的墙体,绘制结果如图 10.15 所示。

图 10.13 "绘制阳台"对话框

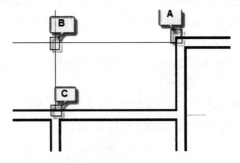

图 10.14 绘制阳台轮廓

命令:T81_TBalcony

起点〈退出〉:	选择 A 点
直段下一点或[弧段(A)/回退(U)]〈结束〉:	选择 B 点
直段下一点或[弧段(A)/回退(U)]〈结束〉:	选择 C 点
请选择邻接的墙(或门窗)和柱:找到 1 个	选择 A 点所在竖向外墙
请选择邻接的墙(或门窗)和柱:找到 1 个,总计 2 个	选择 C 点所在横向外墙
请选择邻接的墙(或门窗)和柱:	回车
请点取接墙的边:	选择 A 点所在竖向外墙
请点取接墙的边:	选择 C 点所在横向外墙

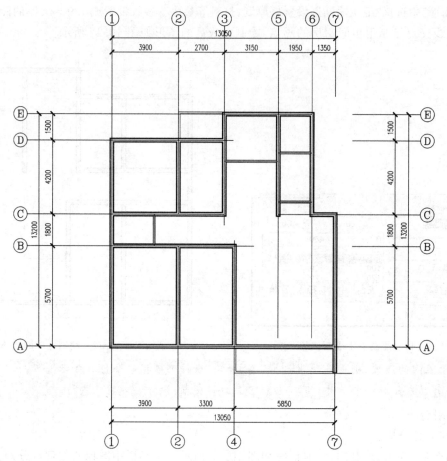

图 10.15　绘制完成的墙体和阳台

10.2.3　门窗的插入与修改

建筑工程中门窗有很多种类别,在天正建筑中都可以创建,而且创建方式也有多种,下面结合实例介绍其中的一部分类别和插入方式,其余的将在后面介绍。

(1) 插入普通门

首先,在Ⓒ轴线上 6、7 轴线之间插入一个宽 1000 mm、高 2100 mm 的单扇门,编号为 M1。

命令:门窗→门

执行该命令后,弹出"门窗参数"对话框,单击左右小窗口,分别选择门的平面和立面样式,然后设置门宽和门高等参数,如图 10.16 所示。

图 10.16　门窗参数设置

提示:在"门窗参数"对话框中,▣表示将采用墙段等分插入方式(在一个墙段上按墙体较短的一侧边线,插入若干个门窗,按墙段等分使各门窗之间墙垛的长度相等)插入门;选择▣表示要插入的是门(而不是窗或门洞等)。另外由于在"天正基本设定"中选择了"门窗编号大写"选项,所以,这里的编号无论大写还是小写,最终标注到图上都是大写。

设置好参数后,接下来按命令行提示交互操作:

命令:T81_TOpening

点取门窗大致的位置和开向(Shift—左右开)〈退出〉: 在墙上 P 点附近单击,如图 10.17 所示

门窗个数(1～1)〈1〉:1 输入在此墙段上门的个数

点取门窗大致的位置和开向(Shift—左右开)〈退出〉: 按空格键退出

插入一扇门的效果如图 10.18 所示。重复以上命令插入不同规格的门,在Ⓑ、Ⓒ轴线上插入宽 900 mm、高 2100 mm 的门,编号为 M2。但选择垛宽定距方式插入时,"门"对话框中会增加一项"距离"参数,垛宽就是门垛的宽度,这里定位 120,如图 10.19 所示。

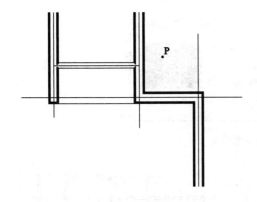

图 10.17 插入门示意图

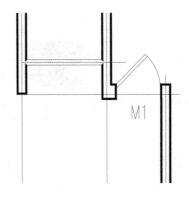

图 10.18 插入门后的图形

图 10.19 垛宽定距设置

在Ⓑ、Ⓒ轴线的四段卧室墙体上移动光标,会出现门的图形,而且光标位于墙的上侧门就向外开,处于下侧就向内开。

命令:T81_TOpening

点取门窗大致的位置和开向(Shift—左右开)〈退出〉: 在墙上 A 点附近单击,如图 10.20 所示

点取门窗大致的位置和开向(Shift—左右开)〈退出〉: 在墙上 B 点附近单击

点取门窗大致的位置和开向(Shift—左右开)〈退出〉: 在墙上 C 点附近单击

点取门窗大致的位置和开向(Shift—左右开)〈退出〉: 在墙上 D 点附近单击

点取门窗大致的位置和开向(Shift—左右开)〈退出〉: 按空格键退出

绘制好的图形如图 10.21 所示。

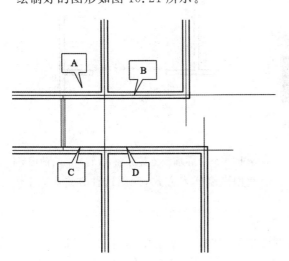

图 10.20 插入编号为 M2 的门

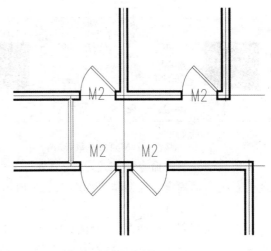

图 10.21 绘制好的图形

提示:按下 Shift 键可以改变门的开启方向,也可以在插入门窗之后改变其开启方向。选中门窗,出现夹点,将光标移到其中的一个夹点上,会提示"改变开启方向",拖动这个夹点就可以改变窗的内外方向;如果是门,则不仅可以改变内外方向,还可以改变左右方向。

重复以上命令,插入 M3(宽 800、高 2100)、M4(宽 800、高 2100)规格的卫生间及厨房门,这两个门的材质不同,采用垛宽定距方式插入,"距离"设定为 120。M3、M4 的参数设置见图 10.22、图 10.23,绘制结果如图 10.24 所示。

图 10.22　门(M3)的参数设置

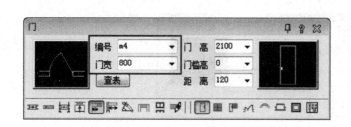

图 10.23　门(M4)的参数设置

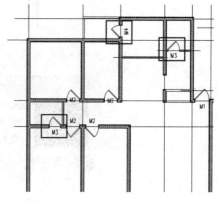

图 10.24　插入 M3、M4 后的平面图

由于需在Ⓐ轴上④、⑦轴之间墙体的中部插入门,所以选择□在墙段上等分插入门(M5),其参数设置见图 10.25。

命令:T81_TOpening

点取门窗大致的位置和开向(Shift—左右开)〈退出〉:　　　　　　　　在墙体附近单击

门窗个数(1~2)〈1〉:1　　　　　　　　　　　　　　　　　或直接按空格键插入 1 扇门

点取门窗大致的位置和开向(Shift—左右开)〈退出〉:　　　　　　　　按空格键结束

命令执行结束后,结果如图 10.26 所示。使用这种方式可在一段墙体上等间距地插入多扇门或窗。

图 10.25　门(M5)的参数设置

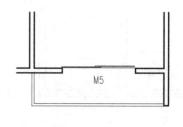

图 10.26　在墙段上等分插入门(M5)后的图形

采用前面介绍的命令和方式,插入另外一个门(M6)。使用满墙插入方式,使用这种方式时,门窗宽度参数由系统自动确定。绘制结果如图 10.27 所示。

(2)插入空门洞

用天正建筑创建空门洞,可分两种情况:一种是规则的矩形门洞,可通过"门窗参数"对话框中的□按钮直接创建;另一种是立面形状不规则的洞口,如拱形门洞,可用【异形洞】命令创建。这里介绍第一种情况,在⑤号轴线ⓒ、ⓔ轴之间墙体上创建一个 1000 的矩形门洞。如图 10.28 所示。

　　命令:T81_TOpening
　　点取门窗大致的位置和开向(Shift—左右开)〈退出〉:　　　　　　在墙体附近单击
　　门窗个数(1～2)〈1〉:1　　　　　　　　　　　　　　　　　　或直接按空格键插入 1 扇门
　　点取门窗大致的位置和开向(Shift—左右开)〈退出〉:　　　　　　按空格键结束

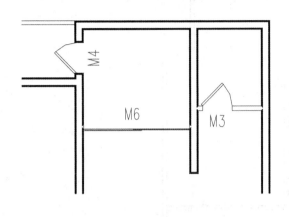

图 10.27　满墙插入门(M6)后的图形　　　　　图 10.28　插入空门洞(M7)后的图形

　　(3) 插入普通窗
　　门创建好后,接下来创建窗。使用的还是【门窗】命令,只是一些选项和参数设置不同。先插入一个普通窗,其位置在ⓐ、ⓓ轴线上①、②轴之间的墙体上,尺寸为宽 2100、高 1500、窗台高 900,编号为 C1。
　　执行【门窗】命令打开"门窗参数"对话框,选择▦插窗,插入方式选🔼墙段等分插入方式,图 10.29 所示为窗的相关参数。

图 10.29　窗(C1)的相关参数

　　命令:T81_TOpening
　　点取门窗大致的位置和开向(Shift—左右开)〈退出〉:　　　　　　在ⓐ轴墙体上单击
　　门窗个数(1～2)〈1〉:1　　　　　　　　　　　　　　　　　　或直接按空格键插入 1 扇窗
　　点取门窗大致的位置和开向(Shift—左右开)〈退出〉:　　　　　　在ⓓ轴墙体上单击
　　门窗个数(1～2)〈1〉:1　　　　　　　　　　　　　　　　　　或直接按空格键插入 1 扇窗
　　点取门窗大致的位置和开向(Shift—左右开)〈退出〉:　　　　　　按空格键结束

　　以同样的操作在ⓐ、ⓔ轴墙体上插入 C2(宽 1800)、C4(宽 1200),在ⓓ轴墙段上插入 C3(宽 1200),均采用🔼墙段等分插入方式。绘制结果如图 10.30 所示。

　　(4) 门窗的编辑
　　门窗的编辑包括门窗的删除、更改、替换等。要删除一个门窗,操作很简单,选中并按【Del】键即可,墙体会自动愈合。至于更改或替换门窗,情况则要复杂一些。
　　首先,更改 C1 窗的立面样式。双击ⓐ轴线上的 C1 窗,弹出"门窗参数"对话框,可以首先设定门窗的各项参数,如高、宽、平面及立面样式等,这里选择另一种立面样式,如图 10.31 所示。按"确定"按钮结束设置,这时命令行提示:
　　是否其他 1 个相同编号的门窗也同时参与修改?[是(Y)/否(N)]〈Y〉:
　　一般直接按【Enter】键,表示对标号相同的其他门窗做同样修改,或者说,以上修改适用于所有该编号的门窗。

【扫码演示】

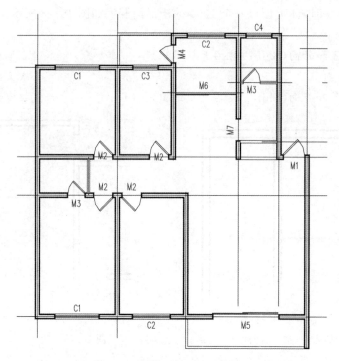

图 10.30　插入门窗后的图形

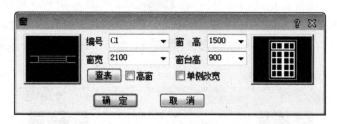

图 10.31　更改门窗样式

　　还有一种常用的门窗修改操作,称为"替换",适用于门窗的批量修改。如图 10.32 所示,先要将左下角的两扇 M1 门替换为窗,且编号改为 C3,就可以进行替换操作。

　　在视图中门 M1 上右击鼠标,选择弹出菜单上的【门窗替换】命令,打开"门窗参数"对话框,选择▣插窗,可以利用图中现有的一种门窗去替换,此处直接选择 C3。只需在"门窗参数"对话框中选择需要的门窗型号(即编号),再在视图中选择要替换的门窗并连续按两次空格键即可。也可以在"门窗参数"中设置一组新的参数替换现有门窗。以上各项参数设置好后,单击选中视图左下角的两扇 M1 门,然后连续按两次空格键,这两扇 M1 门就被替换为 C3 窗,如图 10.33 所示。

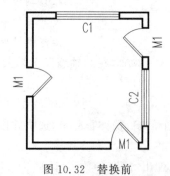

图 10.32　替换前

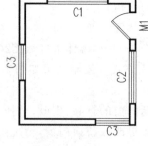

图 10.33　替换后

　　除了前面介绍的,还可以通过拖动夹点修改门窗。每个门或窗上有 5 个夹点,如图 10.34 所示。熟练操纵夹点进行编辑是用户应该掌握的高效编辑手段,夹点编辑的缺点是一次只能对一个对象操作,而不能一次更新多个对象,为此系统提供了各种门窗编辑命令。

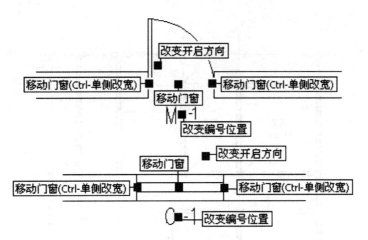

图 10.34　普通门、窗的夹点功能

10.2.4　房间面积与布置洁具

在已绘出的建筑平面图各房间内适当位置,还应注写出各房间的功能(名称)并宜注写房间净面积。房间面积按要求分为建筑面积、使用面积和套内面积等形式。

(1)房间面积的创建

本例采用"搜索房间"命令,本命令可用来批量搜索建立或更新已有的普通房间和建筑面积,建立房间信息并标注室内使用面积,标注位置自动置于房间的中心。如果用户编辑墙体改变了房间边界,房间信息不会自动更新,可以通过再次执行该命令更新房间信息或拖动边界夹点与当前边界保持一致。

命令:房间屋顶→搜索房间

点取菜单命令后,显示对话框如图 10.35 所示。

图 10.35　"搜索房间"对话框

命令：T81_TUpdSpace

请选择构成一完整建筑物的所有墙体(或门窗)：指定对角点：找到 53 个　框选平面图中的墙体

请选择构成一完整建筑物的所有墙体(或门窗)：　　　　　　　　　直接按空格键

请点取建筑面积的标注位置〈退出〉：　　　　　　　　　　　在建筑物外标注建筑面积

在使用【搜索房间】命令后,当前图形中生成房间对象显示为房间面积的文字对象,但默认名称需根据需要重新命名。双击房间对象进入"在位编辑"直接命名,也可选中后右击"对象编辑",弹出图 10.36 所示"编辑房间"对话框,用于编辑房间编号和名称。勾选"显示填充"后,可以对房间进行图案填充。

图 10.36　"编辑房间"对话框

操作完成后绘制结果如图 10.37 所示。

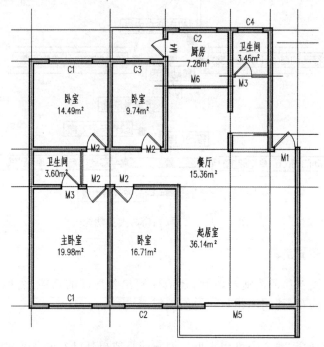

图 10.37　插入房间面积并操作完成后的图形

提示:【查询面积】命令动态查询由天正墙体组成的房间使用面积、套内阳台面积以及闭合多段线面积,并即时将创建面积对象标注在图上。光标在房间内时显示的是使用面积,注意本命令获得的建筑面积不包括墙垛和柱子凸出部分。功能与【搜索房间】命令类似,不同点在于显示对话框的同时可在各个房间上移动光标,动态显示这些房间的面积,不希望标注房间名称和编号时,去除"生成房间对象"的勾选,只创建房间的面积标注。命令默认功能是查询房间,如需查询阳台或者用户给出的多段线,可单击"查询面积"对话框工具栏的图标,如图 10.38 所示。

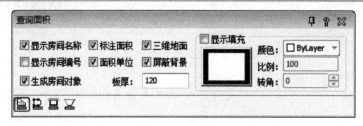

图 10.38　"查询面积"对话框

(2) 房间家具的布置

本节主要进行【布置洁具】的操作,其他的家具可以从相关的 CAD 素材集中插入。

【布置洁具】命令可以在卫生间或浴室中选取相应的洁具类型,布置卫生洁具等设施。

命令:房间屋顶→房间布置→布置洁具

点击菜单命令后,显示"天正洁具"对话框,如图 10.39 所示。

在对话框空间中选择不同类型的洁具后,系统自动给出与该类型相适应的布置方法。在右侧预览框中双击所需要布置的卫生洁具,根据弹出的对话框和命令行在图中布置洁具。单击"洗脸盆",右侧双击选定的"洗脸盆 05",显示"布置洗脸盆 05"对话框如图 10.40 所示。在对话框中设定洗脸盆的参数。选择![icon]沿墙内侧边线布置。

命令:T81_TSan

请选择沿墙边线〈退出〉:　　　　　　　　　　　　　　在墙体 A 处单击(图 10.41)

插入第一个洁具[插入基点(B)]〈退出〉:B　　　　　　选择插入基点

请选择洁具布置基点(墙角点):　　　　　　　　　　　点击在 A 的附近设置几点

下一个〈结束〉:　　　　　　　　　　　　　　　　　　按空格键结束

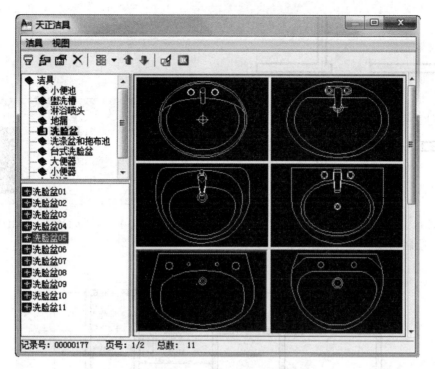

图 10.39 "天正洁具"对话框

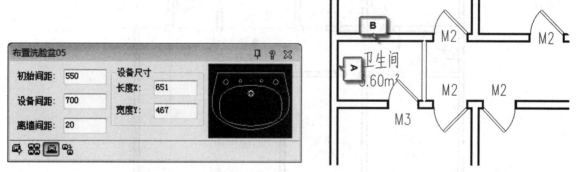

图 10.40 "布置洗脸盆 05"对话框   图 10.41 布置洁具示意图

单击"大便器",右侧双击选定的大便器,显示"布置坐便器 04"对话框,如图 10.42 所示。

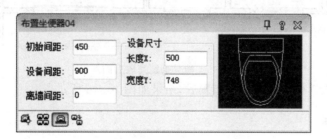

图 10.42 "布置坐便器 04"对话框

命令:T81_TSan

请选择沿墙边线〈退出〉:	在墙体 B 处单击(图 10.41)
插入第一个洁具[插入基点(B)]〈退出〉:B	选择插入基点
请选择洁具布置基点(墙角点):	点击在 B 的附近设置几点
下一个〈结束〉:	按空格键结束

绘制结果如图 10.43 所示。

同理插入右上角的卫生间,单击"浴缸",右侧双击选定的浴缸,显示"布置浴缸 06"对话框,如图 10.44 所示。

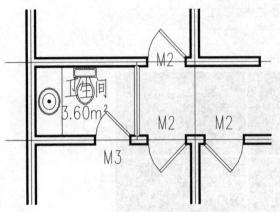

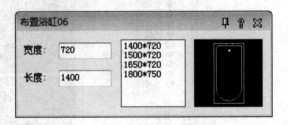

图 10.43　绘制完成后的洁具布置　　　　　　图 10.44　"布置浴缸 06"对话框

洁具绘制完成后结果如图 10.45 所示。

【扫码演示】

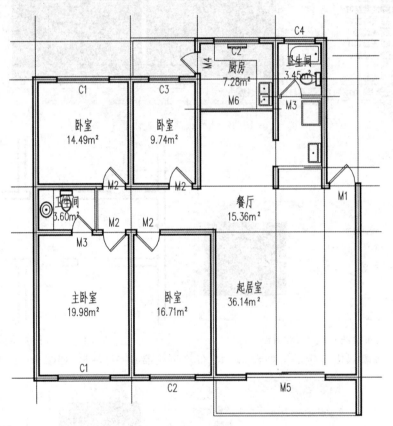

图 10.45　洁具绘制完成后的图形

使用同样的方法完成其他房间的家具布置后,结果如图 10.46 所示。

10.2.5　楼梯的创建

该住宅楼单元平面的左半部分已经绘制完成。下面通过调用"mirror"命令,镜像复制出单元平面图的右半部分。将楼梯部分的墙体补充完整,楼梯间的窗定义为 C5(宽 1200)并居中插入。绘制结果如图 10.47 所示。

天正建筑 8.2 提供了有自定义对象建立的基本梯段对象,可创建直线梯段、圆弧梯段与任意梯段,由梯段进而组合成常用的双跑楼梯、多跑楼梯。双跑楼梯具有梯段可改为坡道、标准平台可改为圆弧平台等灵活特性。各种楼梯与柱子在平面相交时,楼梯可以被柱子自动裁剪。双跑楼梯的上下行方向标识符号可以自动绘制。

双跑楼梯是最常见的楼梯形式,由两个直线梯段、一个休息平台、一个或两个扶手和一组或两组栏杆构成。双跑楼梯对象内包括常见的构件组合形式变化,如是否设置两侧扶手、中间扶手在平台是否连接、设置扶手伸出长度、有无梯段边梁(尺寸需要在特性栏中调整),休息平台是半圆形或矩形等,尽量满足建筑的个性化要求。

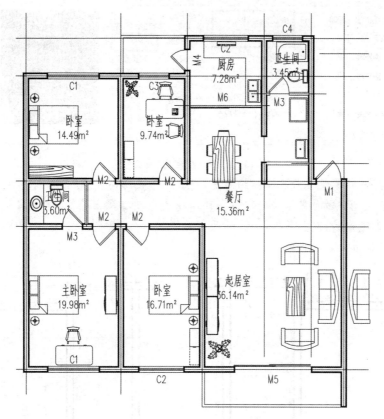

图 10.46 完成家具布置后的图形

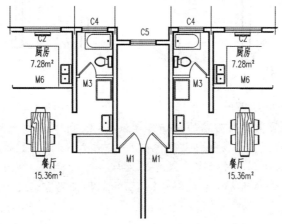

【扫码演示】

图 10.47 镜像并添加 C5 窗后的图形

下面创建标准层的双跑楼梯。

命令:楼梯其他→双跑楼梯

执行命令后,弹出"双跑楼梯"对话框,设置楼梯的相关参数,如图 10.48 所示。

命令:T81_TRStair

点取位置或[转 90 度(A)/左右翻(S)/上下翻(D)/对齐(F)/改
转角(R)/改基点(T)]〈退出〉: * 取消 *

请输入梯间宽度〈取消〉:指定第二点:　　　　　　　　　　　　在屏幕上先点取 A 点再点取 B 点,
　　　　　　　　　　　　　　　　　　　　　　　　　　　　　　量取梯间宽,如图 10.49 所示

点取位置或[转 90 度(A)/左右翻(S)/上下翻(D)/对齐(F)/改
转角(R)/改基点(T)]〈退出〉:　　　　　　　　　　　　　　　　点取 A 点

点取位置或[转 90 度(A)/左右翻(S)/上下翻(D)/对齐(F)/改

转角(R)/改基点(T)]〈退出〉：　　　　　　　　　　　　　　　**按右键或空格结束**

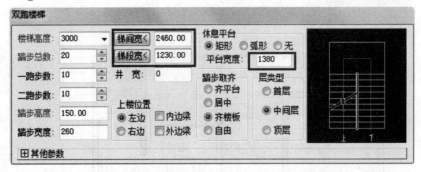

图 10.48 "双跑楼梯"对话框

提示： "楼梯高度"一般等于当前层高；"梯间宽"一般等于楼梯间净开间尺寸，可以单击"梯间宽"按钮，在图中量取；"梯段宽"等于(梯间宽－井宽)/2，也可以在图中量取；"上楼位置"决定第一跑是在左边还是右边；"层类型"允许选择首层、中间层或顶层，从而决定楼梯的构造和表达。

楼梯绘制完成后如图 10.50 所示。

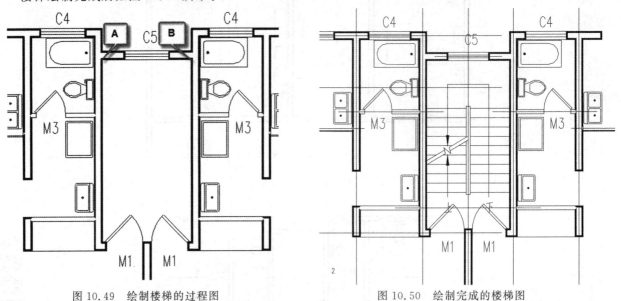

图 10.49　绘制楼梯的过程图　　　　　　　　　图 10.50　绘制完成的楼梯图

提示： TArch 8.2 新增加了基于新对象的多种特殊楼梯，包括"双分平行楼梯""双分转角楼梯""双分三跑楼梯""交叉楼梯""剪刀楼梯""三角楼梯""矩形转角楼梯"，考虑了各种楼梯在不同边界条件下的扶手和栏杆设置，楼梯和休息平台、楼梯扶手的复杂关系的处理。各种楼梯与柱子在平面相交时，楼梯可以被柱子自动裁剪；可以自动绘制楼梯的方向箭头符号，楼梯的剖切位置可通过剖切符号所在的踏步数灵活设置。

10.2.6　尺寸及符号标注

尺寸标注是设计图纸中的重要组成部分，图纸中的尺寸标注在国家颁布的建筑制图标准中有严格的规定，直接沿用 AutoCAD 本身提供的尺寸标注命令不适合建筑制图的要求，特别是编辑尺寸时尤其显得不便，为此软件提供了自定义的尺寸标注系统，完全取代了 AutoCAD 的尺寸标注功能，分解后退化为 AutoCAD 的尺寸标注。

（1）轴网标注

轴网的标注包括轴号标注和尺寸标注，轴号可按规范要求用数字、大写字母、小写字母、双字母、双字母间隔连字符等方式标注，尽管轴网标注命令能一次完成轴号和尺寸的标注，但轴号和尺寸标注两者属独立存在的不同对象，不能联动编辑，用户修改轴网时应注意自行处理。

将镜像后的平面图重新标注轴线，一般用天正的"两点轴标"命令可快速规范地完成。绘制结果如图 10.51 所示。

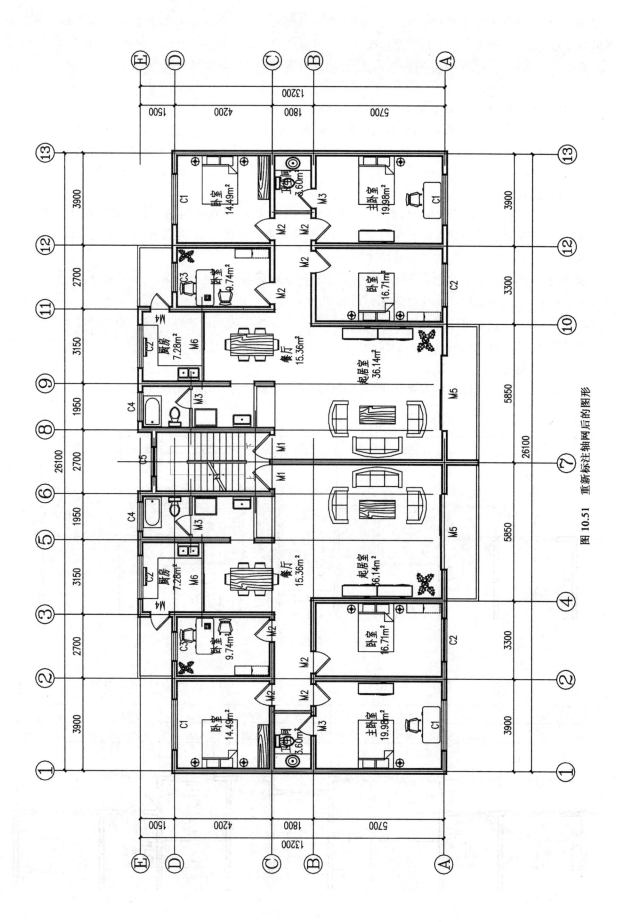

图 10.51　重新标注轴网后的图形

提示: 轴线的编辑包括添加轴线、编辑轴线、更新轴线尺寸等操作。如果想修改轴号,双击轴号并输入新的轴号即可,有时并不希望某些轴号在图形两侧同时显示,如楼梯间的轴线⑦,要去掉上面的⑦轴号,可以双击图形上面的⑦轴号的绿色圆圈或尺寸界线,然后根据命令行提示进行操作:

命令:T81_TObjEdit

选择[变标注侧(M)/单轴变标注侧(S)/添补轴号(A)/删除轴号(D)/单轴变号(N)/重排轴号(R)/轴圈半径(Z)]〈退出〉:S

在需要改变标注侧的轴号附近取一点:

输入 S 进行单轴变标注侧操作 在上面的⑦轴号的尺寸界线上单击,上面轴号消失

(2)门窗标注

本命令适合标注建筑平面图的门窗尺寸,有两种使用方式:一是在平面图中参照轴网标注的第一、二道尺寸线,自动标注直墙和圆弧墙上的门窗尺寸,生成第三道尺寸线;二是在没有轴网标注的第一、二道尺寸线时,在用户选定的位置标注出门窗尺寸线。

提示:【门窗标注】 命令创建的尺寸对象与门窗宽度具有联动的特性。在发生门窗移动、夹点改宽、对象编辑、特性编辑和格式刷特性匹配等事件,导致门窗宽度发生线性变化时,线性的尺寸标注将随门窗的改变联动更新。注意:目前带型窗、角窗、弧窗还不支持门窗标注的联动;通过镜像、复制创建新门窗也不属于联动范围,不会增加新的门窗尺寸标注。

命令:尺寸标注→门窗标注

执行命令后,拖动光标将所有要标注的门窗框选至一个窗口内,如图 10.52 所示。

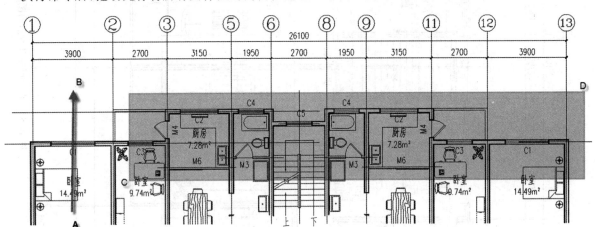

图 10.52 门窗标注示意图

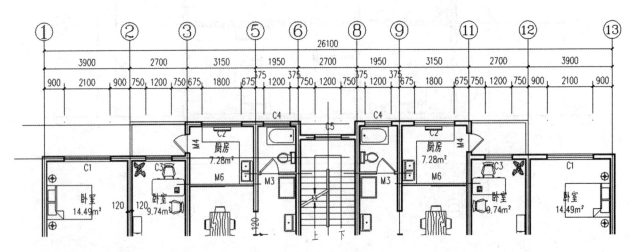

图 10.53 完成北侧门窗标注图

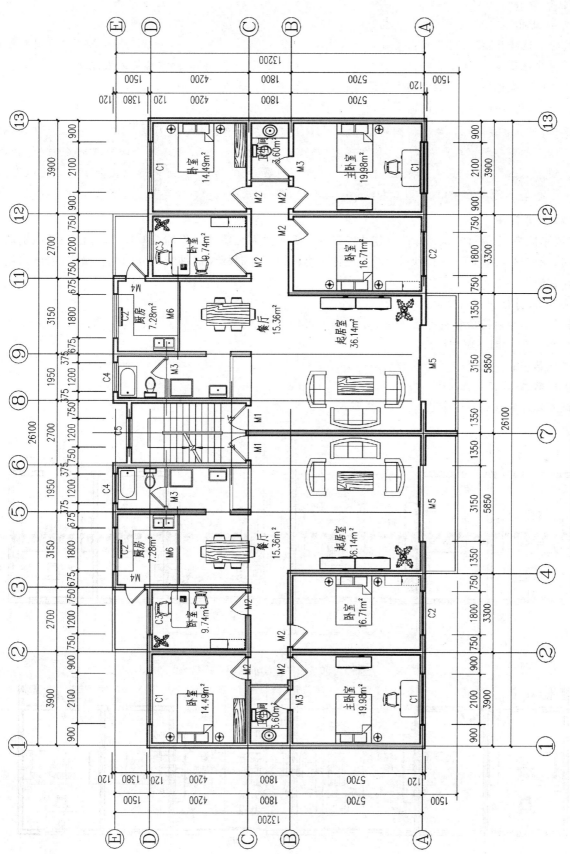

图10.54 完成后的门窗标注图

命令：T81_TDim3

请用线选第一、二道尺寸线及墙体：

起点〈退出〉：　　　　　　　　　　　　　　　　在 A 点单击

终点〈退出〉：　　　　　　　　　　　　　　　　在 B 点单击

选择其他墙体：指定对角点：找到 12 个，总计 12 个　　先点击 C 点后点击 D 点进行框选

选择其他墙体：　　　　　　　　　　　　　　　　按空格键或右键结束

完成以上操作后，北外墙上的门窗尺寸被标注，如图 10.53 所示。

同样的，将其他外墙进行门窗标注，结果如图 10.54 所示。

　　提示：用天正建筑标注命令得到的尺寸标注，是天正建筑特有的自定义对象，其特点是：三道尺寸中每一道尺寸线都是一个单独的连续对象，可以用"move"命令分别移动，从而便于调整其间距与位置。用 AutoCAD 标注命令得到的尺寸标注，其每一个区间为一个对象，第二、三道尺寸往往由多个区间组成，也就分成多个单独的对象，当需要整体调整一道尺寸时不如天正建筑标注命令用得方便。

（3）墙厚标注

　　"墙厚标注"命令可一次标注两点连线经过的一至多段天正墙体对象的墙厚尺寸，标注中可识别墙体的方向，标注出与墙体正交的墙厚尺寸，在墙体内有轴线存在时标注以轴线划分的左右墙宽，墙体内没有轴线存在时标注墙体的总宽。

　　命令：尺寸标注→墙厚标注

　　执行此命令后按命令行提示及图 10.55 所示操作：

　　命令：T81_TDimWall

直线第一点〈退出〉：　　　　　　　　　　　　　单击 P1 点

直线第二点〈退出〉：　　　　　　　　　　　　　单击 P2 点

墙厚标注完成后的图形，如图 10.56 所示。

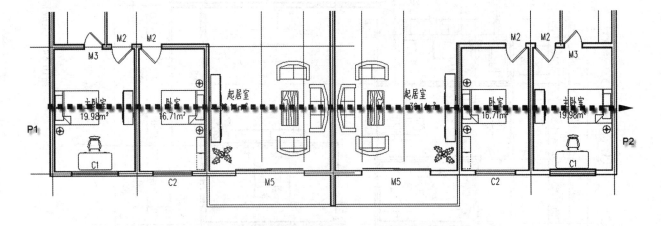

图 10.55　墙厚标注示意图

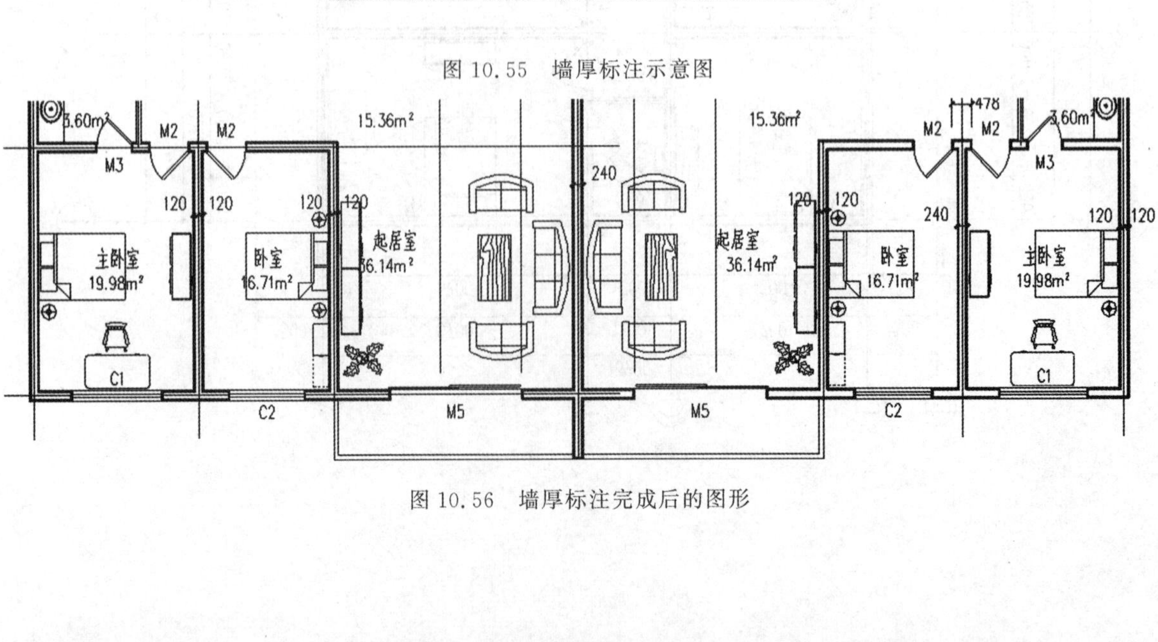

图 10.56　墙厚标注完成后的图形

（4）逐点标注

"逐点标注"命令是一个通用的灵活标注工具,对选取的一串给定点沿指定方向和选定的位置标注尺寸。特别适用于没有指定天正对象特征,需要取点定位标注的情况,以及其他标注命令难以完成的尺寸标注。

命令:尺寸标注→逐点标注

执行此命令后,按命令行提示及图 10.57 所示进行操作:

命令:T81_TDIMMP

起点或[参考点(R)]〈退出〉:　　　　　　　　　　　　　　　　　单击 A 点

第二点〈退出〉:　　　　　　　　　　　　　　　　　　　　　　　单击 B 点

请点取尺寸线位置或[更正尺寸线方向(D)]〈退出〉:　　　　　　　向外拉伸适当距离

请输入其他标注点或[撤消上一标注点(U)]〈结束〉:　　　　　　　按空格键或右键结束

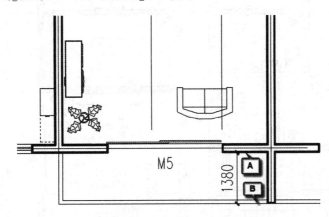

图 10.57　逐点标注绘制示意图

天正建筑还有一些标注命令,但本例中使用以上命令就可以完成所有尺寸标注,利用以上三种标注在图中细节部分进行标注,结果如图 10.58 所示。

（5）符号标注

符号标注对象是天正建筑的另一种自定义对象,便于重复使用,通过夹点拖动编辑、双击进入对象编辑,可方便地修改符号。尺寸标注完成后,接下来进行符号标注。这里将进行剖切符号、地面标高、图名标注以及指北针等符号的标注。

① 绘制剖切符号。剖切符号用于标明剖面图的剖切位置。在天正建筑中,要生成剖面图,就要求平面图中标注有剖切符号。当需要多个剖面图时,各剖面图就按照剖切符号的名称和方向生成。本例中就有一个经过楼梯间的剖面图,下面标注其具体剖切位置。

命令:符号标注→剖面剖切

执行该命令后按命令行提示及图 10.59 所示操作:

命令:T81_TSection

请输入剖切编号〈1〉:　　　　　　　　　　　　　　　　　　　按空格键认可编号 1

点取第一个剖切点〈退出〉:　　　　　　　　　　　　　　　　　单击 A 点

点取第二个剖切点〈退出〉:　　　　　　　　　　　　　　　　　单击 B 点

点取下一个剖切点〈结束〉:　　　　　　　　　　　　　　　　　按空格键或右键结束定点操作

点取剖视方向〈当前〉:　　　　　　　　　　　　　　　　　　　单击 C 点确定向右剖视

② 用【标高标注】命令标注平面各处标高。本命令用于平、立、剖面图的楼地面标高的标注,既可标注绝对标高,也可标注相对标高,标注三角形符号可选空心或实心。

本命令在 TArch 8.2 中进行了较大的改进,在界面中分为两个页面,分别用于建筑专业的平面图标高标注、立(剖)面图楼面标高标注以及总图专业的地坪标高标注、绝对标高和相对标高的关联标注;地坪标高符合总图制图规范的三角形、圆形实心标高符号;提供可选的两种标注排列;标高数字右方或者下方可加注文字,说明标高的类型。标高文字新增了夹点,需要时可以拖动夹点移动标高文字。

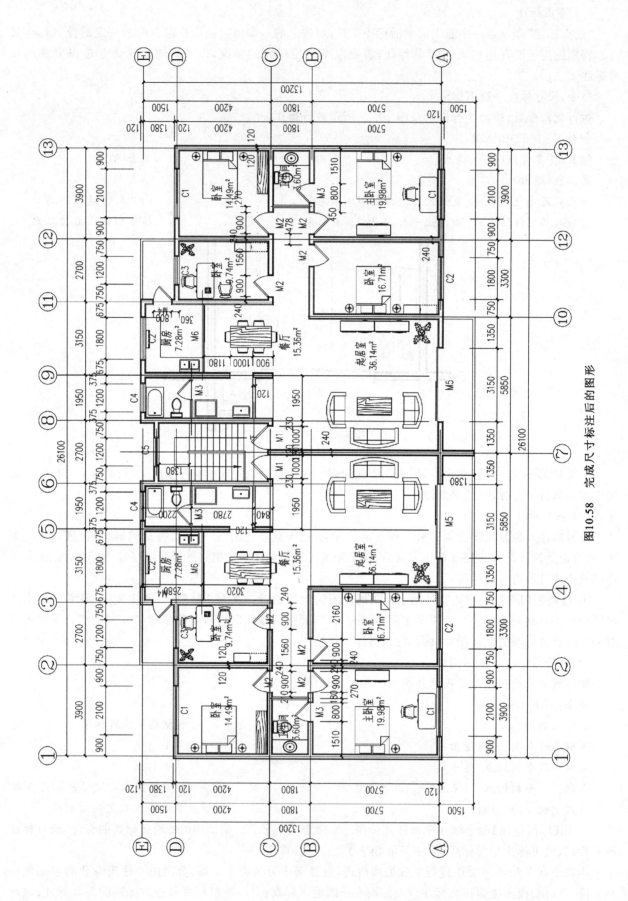

图10.58　完成尺寸标注后的图形

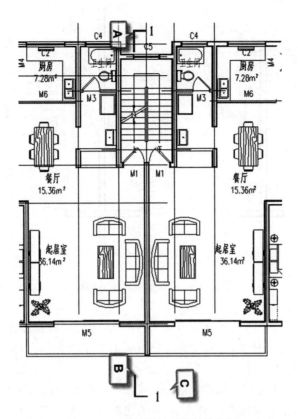

图 10.59　【剖面剖切】绘制示意图

命令：符号标注→标高标注

执行该命令后弹出"标高标注"对话框，选中"手工输入"选项，在左侧框中输入标高值 3.000、6.000、9.000、12.000、15.000，并勾选"楼层标高自动加括号"，如图 10.60 所示。接下来在起居室空白处单击，根据命令行提示进行操作：

命令：T81_TMELEV

请点取标高点或[参考标高(R)]〈退出〉：　　　　　　　　　　　　　在起居室空白处单击

请点取标高方向〈退出〉：　　　　　　　　　　　　　　　　　　单击 A 点

下一点或[第一点(F)]〈退出〉：　　　　　　　　　　　　　　　　单击空格键或右键结束

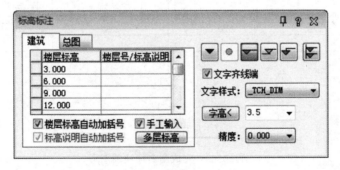

图 10.60　"标高标注"对话框

结果如图 10.61 所示。

提示：标高标注分为动态和静态两种状态，默认为静态标注，可通过菜单"符号标注→静态标注"在静态与动态之间切换。标注平面标高时，应处于静态标注状态，这样，复制、移动标高符号后数值保持不变（需要的话，也可以双击修改）。标注立、剖面图标高时，宜在动态标注状态进行，这样，当标高符号移动或复制后，标高会随目标点位置动态取值。

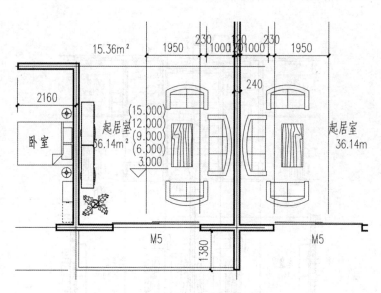

图 10.61　完成标高标注后的图形

（6）图名和指北针

按建筑制图规定，需要在每个图形下方标出该图的图名，并且同时标注比例。天正建筑"图名标注"命令产生的图名是属于天正自定义对象，绘图比例变化时图名文字的大小会自动调整。

命令：符号标注→图名标注

执行此命令后，弹出"图名标注"对话框，这里输入"2～6 层平面图"，然后选择图名及比例的文字样式，这里都选 STANDARD，至于其他参数或选项，可采用默认设置，如图 10.62 所示。

图 10.62　"图名标注"对话框

设置完成后，在图中单击确定图名位置，如图 10.63 所示。

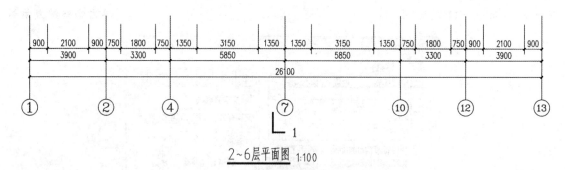

2~6层平面图 1:100

图 10.63　完成图名标注的图形

【扫码演示】

最后，用【画指北针】命令在图上绘制一个国际规定的指北针符号，并确定指北针的方向。

命令：符号标注→画指北针

执行此命令后，在图中单击确定指北针中心点位置，然后移动光标确定指北针方向，单击鼠标正式确定指北针方向。

绘制完成后的标准平面图如图 10.64 所示。

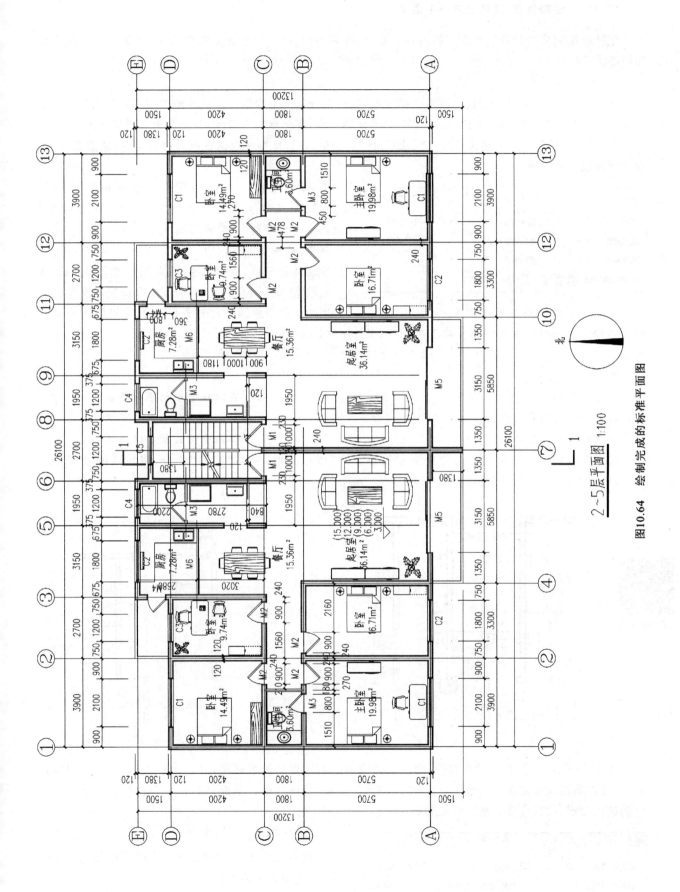

图10.64 绘制完成的标准平面图

• 190 • 　　　　　　　　10　天正建筑应用初步

10.2.7　绘制首层、顶层及屋顶平面图

在已绘制完成的标准层平面图的基础上修改、补充得到首层、顶层和屋顶平面图,便于直接生成立面和剖面。

(1)绘制首层平面

首层平面图与标准层轴网、承重墙柱基本相同,这部分基本不用修改。室外坡道、台阶、散水等是首层所特有的,要添加。将已绘制好的标准层平面图复制一份,在此基础上修改,并命名为首层平面图。

① 修改楼梯间。双击楼梯间进入"双跑楼梯"对话框,在层类型中点击首层,按"确定"按钮退出,可以看到楼梯已自动调整。

图 10.65　"台阶"对话框

② 添加室内外高差台阶。此步骤可以直接用 AutoCAD 直线命令,先将楼梯层置为当前图层,再画出三级台阶。或者利用"楼梯其他"中的"台阶"命令绘制。

命令:楼梯其他→台阶

执行此命令后,弹出"台阶"对话框如图 10.65 所示。点取 ⬚ 选择已有路径绘制,按命令行提示操作。

用矩形命令绘制平台的平面图形,先点取 A 点再点取 B 点绘制好平台的平面图形。接下来用"台阶"命令生成台阶,其实,同时也会生成平台。如图 10.66 所示。

命令:T81_TStep

请选择平台轮廓〈退出〉　　　　　　　　　点取视图中的平台轮廓

请点取没有踏步的边:　　　　　　　　　　点取左右两条以及下侧一条边

请点取没有踏步的边:　　　　　　　　　　单击空格键或右键结束

按照此操作添加一层入口处的台阶和坡道。用"楼梯其他"中的"坡道"命令,将坡道的宽度定为1500,插入入口处,绘制结果如图 10.67 所示。

【扫码演示】

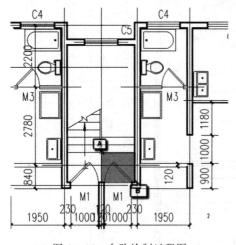

图 10.66　台阶绘制过程图

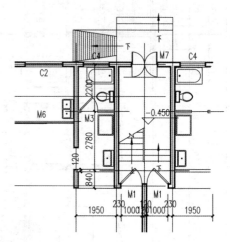

图 10.67　完成台阶和坡道绘制后的图形

③ 进行散水的绘制。"散水"命令通过自动搜索外墙线绘制散水对象,可自动被凸窗、柱子等对象裁剪,也可以通过勾选复选框或者对象编辑,使散水绕壁柱、绕落地阳台生成;阳台、台阶、坡道、柱子等对象自动遮挡散水,位置移动后遮挡自动更新。

图 10.68　"散水"对话框

命令:楼梯其他→散水

执行此命令后,弹出"散水"对话框如图 10.68所示,完成散水的绘制。

绘制结束后,添加符号标注,绘制完成的首层平面图如图 10.69 所示。

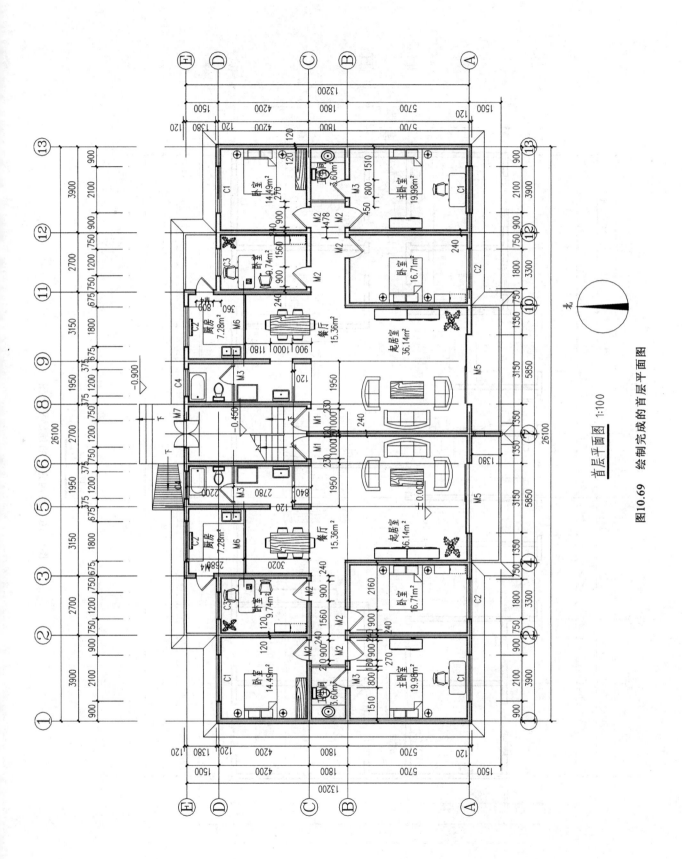

首层平面图 1:100

图10.69 绘制完成的首层平面图

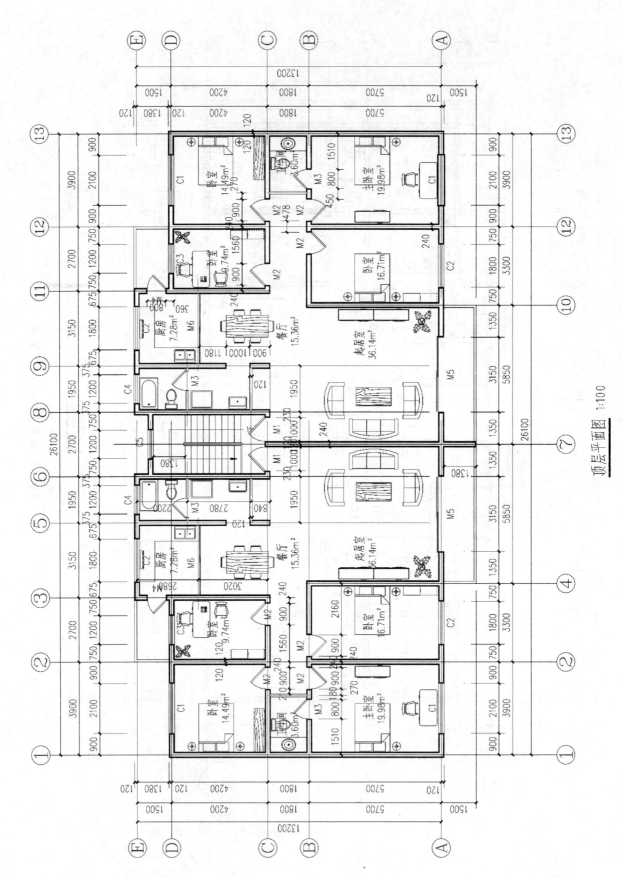

顶层平面图 1:100

图10.70　绘制完成的顶层平面图

（2）绘制顶层平面

与首层平面类似,顶层平面图也可以在标准层平面图基础上修改、补充得到。这里只需把楼梯的层类型修改为顶层,并修改图名标注即可。完成后的顶层平面图如图 10.70 所示。

（3）绘制屋顶平面

屋顶平面图可在标准层平面图基础上绘制。不过,按照屋顶平面图的绘制设计要求,标准层的构件除了墙柱外,其他都没有必要保留。所以,除墙柱外的对象和标注都可以删除。

再复制出一份标准层平面图,将图名改为"屋顶平面图"。

① 删除多余对象

删除屋顶范围以外的多余对象,只保留轴线、轴号及轴线标注,其他的都可以删除。为了避免误删除轴线,可以先将轴线图层冻结。简化后的屋顶平面图如图 10.71 所示。

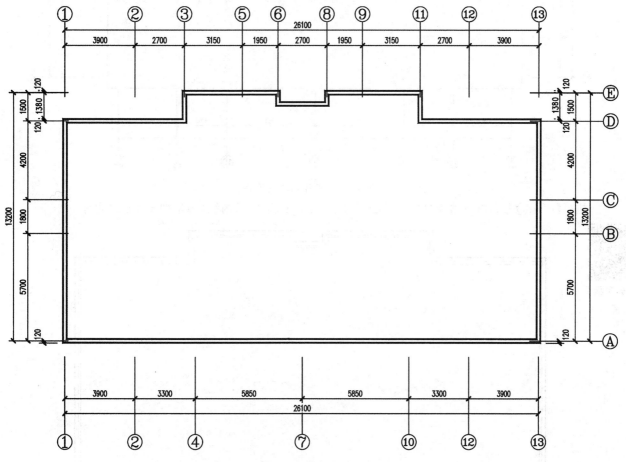

图 10.71 简化后的屋顶平面图

② 生成屋顶边界线

为创建坡屋顶,首先要生成屋顶边界线和屋顶平面的外轮廓线。这可以使用天正建筑提供的"搜屋顶线"命令来完成。

命令:房间屋顶→搜屋顶线

执行该命令后按命令行提示操作:

命令:T81_TRoflna

请选择构成一完整建筑物的所有墙体(或门窗):指定对角点:找到 14 个　　　框选所有墙体

请选择构成一完整建筑物的所有墙体(或门窗):　　　　　　　　　　　　　按空格键结束选择

偏移外皮距离〈600〉　　　　　　　　　　　　　　　　　　　　　　　　单击空格键或右键结束

完成操作后生成屋顶线,并删除墙体,如图 10.72 所示。

③ 绘制檐沟线。利用屋顶线可以偏移得到檐沟线,而且必须在生成坡屋顶之前完成。因为生成坡屋顶之后屋顶线就没有了,那时就不可能再用它复制出其他线条。

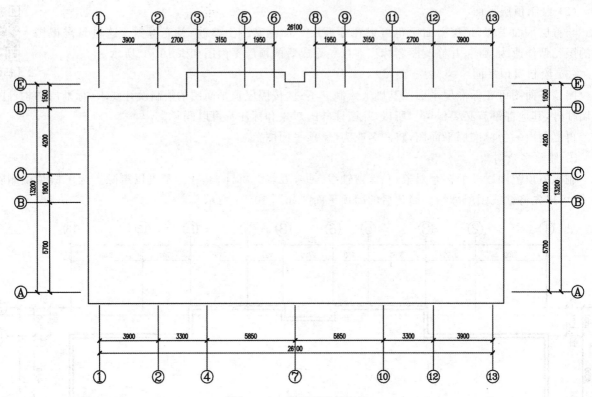

图 10.72　搜屋顶线的绘制

执行【offset】命令由屋顶线分别向外偏移 60、200、120，生成檐沟线，结果如图 10.73 所示。

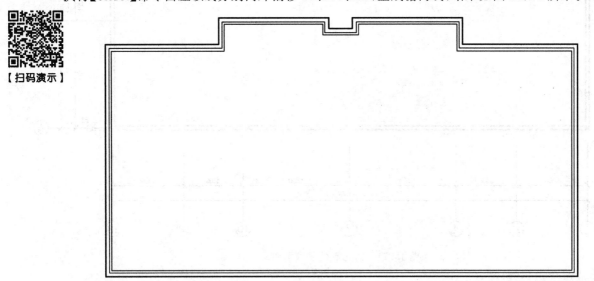

【扫码演示】

图 10.73　绘制好的檐沟线

④ 生成坡屋顶。这里，需要生成由多个坡屋面组成的复杂坡屋顶，可以使用天正建筑的"任意坡顶"命令，它可以相同的初始坡度生成多个坡屋面，之后，可以双击各坡屋面修改相应的坡度。

命令：房间屋顶→任意坡顶

执行该命令后按命令行提示操作：

命令：T81_TSlopeRoof

选择一封闭的多段线〈退出〉：　　　　　　　　　　　　　　框选所有墙体

请输入坡度角〈30〉：　　　　　　　　　　　　　　　　　　按空格键结束选择

出檐长〈600〉：　　　　　　　　　　　　　　　　　　　　　单击空格键或右键结束

完成操作后生成坡屋顶，如图 10.74 所示。

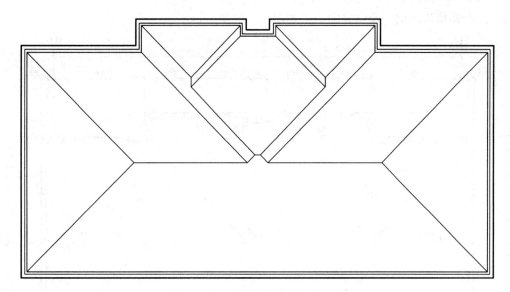

图 10.74 绘制完成的任意坡屋顶

⑤ 调整轴线及尺寸。首先删除上下的第二道尺寸线,然后在任意尺寸线上右击鼠标选择"裁剪延伸"命令,按命令行提示操作:

命令:T81_TDimTrimExt

请给出裁剪延伸的基准点或[参考点(R)]〈退出〉:   单击①轴线上方的点

要裁剪或延伸的尺寸线〈退出〉:   在①、⑬轴之间任意位置单击

删除多余的尺寸线及轴号,结果如图 10.75 所示。

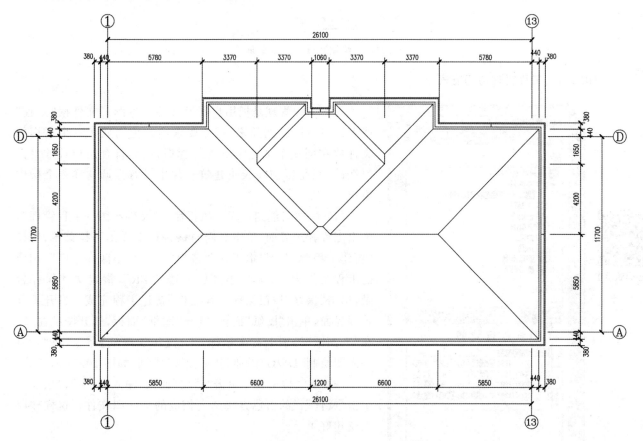

图 10.75 完成尺寸标注后的屋顶平面图

补充坡屋顶各部位与轴线的标注。使用【逐点标注】命令,在檐口外边缘、屋顶坡脚、屋脊处单击,以标注它们与附近轴线的距离,并标注屋面坡度。使用【箭头引注】命令,绘制雨水管、分坡线并标注檐沟坡向。用【Circle】命令绘制小圆形,表示雨水管平面位置;用【Line】命令绘制檐沟分坡线;用【箭头引注】命令标注

檐沟内水流方向,即檐沟坡向。绘制好的结果如图 10.76 所示。

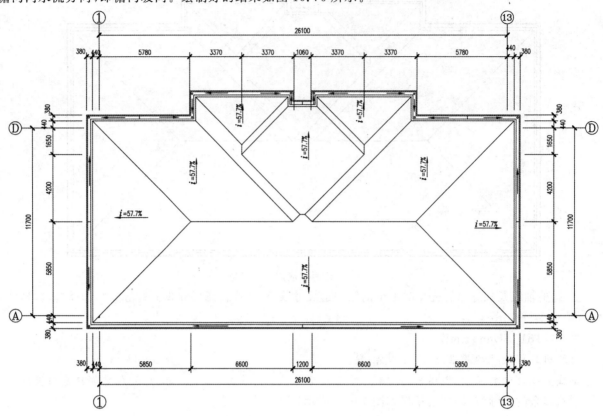

屋顶平面图 1:100

图 10.76 绘制完成的屋顶平面图

10.2.8 工程管理与门窗表

图 10.77 "工程管理"对话框

天正工程管理是把用户所设计的大量图形文件按"工程"或者说"项目"区别开来,首先要求用户把同属于一个工程的文件放在同一个文件夹下进行管理,这是符合用户日常工作习惯的,只是以前在天正建筑软件中没有强调这样一个操作要求。

(1)添加图纸到工程。执行命令"文件布图→工程管理",弹出工程管理界面,单击右侧的▇按钮会弹出下拉菜单,选择"新建工程"命令,将本工程命名为"×××小区住宅楼",相应的工程文件为"×××小区住宅楼. TPR",指定文件保存目录,单击"保存"按钮保存工程文件,新建工程完成。打开工程管理界面,单击"图纸"面板,打开"图纸"面板,打开图纸窗口,在"平面图"类别上右击鼠标,执行【添加图纸】命令,将"1201平面图绘制.DWG"添加到"平面图"类别,如图 10.77 所示。

(2)建立楼层表。单击"楼层"面板,输入"层号"、"层高",单击"文件"栏的白色方块选定相应的平面图文件。这样楼层表就建好了。

(3)建立门窗表。点击"工程管理"的▇(门窗总表)按钮生成门窗表,绘制结果如图 10.78 所示。

门窗表

类型	设计编号	洞口尺寸(mm)		数量			
		宽度	高度	1层	2~5层	6层	合计
门	M1	1000	2100	2	2X4=8	2	12
	M2	900	2100	8	8X4=32	8	48
	M3	800	2100	4	4X4=16	4	24
	M4	800	2100	2	2X4=8	2	12
	M5	3150	2100	2	2X4=8	2	12
	M6	2910	2100	2	2X4=8	2	12
	M7	1200	2100	1			1
窗	C1	2100	1500	5	5X4=20	5	30
	C2	1800	1500	4	4X4=16	4	24
	C3	1800	1500	2	2X4=8	2	12
	C4	1200	1500	2	2X4=8	2	12
	C5	1200	1500		1X4=4	1	5
墙洞		1000	1800	2	2X4=8	2	12

图 10.78 生成的门窗表

10.3 天正建筑立面图的绘制

10.3.1 检查楼层表

【扫码演示】

　　要生成立面图,事先要建好楼层表。由于前面绘制平面图时已经建立了楼层表,这里就只需要检查一下是否正确就可以了。另外,为了便于指定出现在立面图上的轴线,这里应打开平面图。打开平面图后进入到工程管理界面,查看图纸组成及楼层表。如果图纸组成及楼层表不正确应在此纠正。

10.3.2 生成立面图

　　建立楼层表后,若单击"楼层"面板中的■(三维组合建筑模型)按钮,就可以生成建筑的三维模型。这里不需要制作三维模型,可直接单击■(建筑立面)按钮生成立面,也可以执行"立面"菜单内的"建筑立面"命令。操作如下:

　　命令:T81_TBudElev

　　请输入立面方向或[正立面(F)/背立面(B)/左立面(L)/右立面(R)]〈退出〉:B　　　　　　　　　　　　　　　　　　　B表示背立面

　　请选择要出现在立面图上的轴线:找到1个　　　　　　　点取①轴线

　　请选择要出现在立面图上的轴线:找到1个,总计2个　　点取⑬轴线

　　请选择要出现在立面图上的轴线:　　　　　　　　　　按空格键或右键结束

　　操作到这里会弹出如图 10.79 所示对话框,用于设置相关参数。

　　完成设置后,单击 [生成立面] 按钮,输入文件名选择文件位置,计算机经过运算会自动生成立面,如图10.80所示。

【扫码演示】

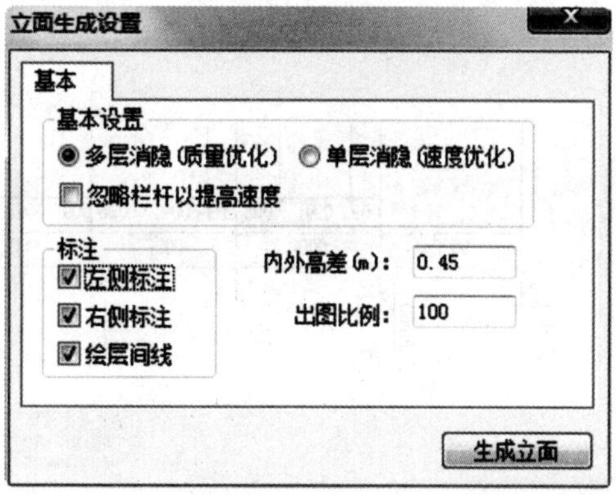

图 10.79 "立面生成设置"对话框

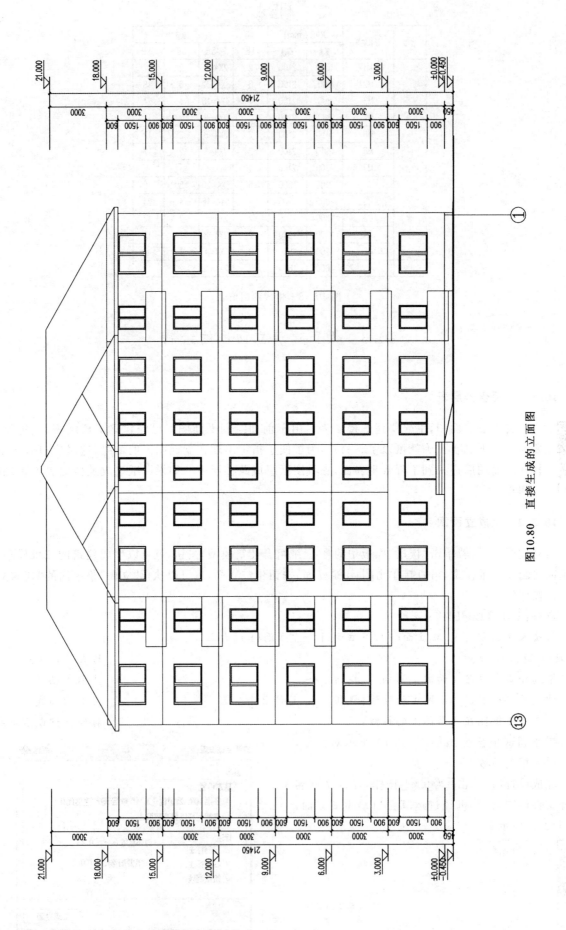

图10.80　直接生成的立面图

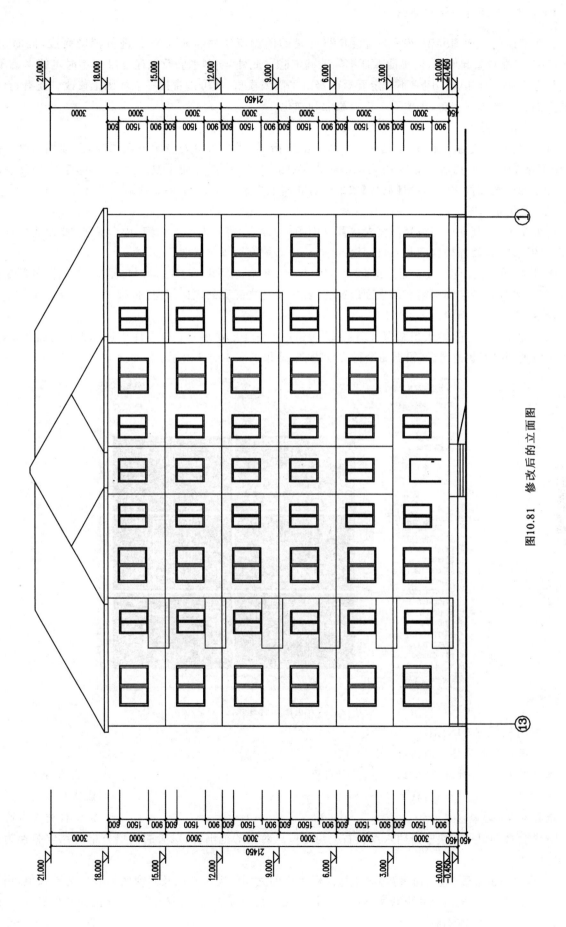

图10.81 修改后的立面图

10.3.3　修正与深化立面图

天正建筑的立面图和剖面图是通过自行开发的消隐算法对自定义对象进行消隐而成,同时,也对AutoCAD三维对象起作用,但不能保证都能准确消隐。此外,绘制平面及创建三维模型时可能考虑不周,也会导致立面局部错误。用户不一定要返回修改平面或模型,而可以直接在立面图上修改。还有,自动生成的立面图一般不够完善,需要手工进行添加和细化。

(1) 修正立面图

首先,观察生成的立面图,发现室内外高差出现错误,楼梯入口处台阶方向错误,屋顶檐口处交接模糊,接下来修改这些内容。主要用到 AutoCAD 中的命令,将地坪向下复制间距 450,室内外高差改为900,修正台阶线和散水线,并用【裁剪】命令修剪立面上多余的线头,结果如图 10.81 所示。

(2) 深化立面图

此处主要介绍【立面门窗】【门窗参数】【立面阳台】命令,将立面中的门窗、阳台替换、修改为立面门窗图库中的图块,并添加楼梯间与入口雨篷的细节,最后填充屋顶与墙面。

① 替换图中的门窗。【立面门窗】命令用于替换、添加立面图上门窗,同时也是立、剖面图的门窗图块管理工具,可处理带装饰门窗套的立面门窗,并提供了与之配套的立面门窗图库。

命令:立面→立面门窗

执行此命令后,显示"天正图库管理系统"对话框如图 10.82 所示。在图库中选择所需门窗图块,然后单击上方的门窗替换图标,根据命令行提示操作,结果如图 10.83 所示。

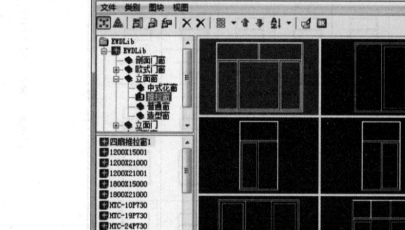

图 10.82　"天正图库管理系统"对话框

命令:T81_TEWINLIB

选择图中将要被替换的图块:

选择对象:指定对角点:找到 6 个,总计 6 个　　　　　　　　　　　　框选 A 至 B

选择对象:指定对角点:找到 6 个,总计 12 个　　　　　　　　　　　框选 C 至 D

选择对象:　　　　　　　　　　　　　　　　　　　　　　　　　按空格键或右键结束

程序会自动识别图块中由插入点和右上角定位点对应的范围,以对应的洞口方框等尺寸替换为指定的门窗图块。

② 修改门窗参数。【门窗参数】命令把已经生成的立面门窗尺寸以及门窗底标高作为默认值,用户修改立面门窗尺寸,系统按尺寸更新所选门窗。用此命令修改靠近楼梯间处的卫生间的窗户的相关参数。

命令:立面→门窗参数

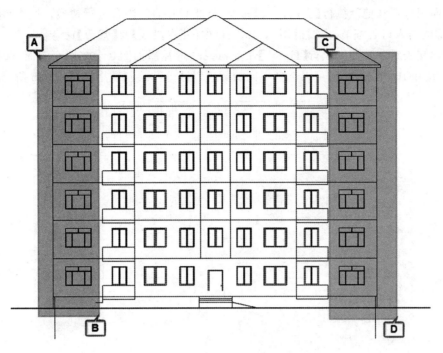

图 10.83 立面门窗绘制示意图

执行此命令后,按命令行提示操作:

命令:T81_TEWPara

选择立面门窗:	选择一层需要修改的一窗
选择立面门窗:	回车结束
底标高〈900〉:1500	键入新值回车
高度〈1400〉:900	键入新值回车
宽度〈1200〉:1200	键入新值回车

这样卫生间的窗户就变成了高窗,将此窗户复制至其他楼层,并将楼梯间的窗户也改为宽 1200 mm 且位于楼层中间处,并将其他的门窗也进行相应的替换,绘制结果如图 10.84 所示。

图 10.84 完成门窗参数后的图形

③ 替换立面阳台及其他。执行【立面阳台】命令,将此时立面的阳台进行替换。操作与【立面门窗】类似。再深化楼梯间与入口处细节,主要运用 AutoCAD 中的【多段线】及【裁剪】命令。

④ 以图案填充表示屋瓦面。执行【Hatch】命令,选择"弯瓦屋面"1∶100 填充屋面,选择"BRICK"填充墙身,选择"AR-B816"填充勒脚,可以选择不同的颜色以区分。绘制结果如图 10.85 所示。

图 10.85 填充后的立面图

10.3.4 标注立面

立面图中的主要尺寸已经自动标注,下面再加注一些标注、符号和文字。在天正建筑中,标高属于符号标注类别。

【扫码演示】

(1)进行标高标注。进行立面和剖面标高标注,可先选择菜单【符号标注】/【静态标注】切换到动态标注模式,这样,标高符号在立面移动时能自行测出所在位置的标高。接下来,执行【标高标注】命令,即可在需要的部位添加标高标注。

(2)进行详图索引标注。执行"索引符号"命令,对雨篷进行详图索引标注。绘制结果如图10.86所示。

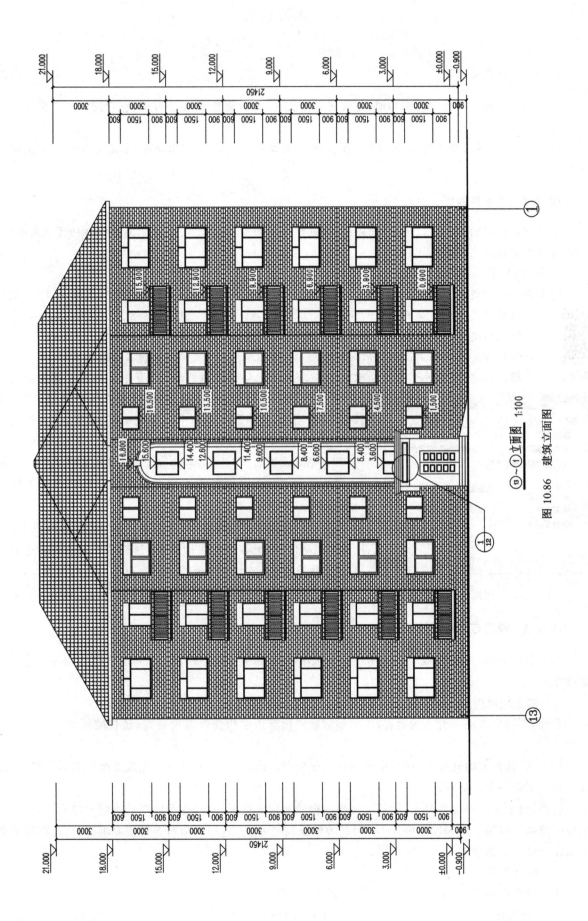

①~⑬立面图 1:100

图 10.86 建筑立面图

10.4　天正建筑剖面图的绘制

10.4.1　检查楼层表

剖面图的生成步骤与立面图相似,先要建好楼层表,并检查楼层表是否正确。另外,为了便于指定剖切位置,应打开平面图。

打开平面图,进入到工程管理界面,查看图纸组成及楼层表。如果图纸组成及楼层表不正确应在此纠正。

10.4.2　生成剖面图

在工程管理界面中,单击"楼层"面板中的 ▦（建筑剖面）按钮,或者执行【剖面】菜单中的【建筑剖面】命令就可以生成建筑剖面图。

命令:T81_TBudSect

请选择一剖切线:　　　　　　　　　　　　　　　　　　点取标准层平面图中的1—1剖切线

请选择要出现在剖面图上的轴线:　　　　　　　　　点取Ⓐ轴线

请选择要出现在剖面图上的轴线:　　　　　　　　　点取Ⓓ轴线

请选择要出现在剖面图上的轴线:　　　　　　　　　按空格键或右键结束

操作到这里,软件会自动弹出如图10.87所示的对话框,用于设置相关参数。这里可以勾选"忽略栏杆以提高速度"选项,忽略对栏杆的计算,以缩短生成时间。当然,其结果是剖面中不生成栏杆、扶手,但天正建筑提供了在剖面中生成楼梯栏杆及扶手的命令。

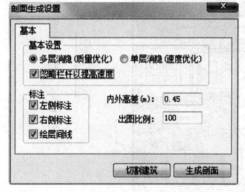

图 10.87　"剖面生成设置"对话框

完成设置后,单击 生成剖面 按钮,输入文件名"1—1剖面图",生成剖面图。剖面图生成过程中已经自动进行了尺寸标注,如图10.88所示。

提示:要生成剖面图,要求平面图中有【剖面剖切】或【断面剖切】命令标注的剖切符号,但并不要求这些符号必须标注在底层平面,在其他楼层也可以生成剖面的图形,以生成剖面时点取的剖切线为准。

10.4.3　修正与深化剖面图

与立面图类似,自动生成的剖面图,一方面有少量错误,需要修正;另一方面内容也不尽完善,需要深化。

（1）修正剖面图

首先,删除多余线。就本例而言,主要删除坡屋顶与楼层相交处多余短线,延长坡屋顶至能遮住开放阳台。

接下来,修改室内外高差,这是由于前面绘图失误造成的,可在此纠正。删除多余线条后,用【多段线】命令将最下面一条线加粗。

另外,由于首层楼梯要过人,故首层楼梯的梯段与标准层不一样,在平面图的绘制中没有涉及,需在剖面图中修改。将第一跑梯段数设为13,第二跑梯段数设为7。这样则会符合规范要求,同时在首层平面图中做相应修改。结果如图10.89所示。

（2）深化剖面图

相对立面图而言,剖面图中需要进行的深化工作更多,下面分别介绍。

① 绘制楼板剖面。由于在绘制平面没有生成楼板模型,生成的剖面图中就没有楼板,可以用【剖面】

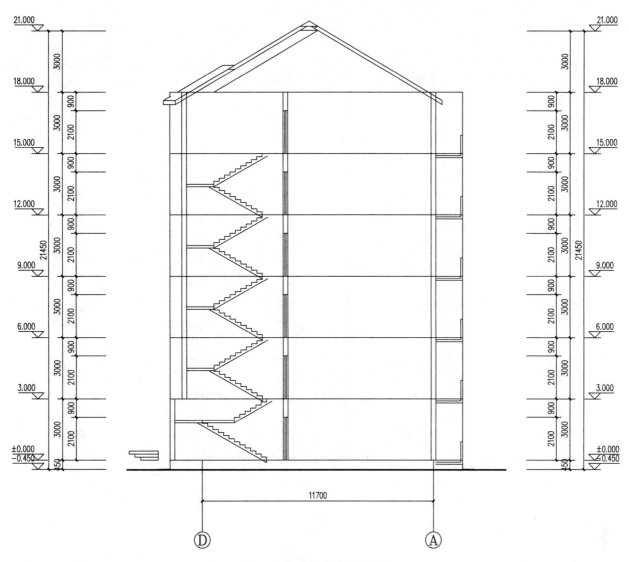

图 10.88 自动生成的剖面图

菜单中的【双线楼板】命令添加。

命令：sdfloor

请输入楼板的起始点〈退出〉：　　　　　　　　　　　　　　点取一层楼板的起始点 A

结束点〈退出〉：　　　　　　　　　　　　　　　　　　　　点取楼板的结束点 B

楼板顶面标高〈3000〉：　　　　　　　　　　　　　　　　　按空格键确定

楼板的厚度（向上加厚输负值）〈200〉：　　　　　　　　　　按空格键接受默认值

　　结束命令后，按指定位置绘出双线楼板。绘制结果如图 10.90 所示。其他楼层的楼板可由此直接复制完成。

　　② 绘制剖面梁。由于一般不在平面图中创建梁模型，因此，剖面图中也就没有剖面梁。这里可以用【剖面】菜单中的【加剖断梁】命令添加楼梯梯段的截面梁。

命令：剖面→加剖断梁

命令：sbeam

请输入剖面梁的参照点〈退出〉：　　　　　　　　　点取 A 点（图 10.91）

梁左侧到参照点的距离〈100〉：　　　　　　　　　输入 200

　　梁右侧到参照点的距离〈150〉：　　　　　　　　　　　输入 0

　　梁底边到参照点的距离〈300〉：键入包括楼板厚在内的梁高，然后绘制

剖断梁，剪裁楼板底线　　　　　　　　　　　　　按空格键接受默认值

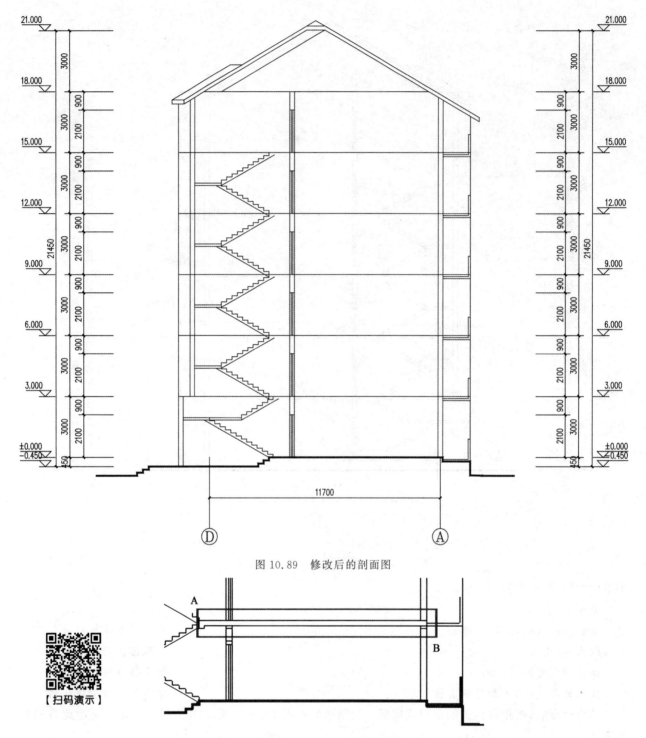

图 10.89　修改后的剖面图

图 10.90　绘制完成的双线楼板

【扫码演示】

梯段截面梁绘制完毕,结果如图 10.92 所示。以此方法绘出其他梯段以及楼板上的圈梁,绘制结果如图 10.93 所示。

③ 绘制雨篷。由于平面图没有绘制雨篷,故剖面图也不会生成,在此深化雨篷的剖面绘制。此处主要用到 AutoCAD 的命令。绘制结果如图 10.94 所示。

④ 绘制剖面门窗。由于剖面中楼梯间外墙没有窗户,故需要在此用【剖面门窗】命令添加窗户。先添加楼梯入口处的门及窗。根据以下命令提示操作,绘制结果如图 10.95 所示。

命令:剖面→剖面门窗

命令:T81_TSectWin

请点取剖面墙线下端或[选择剖面门窗样式(S)/替换剖面

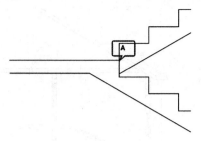

图 10.91　加剖断梁绘制过程图

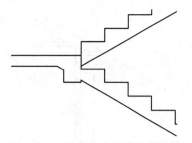

图 10.92　绘制完成的梯段截面梁

门窗(R)/改窗台高(E)/改窗高(H)]〈退出〉:　　　　　　　　　点取墙体下端

　　门窗下口到墙下端距离〈900〉:0　　　　　　　　　　　　　　输入 0

　　门窗的高度〈1500〉:2100　　　　　　　　　　　　　　　　　输入门的高度 2100

　　门窗下口到墙下端距离〈0〉:1500　　　　　　　　　　　　　　输入上面的门窗下端距此门窗

　　　　　　　　　　　　　　　　　　　　　　　　　　　　　　　上端的距离

　　门窗的高度〈2100〉:600　　　　　　　　　　　　　　　　　　输入窗的高度 600

　　门窗下口到墙下端距离〈1500〉:　　　　　　　　　　　　　　按 Esc 键取消

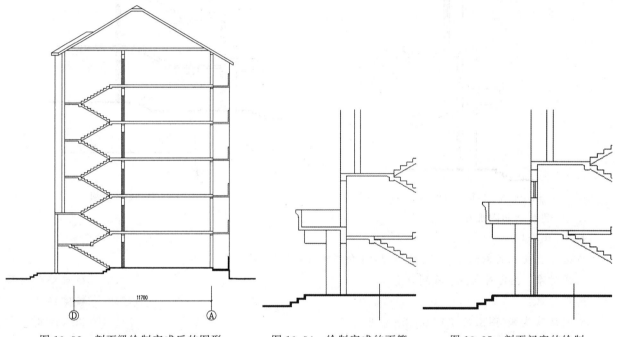

图 10.93　剖面梁绘制完成后的图形　　　　图 10.94　绘制完成的雨篷　　　　图 10.95　剖面门窗的绘制

随后,按此方法依次添加上层的窗户,或者添加一个后复制得到如图 10.96 所示结果。

⑤ 绘制过梁。【加剖断梁】命令可绘制通用的矩形截面梁,如果要绘制门窗上面的过梁,可使用【门窗过梁】命令。

　　命令:剖面→门窗过梁

　　命令:T81_MCGL

　　选择需加过梁的剖面门窗:指定对角点:找到 12 个,总计 12 个　　　　框选所有的门窗

　　选择需加过梁的剖面门窗:　　　　　　　　　　　　　　　　　　　按空格键结束选择

　　输入梁高〈120〉:　　　　　　　　　　　　　　　　　　　　　　　按空格键选择默认值

执行此命令后,在窗户上方自动生成过梁断面,如图 10.97 所示。

⑥ 加粗被剖轮廓线。根据建筑制图的要求,被剖到的对象,其轮廓线应以较粗的实线表示,这可以用天正建筑的【居中加粗】或【向内加粗】命令快速实现。这两个命令可以将 S_STAIR(楼梯)、S_WALL(墙体)等以"S_"开头的图层上的线加粗。所以,假如有手工添加的线条,且希望用这两个命令加粗,那么应将线置于以上这些图层。【居中加粗】和【向内加粗】命令的区别:前者是在原线两侧加粗,而后者在原线内侧加粗。这里,用【向内加粗】命令加粗被剖切到的梁、雨篷、楼梯、楼板、地板、室外台阶等。

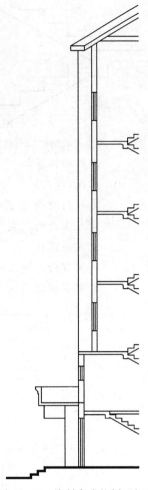
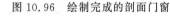

图 10.96　绘制完成的剖面门窗

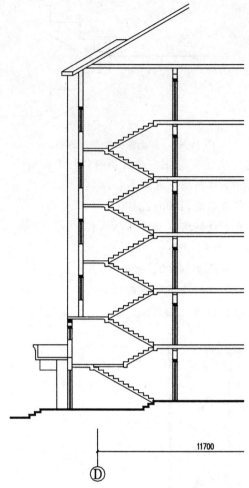

11700

Ⓓ

图 10.97　门窗过梁的绘制

命令:剖面→向内加粗

命令:sltopli2

请选取要变粗的剖面墙线、梁板楼梯线(向内侧加粗)〈全选〉:

选择对象:指定对角点:找到 345 个	框选整个剖面
选择对象:	按空格键
请确认墙线宽(图上尺寸)〈0.40〉:0.2	输入线宽
请确认墙线宽(图上尺寸)〈0.40〉:0.2	输入线宽
请确认墙线宽(图上尺寸)〈0.40〉:0.2	输入线宽

操作完成后,被剖到的线条被加粗到 0.2 宽,如图 10.98 所示。

⑦ 填充断面材料。首先填充钢筋混凝土材料,涉及的构件有雨篷、楼板、楼梯、过梁,填充前先选中并删除过梁截面内的深灰色色块,这里就直接将其填充为"solid"。剖面填充可用 AutoCAD 的【Hatch】命令,也可以使用天正建筑"剖面"菜单内的【剖面填充】命令,这里采用【Hatch】命令。然后填充墙体材料,填充结果如图 10.99 所示。

⑧ 添加楼梯栏杆与扶手。执行【楼梯栏杆】和【参数栏杆】命令,都可以在剖面图中生成栏杆,但前者只能生成简单的直栏杆,而后者可生成多种甚至用户自制的栏杆。在本例中,将用【参数栏杆】生成栏杆。

命令:剖面→参数栏杆

执行此命令后弹出"剖面楼梯栏杆参数"对话框,单击基点选择按钮切换基点到第一步外侧顶点位置,输入第一跑梯段的步数、步宽、步高参数,如图 10.100 所示。单击 梯段长B< ,按照命令行提示在图中点取起始点与结束点,单击 总高差A< ,在图中点取总高差的起点与终点,设置好参数后点击 确定 按钮,单击梯段第一步外侧顶点即基点,这样就生成了第一跑的栏杆,如图 10.101 所示。

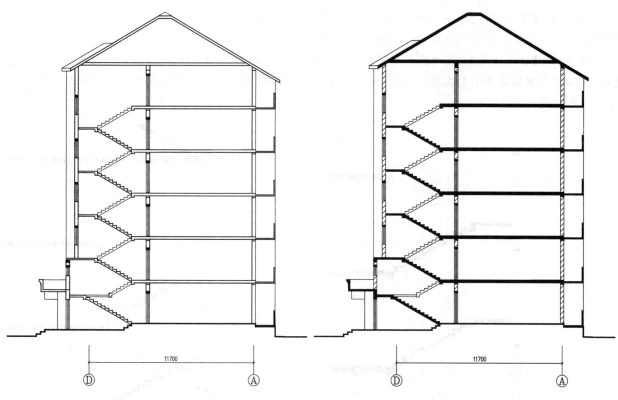

图 10.98　向内加粗后的图形　　　　　　　　　图 10.99　断面填充后的图形

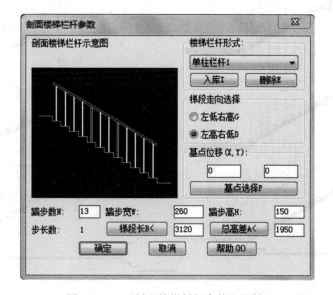

图 10.100　"剖面楼梯栏杆参数"对话框

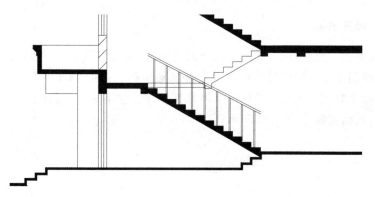

图 10.101　绘制完成的栏杆

　　再次执行【参数栏杆】命令,生成其他梯段的栏杆。注意,根据梯段的走向,相应地选择"左高右低"或"左低右高"并注意其他参数的设置。绘制结果如图10.102所示。

　　接下来用【扶手接头】命令将两段栏杆的扶手连接起来。此时,图中栏杆前后遮挡关系存在错误,可用【裁剪】命令删去后面多余的线条。另外,还需要手工在水平段补充栏杆,另外还要封闭扶手的起始及末端。绘制结果如图10.103所示。

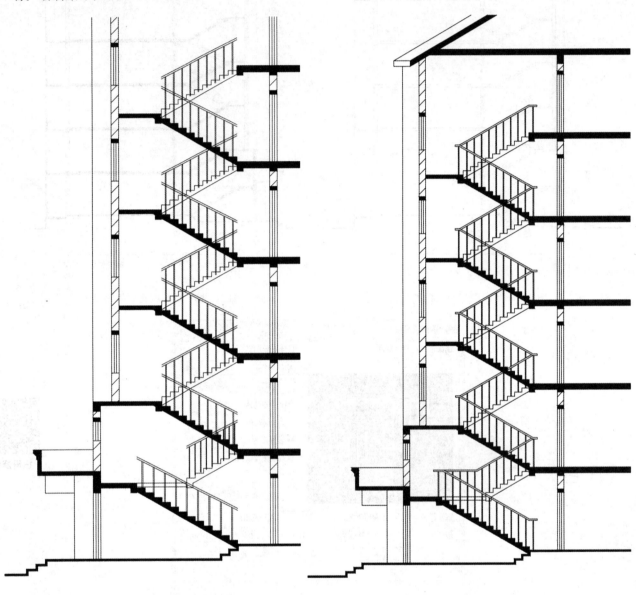

图10.102　执行【参数栏杆】命令后的图形　　　　　　图10.103　完成扶手接头的图形

【扫码演示】

10.4.4　标注剖面

　　与立面图类似,剖面图的主要尺寸已经自动标注,还需要再加注一些标高、符号和文字。

　　首先,标注剖面上主要位置的标高。先选择菜单【符号标注】/【静态标注】切换至动态标注模式。接着执行【标高标注】命令,在需要的部位添加标高标注。接下来执行【逐点标注】标注各部件与结构之间的尺寸关系。绘制结果如图10.104所示。

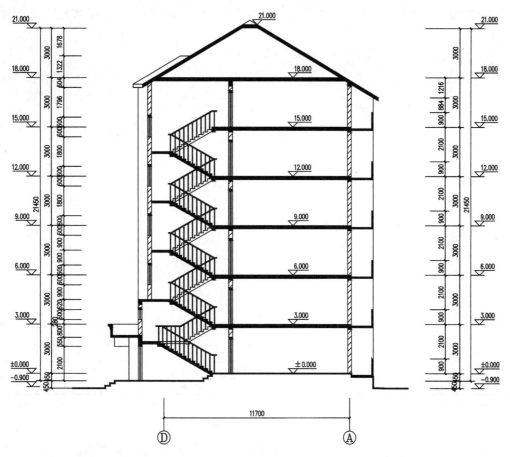

图 10.104　标注后的建筑剖面图

10.5　图框插入及工程管理

在对图形作最后的检查、调整后插入图框,一张建筑施工图就算完成了。

图 10.105　"插入图框"对话框

（1）插入图框

在当前模型空间或图纸空间插入图框,插入图框前按当前参数拖动图框,用于测试图幅是否合适。图框和标题栏均统一由图框库管理,能使用的标题栏和图框样式不受限制。新的带属性标题栏支持图纸目录生成。图框插入时,可以插入天正建筑提供的图框,也可以插入用户自己绘制的图框。下面介绍一下天正建筑图框标题栏图块的修改与入库操作。

命令:文件布图→插入图框

执行以上命令后,弹出"插入图框"对话框,选择 A3 加长:$A3+\frac{1}{2}$,勾选通长标题栏和右对齐,设置比例1∶100,如图 10.105 所示,单击"插入"按钮,在视图中单击插入图框,并删除标题栏,再自行绘制所需的标题栏,修改后的标题栏如图 10.106所示。

（2）入库操作

标题栏修改完毕后应进行入库操作。

命令:图库图案→通用图库

执行该命令后打开"天正图库管理系统"窗口,选择要将标题栏放入的图库类别,这里选"通长横栏"然后单击"新图入库"按钮,框选整个标题栏,捕捉右下角的点位图块基点,按空格键,修改后的标题栏图块进入天正图库中,在窗口左下角默认块名为"16000×3800",如图 10.107 所示。关闭此窗口,入库操作完毕。

图 10.106　修改后的标题栏

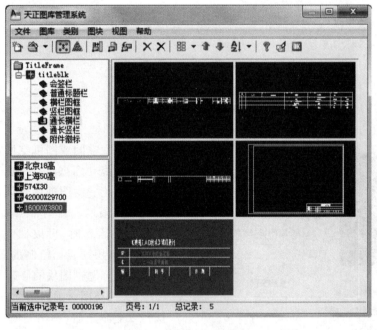

图 10.107　将修改后的图框入库

> **提示:**"天正图库管理系统"窗口中新图入库按钮,是将修改后的图块作为新图块入库,重置按钮是用修改后的图块去替换库中原来的图块。简单说,前者是添加,后者是替换。

如果有必要,可以仿照以上操作,对天正图库中将要使用的会签栏、附件徽标等图块进行修改和入库操作。对于自绘图框,可将其中需要经常修改的项目,如图名、图号、日期、比例等定义为块属性,然后随整个图框入库即可。

绘制完成的建筑平、立、剖面示意图如图 10.108 所示,同时天正软件可以生成三维模型,如图 10.109 所示,左图是三维隐藏视觉样式,右图为概念视觉样式,图形文件需要安装天正软件方可正常显示。如果想用 AutoCAD 软件正常显示天正图形,需要在天正操作界面下执行【文件布图】/【图形导出】命令,在弹出的窗口中选择文件类型为"天正 3 文件"和较低的 AutoCAD 版本即可。

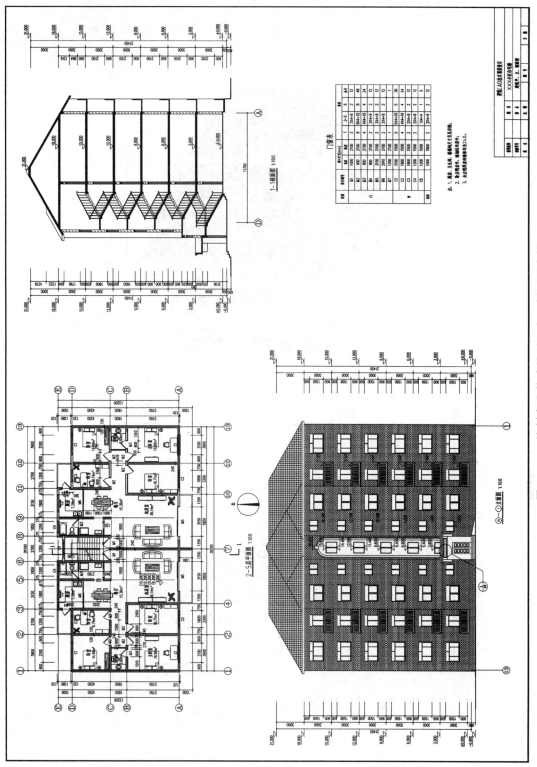

图10.108 绘制完成的建筑平、立、剖面示意图

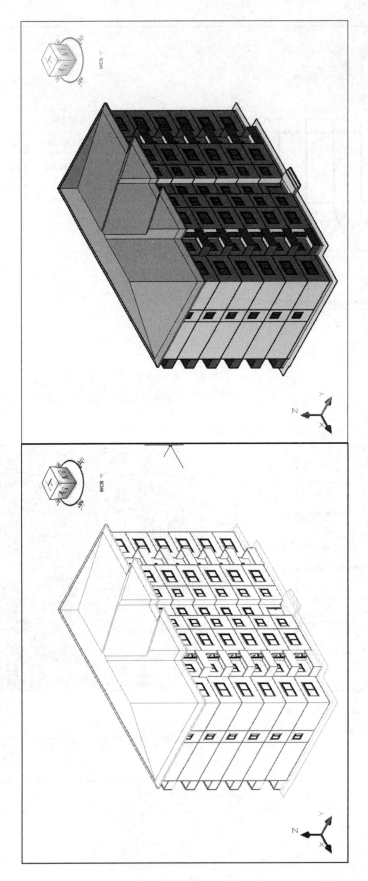

图10.109　三维模型

11   PKPM 应用初步

📖 知识导读

PKPM 系列软件是一套集建筑、结构、设备设计于一体的集成化 CAD 系统,也是目前国内应用最为普遍的 CAD 系统。本章首先对 PKPM 系列软件作整体性介绍,然后通过演示本书前面各章所绘 6 层砖混住宅楼的结构建模和计算分析过程,一步步引导读者学习和掌握 PKPM 软件中最重要的结构模块——结构平面计算机辅助设计程序 PMCAD 的基本功能和具体操作方法,使读者了解结构专业进行计算机辅助设计的基本过程,并为进一步掌握 PKPM 软件的其他功能奠定坚实的基础。

🏳 制作思路

首先执行 PMCAD 主菜单"①PM 交互式数据输入",输入房屋建筑的各层平面数据。然后依次执行主菜单"②输入次梁楼板"和主菜单"③输入荷载信息",对结构模型进行补充完善,建立包括房屋几何信息、材料信息及荷载信息的完整模型。调用 PMCAD 主菜单"⑧砖混结构抗震及其他计算",进行砖混结构抗震及承压验算。最后通过执行主菜单"⑤画结构平面图",完成现浇楼板计算和结构平面图的绘制。

❖   知识重点

- ➢ PKPM 系列软件的组成和功能
- ➢ PM 交互式数据输入
- ➢ 次梁楼板输入
- ➢ 荷载信息输入
- ➢ 砖混结构抗震验算和承压计算
- ➢ 绘制结构平面图

11.1   PKPM 系列软件简介

11.1.1   主要功能特点

PKPM 建筑工程系列软件(又称 PKPMCAD)由中国建筑科学研究院建筑工程软件研究所研制开发,是一套集建筑、结构、设备(给排水、采暖、通风空调、电气)、概预算设计于一体的集成化 CAD 系统。PKPM 在国内设计行业占有绝对优势,现已成为国内应用极为普遍的 CAD 系统,为我国设计行业在过去十几年中实现甩掉图板、提高设计效率和质量的技术进步做出了突出贡献。

其主要功能特点概述如下:

(1) PKPM 系列软件由若干个模块组成,各模块可配套使用,也可单独使用。除单机版外,PKPM 还提供网络版,实现多人在各自计算机上共同参与一个工程项目的设计,互相提供技术条件,直接交换数据,各计算机共享打印机、绘图仪,以充分发挥整个系统运行效率。

(2) 整套系统采用独特的人机交互输入方式,并运行在自主研发的中文彩色三维图形支撑系统(CFG)下,技术先进,操作简便。

(3) PKPM 系列软件在国内率先实现了建筑、结构、设备、概预算数据共享。从建筑方案设计开始,建立建筑物整体的公用数据库,全部数据可用于后续的结构设计,各层平面布置及柱网轴线可完全公用,并自动生成建筑装修材料及围护填充墙等设计荷载,经过荷载统计分析及传递计算生成荷载数据库。

(4) 在建筑设计方面,该系统中的建筑模块(APM)采用人机交互方式直接输入三维建筑形体。对建立的模型可从不同高度和角度的视点进行透视观察,或进行建筑内漫游观察。可直接对模型进行渲染及制作动画。除方案设计外,APM 还可完成平面、立面、剖面及详图的施工图设计,其成图具有较高的自动化程度和较强的适应性。

(5) 在结构设计方面,PKPM 系列软件拥有先进的结构分析软件包,容纳了国内最流行的各种计算方法,如平面杆系、矩形及异形楼板、高层三维壳元及薄壁杆系、梁板楼梯及异形楼梯、各类基础、砖混及底框抗震、钢结构、预应力混凝土结构分析等。全部结构计算模块均按现行设计规范编制,全面反映了规范要求的荷载效应组合和设计表达式。PKPM 系统具有丰富和成熟的结构施工图辅助设计功能,可完成框架、排架、连续梁、结构平面、楼板配筋、节点大样、各类基础、楼梯、剪力墙等施工图绘制。并自动选配钢筋,按全楼或层、跨剖面归并,布置图纸版面,在人机交互干预等方面独具特色。

(6) 设备设计包括采暖、空调、电气及室内外给排水,可从建筑 APM 生成条件图及计算数据,也可从 AutoCAD 直接生成条件图。交互完成管线及插件布置,计算绘图一体化。

(7) 概预算软件可自动完成工程量统计,并可打印全套概预算表。

(8) 新开发的"建筑施工软件"可实现设计、工程量计算、造价分析、投标、项目管理之间的数据共享,并可绘制施工平面图。

11.1.2　各模块简介

建筑工程的传统专业包括建筑、结构及设备,因此,PKPM 在这三个方面开发最早,技术也最成熟。

(1) 建筑类模块

① 三维建筑设计软件——APM;

② 三维室外建筑造型及渲染软件——3DModel;

③ 园林景观设计软件——GLD。

(2) 结构类模块

PKPM 系列软件中开发最早,也最完备的模块是各种结构类专业模块,迄今开发出的结构模块已达二十余种,适用于结构分析与设计的各个方面。

① 结构平面计算机辅助设计软件——PMCAD;

② 钢筋混凝土框架、框排架、连续梁结构计算与施工图绘制软件——PK;

③ 多、高层建筑结构三维分析程序——TAT;

④ 高层建筑动力时程分析软件——TAT-D;

⑤ 弹塑性动力时程分析软件——EPDA;

⑥ 高层建筑结构空间有限元分析软件——SATWE;

⑦ 高精度平面有限元框支剪力墙计算及配筋软件——FEQ;

⑧ 剪力墙结构计算机辅助设计软件——JLQ;

⑨ 楼梯计算机辅助设计软件——LTCAD;

⑩ 钢筋混凝土基本构件设计计算软件——GJ;

⑪ 基础 CAD 设计软件——JCCAD;

⑫ 箱形基础 CAD——BOX;

⑬ 钢结构计算和绘图软件——STS;

⑭ 钢结构详图设计软件——STXT;

⑮ 钢结构重型工业厂房设计软件——STPJ;

⑯ 预应力混凝土结构设计软件——PREC;

⑰ 混凝土小型空心砌块 CAD 软件——QIK;

⑱ 特殊多、高层建筑结构分析与设计软件——PMSAP;

⑲ 复杂楼板分析与设计软件——SLABCAD;

⑳ 筒仓结构设计分析软件——SILO。

（3）设备类模块

① 给水排水绘图软件——WPM；

② 室外给水排水设计软件——WNET；

③ 建筑采暖设计软件——HPM；

④ 室外热网设计软件——HNET；

⑤ 建筑电气设计软件——EPM；

⑥ 建筑通风空调设计软件——CPM。

近年来，PKPM 系列软件不断推陈出新，相继开发出了三维日照分析软件——SLT，适用于全国范围内的公共建筑节能设计软件——PBEC，分别适用于不同地理区域的居住建筑节能设计软件——HEC、CHEC 和 WHEC，建筑工程造价系列软件——STAT，建筑施工系列软件——CMIS，以及最新开发的 PKPM 建设工程质量检测信息管理系统，这使 PKPM 的应用领域得到进一步扩大。

11.1.3　PKPM 运行主界面

PKPM 绝大多数的模块均集成在一个统一的运行主界面内，包括"结构""特种结构""建筑""设备""概预算""钢结构"6 个页面，每个页面内又包含若干个本专业模块，如图 11.1 所示。

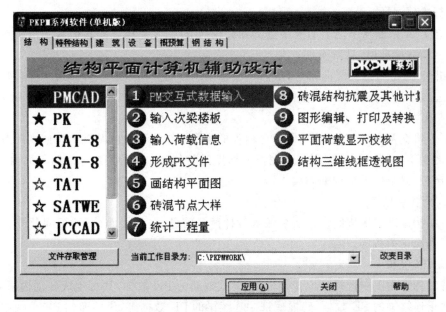

图 11.1　PKPM 运行主界面

11.2　PMCAD 功能概述

11.2.1　主要功能

PMCAD 是整个结构 CAD 的核心。PMCAD 所建立的全楼结构模型是 PKPM 各个二维、三维结构计算软件的前处理部分，也是梁、柱、剪力墙、楼板等施工图设计软件和基础 CAD 的必备接口。此外，PMCAD 也是建筑 CAD（APM）与结构的必备接口。

PMCAD 的主要功能有：

（1）采用人机交互方式输入各层平面布置及各层楼面的次梁、预制板、洞口、错层、挑檐等信息和外加荷载信息，在人机交互过程中提供随时中断、修改、拷贝复制、查询、继续操作等功能。

（2）自动进行从楼板到次梁、次梁到承重梁的荷载传导并自动计算结构自重，自动计算人机交互方式输入的荷载，形成整栋建筑的荷载数据库，并可由用户随时查询修改任一部位数据。

（3）计算现浇楼板内力与配筋并画出板配筋图，绘制各种类型结构的结构平面图和楼板配筋图。

（4）画砖混结构圈梁构造柱节点大样图。

（5）作砖混结构和底层框架上层砖混结构的抗震分析验算、墙体承压验算。

（6）统计结构工程量,并以表格形式输出。

11.2.2 各主菜单功能简介

PMCAD 的各种功能需通过执行其各主菜单项来完成。如图 11.1 所示,PMCAD 一共包括 11 个主菜单。下面简要介绍各主菜单的功能。

（1）❶ PM 交互式数据输入

功能:采用人机交互方式,输入房屋建筑的各层平面数据。对该主菜单的操作是 PMCAD 前处理过程中工作量最大的一项内容。为定义各结构标准层并组装成整个建筑,用户需依次输入以下数据:

①"轴线输入" 绘制建筑平面定位轴线。

②"网点生成" 程序自动将输入的定位轴线分割为网格和节点。凡是轴线相交处都会产生一个节点,轴线线段的起止点也形成节点。

③"构件定义" 用于定义全楼所用到的全部柱、梁、墙、墙上洞口及斜杆支撑的截面尺寸。

④"楼层定义" 依照从下至上的次序进行各结构标准层平面布置。凡是结构布置相同的相邻楼层都应视为同一标准层,只需输入一次。

⑤"荷载定义" 依照从下至上的次序定义各荷载标准层,凡是楼面均布恒载和活载都相同的相邻楼层都应视为同一荷载标准层,只需输入一次。

⑥"楼层组装" 进行结构竖向布置,从而完成整座建筑的竖向组装。再输入一些必要的绘图和设计计算信息后便完成了对一座建筑物的整体描述。

（2）❷输入次梁楼板

功能:采用人机交互方式,在主菜单❶中已输入的各楼层结构平面的基础上按照实际情况依次输入并布置各房间内的次梁、预制板,对特殊的现浇板的厚度进行修改,并可设置各结构平面内的层间梁、悬挑板、错层梁、错层板,以及砖混结构的圈梁等。

（3）❸输入荷载信息

功能:在各结构标准层上按照设计要求输入各种荷载信息,包括楼面荷载、梁间荷载、柱间荷载、墙间荷载、节点荷载和次梁荷载等。

（4）❹形成 PK 文件

功能:在各结构平面图中选择生成普通框架、复式框架的 PK 数据,并可生成砖混内框架的 PK 数据,主梁连续梁、次梁连续梁的 PK 数据,砖混底框中连续梁的 PK 数据等,供传递到 PK 模块中作平面计算分析。

（5）❺画结构平面图

功能:在各层结构平面图上,利用程序提供的绘图工具,可补充绘制出墙体、预制板、板钢筋等结构要素,并可标注尺寸、标高及注写文字。

（6）❻砖混节点大样

功能:在砖混结构的各层平面图上,根据圈梁的布置情况可自动绘制出各楼层的圈梁布置平面图和圈梁节点大样图。

（7）❼统计工程量

功能:将前一阶段输入的全部结构上的工程量以表格形式输出。输出时先逐层输出各结构标准层的工程量统计表,最后输出全部结构的工程量汇总表。

（8）❽砖混结构抗震及其他计算

功能:在该主菜单内可完成砖混结构的墙体受压验算、局部承压验算、墙体受剪验算、高厚比验算等,并可进行砖混结构的抗震验算。

（9）❾图形编辑、打印及转换

功能:即"MODIFY 图形编辑"工具,可用于将" * . T"文件转换为" * . DWG"文件,或将" * . DXF"文件转换为"＊.T"文件,实现 PKPM 与 AutoCAD 之间的信息共享。

(10) ⓒ平面荷载显示校核

功能:通过图示的方法显示出前面输入的各种荷载,以方便用户校核。还可完成竖向荷载至各层结构平面的竖向导荷。

(11) ⓓ结构三维线框透视图

功能:该功能是 APM 的功能之一,可自动生成房屋建筑的三维线框透视图,并能进行渲染处理,便于用户直观地观察和检查所建模型的准确性。

> 提示:主菜单❶~❸在首次建模时必须按顺序执行,对高层建筑需接力 TAT 或 SATWE 计算时,则在 PMCAD 中仅执行这 3 个菜单即可。如对已建立的结构模型进行修改,则一般也应再次按顺序执行主菜单❶~❸各项。

下面通过对一座 6 层砖混结构住宅楼的模型建立及结构计算过程示例,引导读者一步步地学习和掌握 PMCAD 的具体应用和操作过程。该建筑的平、立、剖面图分别详见本书第 7、8、9 章。

11.3 结构模型交互输入

11.3.1 设定当前工作目录

PKPM 在运行过程中会产生大量的中间文件,计算完成后根据用户的需要还会生成更多的结果文件。因此,为避免数据混淆,一个工程应建立一个单独的工作目录,如图 11.2 所示。

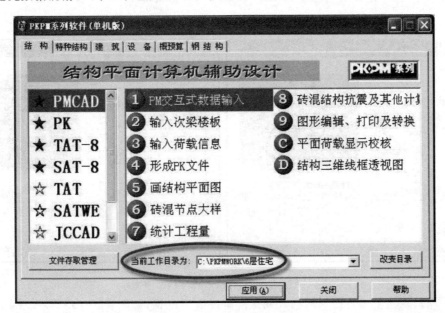

图 11.2 设定当前工作目录

设定当前工作目录后,选择 PMCAD 模块的主菜单"❶PM 交互式数据输入",点击 应用(A) 按钮,将新建文件命名为"6 层住宅",进入"PMCAD 交互式数据输入"主界面,如图 11.3 所示。

> 提示:"PMCAD 交互式数据输入"的界面风格类似 AutoCAD,包括"标题栏""下拉菜单""工具栏""屏幕菜单""命令行""状态栏""交互输入窗口"七个组成部分。习惯上,建模过程的绝大部分工作均可通过顺序执行"屏幕菜单"来完成。

11.3.2 轴线输入及网格生成

在 PMCAD 中,一座建筑物的整体模型数据,是由各层平面数据加上各层层高信息组成的。因此,首先需要依次建立建筑物的各标准层平面模型(包括轴网、墙体、柱、门窗洞口、梁、楼板厚度及材料类型等),

然后对其进行楼层组装,完成建筑整体模型的输入。

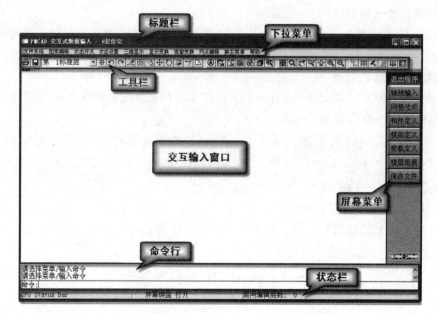

图 11.3　"PMCAD 交互式数据输入"主界面

首先输入建筑平面图中的各道定位轴线(平面图详见第 7 章)。考虑对称性,先建立左半侧轴网。

点击屏幕菜单【轴线输入】/【正交轴网】/【轴网输入】,弹出"直线轴网"对话框。首先选中"开间",依次输入①～②、②～④、④～⑦轴线间尺寸"3900""3300""5850";再选中"进深",依次输入"1500""5700",如图 11.4 所示。

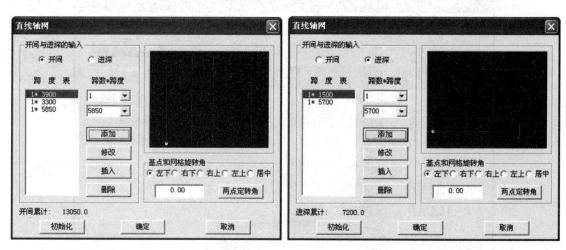

图 11.4　直线轴网开间、进深尺寸的输入

点击 确定 按钮,将上述直线轴网插入到交互窗口适当位置,如图 11.5(a)所示。网格、节点同时自动生成。再次调用"直线轴网"对话框,"开间"依次输入①～②、②～③、③～⑤、⑤～⑥轴线间尺寸"3900""2700""3150""1950","进深"依次输入"1800""4200""1500",点击 确定 按钮,将该轴网插入到上一轴网的左上角节点。得到的图形如图 11.5(b)所示。

删除多余的节点、网格线,调用屏幕菜单"轴线输入""网格生成"等相应命令,以及下拉菜单"图素编辑""网点编辑"中的相应命令,按照平面图尺寸完成其他细部轴线的输入,如图 11.6 所示。点击屏幕菜单【网格生成】/【轴线命名】,可对各轴线的编号命名并显示,如图 11.7 所示。

提示:对于较复杂的轴网,可采用分块输入再插入合并的方法完成。本例中两次调用【正交轴网】/【轴网输入】,在对话框中完成"开间""进深"的输入,插入后则主要轴线业已完成,再对局部轴线进行修改调整即可。这比全部轴线都采用命令输入和编辑的方法效率要高得多。此外,PMCAD 中各种绘图及编辑命令同 AutoCAD 非常相似,读者可通过练习掌握。

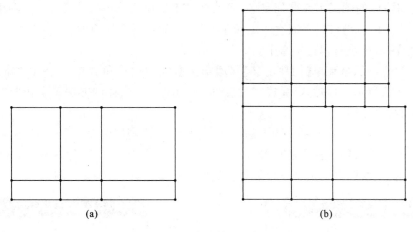

图 11.5 直线轴网的插入

(a)第一次轴网插入；(b)第二次轴网插入

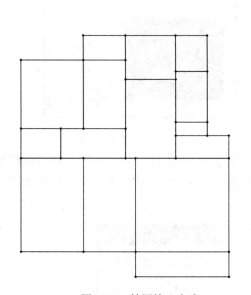

图 11.6 轴网输入完成

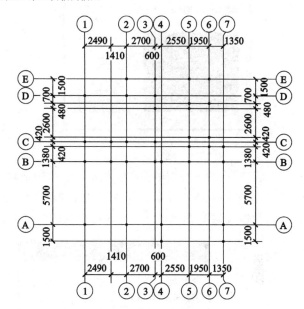

图 11.7 同时显示轴线编号

11.3.3 构件定义

轴网输入完成后,接下来需要定义该建筑中各种构件的几何尺寸和材料特性。

在 PMCAD 主菜单❶中可定义的构件有 5 种,分别是柱、主梁、墙、洞口和斜杆。下面对其含义从结构概念上作一些简要说明。

(1)首先应明确,这里所定义的"构件",是指一座建筑物中的"结构受力构件",或建筑物的"承重(载)构件"。因此,在砌体结构房屋中,"墙"属于"受力构件";而在钢筋混凝土框架结构房屋中,"柱"属于"受力构件",而其中的"墙"仅起到填充、隔断作用,就不属于"受力构件"了。

(2)对于砌体结构中的构造柱,从某种意义上讲,其施工顺序是先砌墙、后浇柱,因此并不属于"受力构件"。但构造柱与墙体共同参与了房屋的整体抗震,对提高砌体房屋的抗震性能具有显著作用。因此,应在建模中定义并输入。

(3)所谓"洞口",是指"墙"中的开洞,如门洞、窗洞等。由于"洞口"的存在,削弱了墙体的承载性能,因此必须按实际开洞尺寸和位置定义并输入。

(4)在房屋建筑中所有的梁,包括次梁,均应在此处作为"主梁"构件进行定义。但建模输入时,所有主梁必须在此处输入,而次梁可在此处输入,也可在 PMCAD 主菜单❷中输入。区别在于:在主菜单❶中输入的次梁,可后接 TAT 或 SATWE 模块参与结构的整体三维空间分析;而在主菜单❷中输入的次梁,仅能在 PK 模块中作为平面构件计算。

（5）砌体结构房屋中的圈梁不在此处定义，而是在 PMCAD 主菜单❷砖混圈梁一项中输入。

（6）"斜杆"可用于模拟与楼层平面有一定倾角的构件，如坡屋面的斜梁等。

理解了上述概念，就可进行构件定义了。

首先定义"墙"。点击屏幕菜单【构件定义】/【墙定义】，在空白按钮处单击，弹出"输入第 1 标准墙参数"对话框。按图 11.8 所示尺寸输入，完成"240"墙体的定义。用同样的方法定义出"120"墙体。最终得到的"墙"类型共两种，参见图 11.11(a)。

其次定义"洞口"。参照第 6 章平面图上的尺寸及门窗表，点击屏幕菜单【构件定义】/【洞口定义】，在空白按钮处单击，弹出"输入第 1 标准洞口参数"对话框。按图 11.9 所示尺寸输入，完成"C1"的定义。用同样的方法完成其他门、窗洞口的定义。最终得到的"洞口"类型共 9 种，参见图 11.11(b)。

图 11.8　"墙"定义对话框　　　　　　　　　图 11.9　"洞口"定义对话框

前面已经介绍，"柱"构件在砌体房屋中即构造柱。本楼共定义两种类型的构造柱：第 1 种为矩形截面，尺寸为 240 mm×240 mm；第 2 种为 L 形截面，尺寸为 360 mm×240 mm（该类型构造柱用于山墙角部）。参数输入如图 11.10 所示。最终得到的"柱"类型参见图 11.11(c)。

【扫码演示】

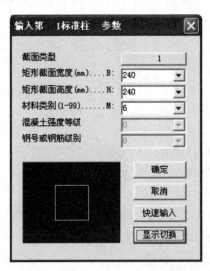

图 11.10　"柱"定义对话框

最后完成"主梁"定义。方法相同，不再冗述，结果如图 11.11(d)所示。其中第 3 种梁"240×150"实为现浇板带，定义并输入该梁是为了将不规则形状的现浇板分隔成矩形，以便程序计算。阳台挑梁实际均为变截面梁，且至少应有 2/3 长度伸入墙内，建模时用"240×400"的等截面梁作简化处理，且不伸入墙内。对该梁的设计可引用标准图集或通过手工计算完成。

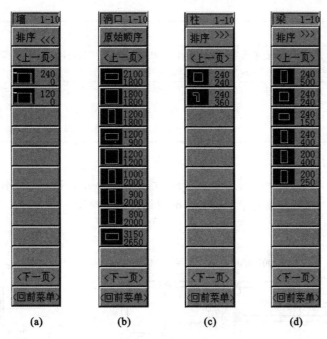

图 11.11 各种构件定义的结果

(a) 墙;(b) 洞口;(c) 柱;(d) 主梁

11.3.4 楼层定义

该步骤是 PMCAD 交互式建模的核心,也是工作量最大的一个步骤。即在已形成的标准层轴线网格上布置已定义好的各种构件。

这里,读者首先需要明确 PKPM 中关于标准层的一些概念。

(1) PKPM 中将所有构件布置均相同的结构层称为一个标准层。若所有平面构件布置均相同,仅层高不同(柱、墙等竖向构件计算长度不同),建模时可视为同一标准层。

(2) 一个标准层中包括某一结构层标高处的水平构件(梁、板)和从该结构层向下到下一结构层楼面(或基础顶面)的结构竖向构件(墙、柱)。例如,对一座无地下室的多层建筑,第 1 标准层的构件包括二层楼面标高处的梁、板和基础顶面以上到二层楼面标高处的墙、柱;而对一座有一层地下室的多层建筑,第 1 标准层指地下室顶板(建筑底层)结构标高处的梁、板和向下直到基础顶面的墙、柱。

(3) 在 PMCAD 主菜单❶中,楼板默认为现浇板,同一标准层仅需指定一个统一的板厚。部分房间如不同,可在 PMCAD 主菜单❷中进行修改。

在布置各种构件时,还应注意:

柱布置在节点上,每节点上只能布置一根柱。梁、墙布置在网格上,两节点之间的一段网格上仅能布置一根梁或墙,梁墙长度即两节点之间的距离。洞口也布置在网格上,可在一段网格上布置多个洞口,但程序会在两洞口之间自动增加节点;若洞口跨越节点布置,则该洞口会被节点截成两个标准洞口。

当布置柱、梁、墙、洞口等构件时,选取构件截面后,屏幕上会弹出相应的偏心信息对话框,读者可按照提示完成该构件的布置。在楼层布置时也可同时定义构件,也就是说可边定义构件,边进行结构布置。即把上一步操作(构件定义)放在这里完成。

构件布置有四种方式,如表 11.1 所示。

表 11.1 构件布置方式

构件布置方式	操作过程及说明
直接布置方式	在选择了标准构件并输入偏心值后,程序首先进入该方式。凡是被捕捉靶套住的网格或节点,在按[Enter]键后即被插入该构件,若该处已有构件,将被当前值替换,用户可随时用[F5]键刷新屏幕,观察布置结果

续表 11.1

构件布置方式	操作过程及说明
沿轴线布置方式	在出现了"直接布置"的提示和捕捉靶后按一次[Tab]键,程序转换为"沿轴线布置"方式。此时,被捕捉靶套住的轴线上的所有节点或网格将被插入该构件
按窗口布置方式	在出现了"沿轴线布置"的提示和捕捉靶后按一次[Tab]键,程序转换为"按窗口布置"方式。此时用户用光标在图中截取一窗口,窗口内的所有网格或节点上将被插入该构件
按围栏布置方式	用光标点取多个点围成一个任意形状的围栏,将围栏内所有节点与网格上插入构件

注:按[Tab]键,可使程序在这四种方式间依次转换。

为便于读者自行练习,下面给出本标准层梁、柱布置示意图,如图 11.12 所示。实际上对于结构设计人员而言,在 PKPM 建模之前,应预先绘制好各标准层结构布置草图。此外,图 11.12 中还绘出了构造柱的截面尺寸及配筋,以供参考。

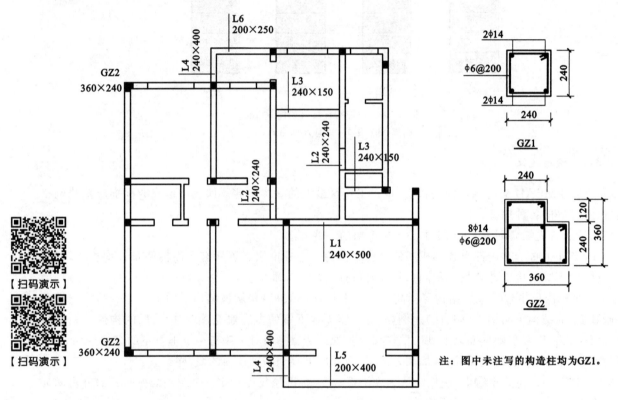

【扫码演示】

【扫码演示】

图 11.12　第 1 标准层梁、柱布置示意图

墙、洞口的布置,读者可参照第 7 章建筑平面图。按照表 11.1 所列构件布置方法,分别点击屏幕菜单【楼层定义】/【柱布置】、【楼层定义】/【主梁布置】、【楼层定义】/【墙布置】及【楼层定义】/【洞口布置】,依次将前面所定义的各种构件布置到相应的网格、节点上。

左半侧平面布置完成后点击工具栏上的　按钮,可镜像复制出整个平面。最后绘制楼梯间的网格线并布置墙体及洞口。但应注意,楼梯间窗洞不能按实际标高位置输入,否则在数检时会提示模型错误。

构件布置完成的第 1 标准层模型如图 11.13 所示。

点击屏幕菜单【楼层定义】/【截面显示】/【…】,可设置各种构件的屏幕显示方式,即是否显示该类构件,以及是否显示该类构件的截面尺寸或偏心标高信息。开启截面显示,有助于用户校核及修改模型。

若输入的构件有误,可点击屏幕菜单【楼层定义】/【本层修改】/【…】中的相应命令,来修改或删除本标准层上已布置的构件。

点击屏幕菜单【楼层定义】/【本层信息】,弹出"本标准层信息"对话框,如图 11.14 所示,将板厚修改为"80",本标准层层高修改为"3000"。

至此,第 1 标准层定义完成。如果还需录入其他标准层,点击屏幕菜单【楼层定义】/【换标准层】即可。本楼为坡屋面,如果精确建模,应为其建立一个新标准层。但有时为简化模型,也可将屋面上的荷载估计

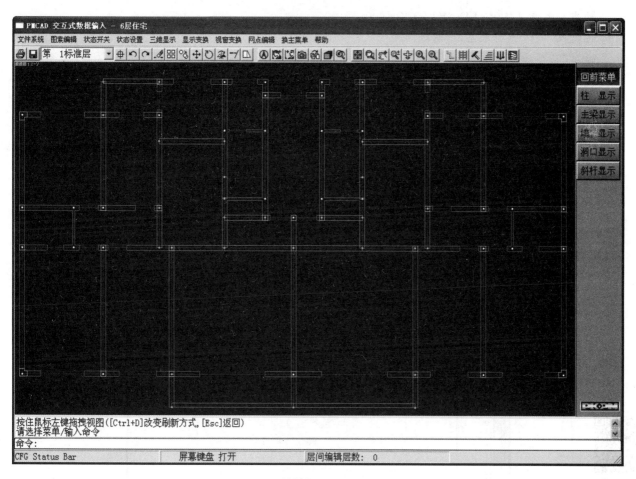

图 11.13　第 1 标准层构件布置完成

充分,结构建模时就不再新建屋面标准层。当然,坡屋面上的斜梁、斜板、短柱等构件就只能通过手工计算了。

提示:在交互输入窗口中,如果将鼠标移动到某一个构件上,则程序会自动弹出一个窗口,列出该构件的几何尺寸、布置方式等信息,以便用户快速校核。

11.3.5　荷载定义

接下来需建立楼面均布荷载标准层。每个荷载标准层需定义作用于楼面的恒、活荷载,单位为 kN/m²,其中恒荷载包括楼板自重。输入时假定每个标准层上选用统一的恒、活荷载,如各房间不同时,可在 PMCAD 主菜单❸修改调整。另外,凡荷载布置相同且相邻的楼层应视为一个荷载标准层。

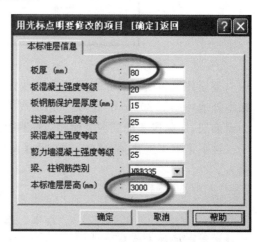

图 11.14　标准层信息修改

点击屏幕菜单【荷载定义】/【荷载定义】,执行下面操作:

屏幕菜单:【荷载定义】/【荷载定义】

请选择菜单/输入命令

是否计算活载(LIVE=0 或 1):(1.000)　　　　　　　1

已输入　0 荷载标准层,请选择修改　　　　　　在屏幕菜单空白按钮处单击　【扫码演示】

输入第　1 荷载标准层

均布荷载标准值(静 LD,活 LL):(0.000　0.000)　　3.5,2.0

已输入　1 荷载标准层,请选择修改　　　　　　在屏幕菜单空白按钮处单击

输入第　2 荷载标准层

均布荷载标准值(静 LD,活 LL):(0.000　0.000)　　　　　　　　　6.5,0.5

已输入　2 荷载标准层,请选择修改　　　　　　　　　　　　　　单击鼠标右键结束命令

> **提示:**关于输入荷载数值的说明:
>
> (1) 第 1 荷载标准层用于楼面荷载输入;恒载 3.5 kN/m² 为"120 mm 空心板自重＋板顶地板砖自重＋板底粉刷自重",适用于卧室房间;活载 2.0 kN/m² 为住宅楼卧室、厨房、卫生间、楼梯间的荷载规范值。
>
> (2) 第 2 荷载标准层用于屋面荷载输入,其中,坡屋面恒载包括屋面彩瓦、保温层以及混凝土斜板自重,并且由于未建立屋面标准层,所以还要考虑支撑屋面的竖向构件自重,经计算取 6.5 kN/m²。活载取 0.5 kN/m² 为不上人屋面活荷载与雪荷载的较大值。

11.3.6　楼层组装

"楼层组装"即对已经布置好的各标准层及荷载标准层进行组装,以建立全楼整体模型。点击屏幕菜单【楼层组装】/【楼层组装】,在弹出的对话框中组装该 6 层住宅,结果如图 11.15 所示。

【扫码演示】

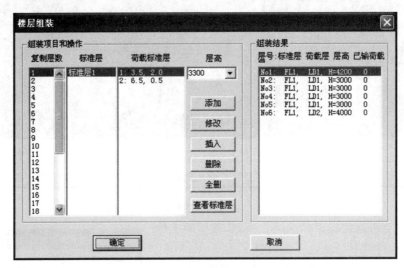

图 11.15　"楼层组装"对话框

整座建筑包括 1 个标准层、2 个荷载标准层,3 种层高。第 1 层建筑层高 3900 mm,假设基础平均埋深在室外地坪以下 300 mm 处,则 1 层层高为 4200 mm;第 2~5 层层高均为 3000 mm,同建筑层高;第 6 层为屋面层,层高应考虑到坡屋面相应标高处,取 4000 mm。

接下来点击屏幕菜单【楼层组装】/【设计参数】,输入全楼设计参数值。读者可参照图 11.16 示例依次输入。

> **提示:**关于设计参数输入的几点说明:
>
> (1) 总信息中结构体系改为"砌体结构",结构主材改为"砌体"。梁、柱钢筋的混凝土保护层厚度及框架梁负弯矩调整系数按规范值不作调整。
>
> (2) 材料信息中墙体材料改为"烧结砖",砌体容积密度改为"19 kN/m³"。本楼采用烧结多孔砖,容积密度一般为 17 kN/m³ 左右,这里输入 19 kN/m³ 是考虑到墙体内外粉刷、装饰层的自重而进行的调整。
>
> (3) 地震信息不作调整(假定本楼所在建设场地为 7 度区)。
>
> (4) 风荷载信息中输入的数值实际上在 PMCAD 的抗震验算及承压验算中并不起任何作用,但影响TAT 或 SATWE 的分析结果。
>
> (5) 绘图参数中的信息将影响 PMCAD 主菜单 ❺ 画结构平面图,此处根据本建筑规模改为"2#"图。

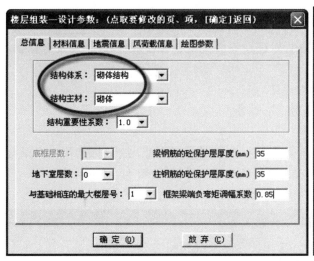

(a)

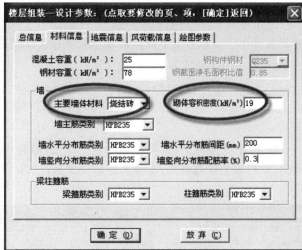

(b)

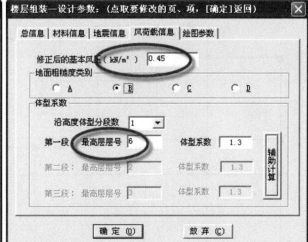

(c)

(d)

图 11.16 设计参数取值修正

(a) 总信息;(b) 材料信息;(c) 地震信息;(d) 风荷载信息;(e) 绘图参数

11.3.7 保存文件并退出

点击屏幕菜单"退出程序",选择"存盘退出",在"是否生成接后面菜单的数据?"中点击 是(Y) 按钮。接下来可逐层显示各层平面网格并显示工程整体轴测图,对已建立的模型进行检查、修改。如没有错误,程序可返回 PKPM 主界面。

11.4 输入次梁楼板

在 PKPM 主界面,选择 PMCAD 主菜单"❷输入次梁楼板",点击 应用(A) 按钮,在弹出的"输入次梁楼板洞口"对话框中选择"1 本菜单是第一次执行",进入次梁楼板数据输入界面,如图 11.17 所示。

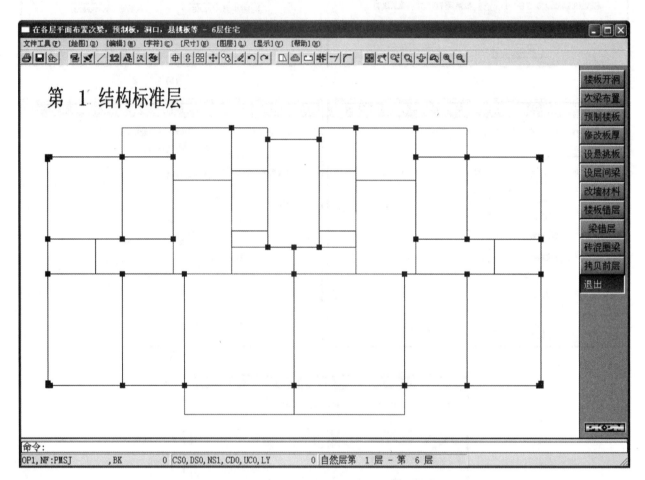

图 11.17 次梁楼板数据输入界面

【扫码演示】

本例中,结构层楼板上不存在较大洞口(小的设备孔洞可忽略不计),故不必使用"楼板开洞"功能。所有梁均在 PMCAD 主菜单❶中建立,所以也不需使用"次梁布置"。其他诸如设悬挑板、设层间梁、楼板错层、梁错层等均不考虑。因此,只需完成预制楼板布置、部分房间现浇板厚度修改以及砖混圈梁布置即可。

11.4.1 预制楼板

该功能可实现按房间输入预制楼板。当某房间输入预制楼板后,程序自动将该房间处的现浇楼板替换。

预制楼板输入方式分为自动布板和指定布板两种方式。

(1)自动布板方式

输入预制板宽度(每房间可有两种宽度)、板缝的最大宽度限值与最小宽度限值,确定横放还是竖放后,由程序自动选择板的数量、板缝,并将剩余部分做成现浇带放在最右或最上位置。

（2）指定布板方式

由用户指定本房间中楼板的宽度和数量、板缝宽度、现浇带所在位置。

点击屏幕菜单【预制楼板】/【楼板布置】,点击需布置预制楼板的房间（如主卧室）,在弹出的"预制板输入"对话框中修改板宽,如图 11.18 所示,完成该房间布板。重复上述操作,对所有卧室及书房完成预制楼板的布置,参见图 11.20。

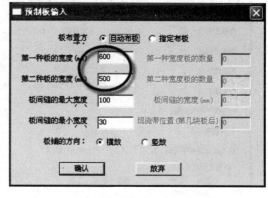

图 11.18 "预制板输入"对话框

11.4.2 修改板厚

在 PMCAD 主菜单❶中,对每一个标准层均已设定一个统一的板厚（图 11.14）。这个板厚是本标准层所有房间都采用的厚度,当某房间的厚度并非此值时,点此菜单,可对其进行修改。

点击屏幕菜单【修改板厚】,弹出"请输入"对话框,修改其中数据,如图 11.19 所示。随后用鼠标点取需变更楼板厚度的房间（起居室）,修改完后可按[Esc]键退回屏幕菜单。重复上述操作,完成其他房间板厚的修改。各房间修改后的板厚值如图 11.20 所示。

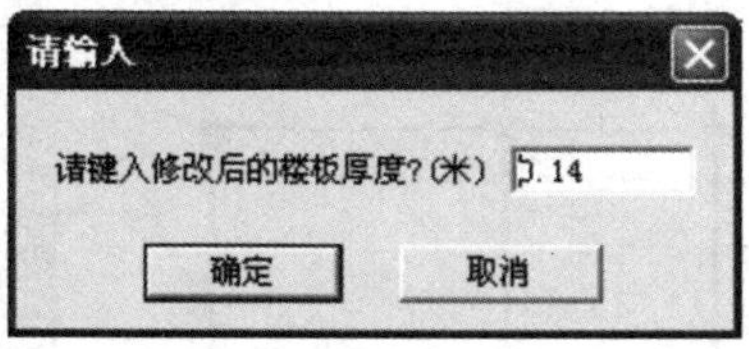

第1结构标准层

图 11.19 "请输入"对话框 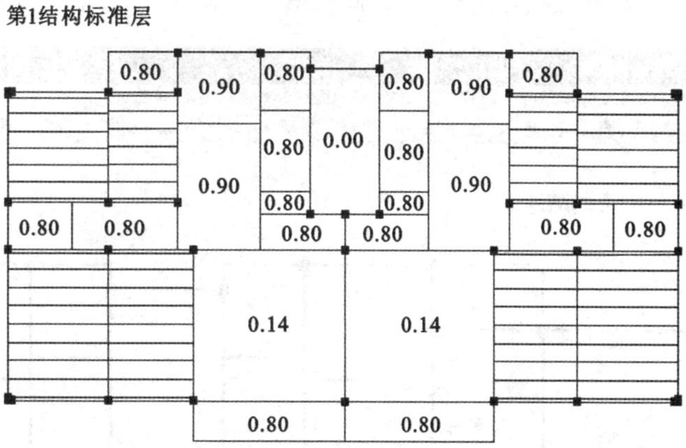   图 11.20 现浇板厚度及预制板布置图

> **提示**:对于楼梯间的建模,PMCAD 中可采用两种方法处理:一是在其位置开一较大洞口（全房间洞）,导荷载时其洞口范围内的荷载将被扣除,楼梯间荷载需手工计算后人工布置到周边梁（墙）上;二是将楼梯所在房间的楼板厚度修改为 0,导荷载时该房间上的荷载（楼板上的恒载、活载）仍能近似地导至周边的梁和墙上。楼板厚度为 0 时,在 PMCAD 主菜单❺中该房间不会画出板钢筋。
>
> 本例按第二种方法处理,荷载导算较简单。楼梯间构件的计算和绘图可手工计算或使用 LTCAD 模块。

11.4.3 砖混圈梁

该功能可对砖混结构布置圈梁并输入相关参数,为 PMCAD 主菜单❻砖混节点大样绘图提供数据。

点击屏幕菜单【砖混圈梁】/【参数输入】,弹出"圈梁设计参数"对话框,将其中构造柱主筋修改为 14 mm,如图 11.21 所示。

点击屏幕菜单【砖混圈梁】/【布置圈梁】,用鼠标在屏幕上选择需布置圈梁的墙体,完成圈梁布置。本标准层在所有墙体上满布圈梁,如图 11.22 中的粗线所示。圈梁未交圈处均有同标高的梁。

至此,PMCAD 主菜单❷各项输入完成。点击屏幕菜单"退出",程序返回 PKPM 主界面。

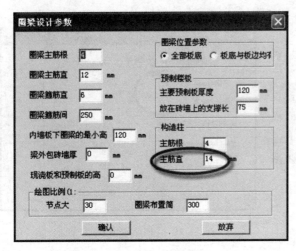

图 11.21　"圈梁设计参数"对话框　　　　　　　图 11.22　圈梁布置

11.5　输入荷载信息

在 PKPM 主界面,选择 PMCAD 主菜单"❸输入荷载信息",点击 应用(A) 按钮,在弹出的"本工程荷载是否第一次输入?"对话框中选择"1 第一次输入",进入平面荷载输入界面,如图 11.23 所示。

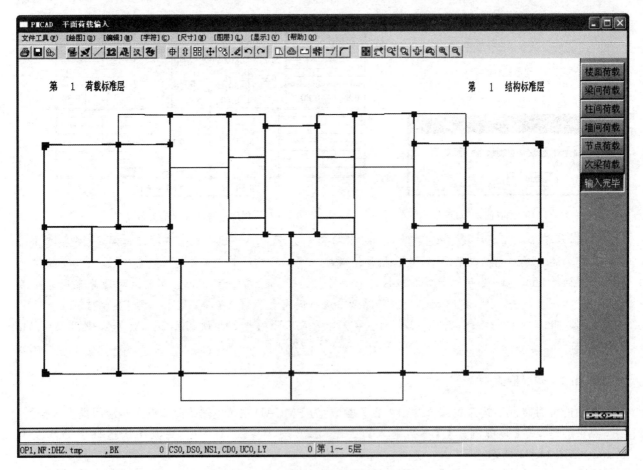

图 11.23　PMCAD 平面荷载输入界面

11.5.1　楼面荷载

在 PMCAD 主菜单❶中,建立的荷载标准层对应的整个楼面具有统一的恒载和活载值,若有部分房间的荷载与此不同,可在此菜单中修改。

点击屏幕菜单【楼面荷载】/【楼面恒载】,在弹出的对话框中输入"1",即选择"面荷载需要逐间显示",在接下来的对话框中输入新的恒载值,点击相应的房间,即可完成该房间楼面恒载的修改。第 1 荷载标准层各个房间的恒载可参照图 11.24 输入。其中各房间恒载计算要考虑板厚度及建筑面层不同而引起的差异。

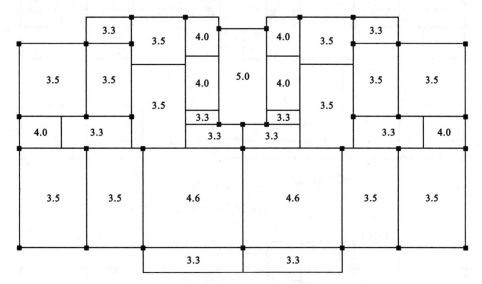

图 11.24 第 1 荷载标准层楼面恒载值(kN/m²)

与此相似,点击屏幕菜单【楼面荷载】/【楼面活载】,可修改各个房间的活载值。第 1 荷载标准层各房间的活载可参照图 11.25 输入。

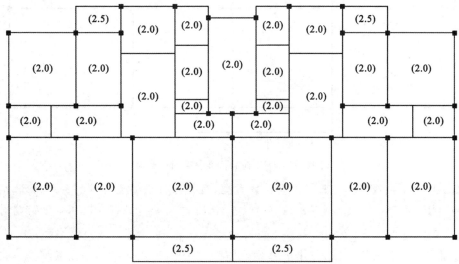

图 11.25 第 1 荷载标准层楼面活载值(kN/m²)

点击屏幕菜单【楼面荷载】/【导荷方式】/【指定方式】,可人工指定各房间楼面荷载的传导方式。程序默认预制板按单向板导荷,现浇板按双向板导荷。参照图 11.26,将楼梯间及起居室阳台的导荷方式修改为单向板。

11.5.2 梁间荷载

该功能用于输入作用在梁上的荷载,如建模中未输入的填充墙自重、阳台栏板自重等。本例中仅需对阳台挑梁及边梁上作用的恒载进行输入。

点击屏幕菜单【梁间荷载】/【梁间恒载】/【梁荷输入】,在弹出的对话框内添加均布线荷载,值 $q(\text{kN/m})$ 一栏中输入 5.0,点击"确认",鼠标点选相应的梁即可完成梁荷输入。第 1 荷载标准层梁荷如图 11.27 所示。

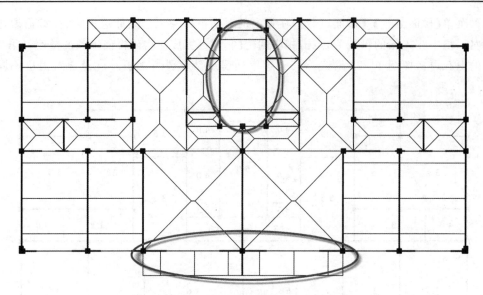

图 11.26　第 1 荷载标准层楼面荷载导荷方式

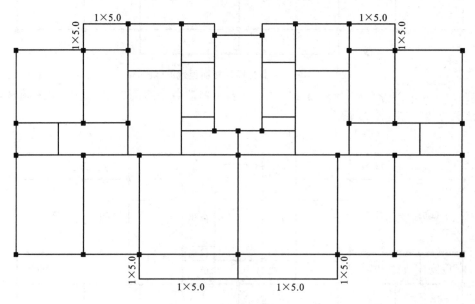

图 11.27　第 1 荷载标准层梁间恒载值

提示:PMCAD 中一共提供了 7 种标准梁荷载类型,用户可根据需要自行添加。此外,梁间荷载输入时,若一根梁先后多次输入梁荷载,则荷载值将自动累计,这与楼面荷载输入时后输入的值自动替换前面已有值不同。读者应特别注意不要重复输入。

　　至此,第 1 荷载标准层输入完成,点击屏幕菜单"输入完毕",可进入下一个荷载标准层进行输入。全部完成后点击"输入完毕",程序自动完成荷载导算,并返回 PKPM 主界面。

提示:PMCAD 模块主菜单❶～❸按顺序执行后,可完整地建立起房屋建筑的全楼整体模型,包括几何信息、材料信息及荷载信息。这 3 个菜单所实现的功能是 PMCAD 模块乃至整个 PKPM 结构软件中最重要的功能。由它所建立的模型不仅可按本模块中其他菜单项实现现浇板计算及配筋,完成结构平面图绘制,以及完成砖混结构抗震、承压验算;同时也是 PK、TAT、SATWE、JCCAD 等其他结构模块计算分析的前处理部分。

11.6　砖混结构抗震及其他计算

　　PMCAD 模块的主菜单❶～❸按顺序执行后,其他菜单项可根据需要选择使用。对砌体结构而言,最重要的结构计算是墙体抗震验算及承压验算,以及墙体高厚比验算、梁底局部承压验算等。这些结构计算功能均可在 PMCAD 模块的主菜单❽中实现。

在 PKPM 主界面,选择 PMCAD 主菜单"❽砖混结构抗震及其他计算",点击 应用(A) 按钮,对弹出的对话框参照图 11.28 进行数据填写,点击"确定"后,屏幕显示该建筑 1 层抗震验算结果,如图 11.29 所示。

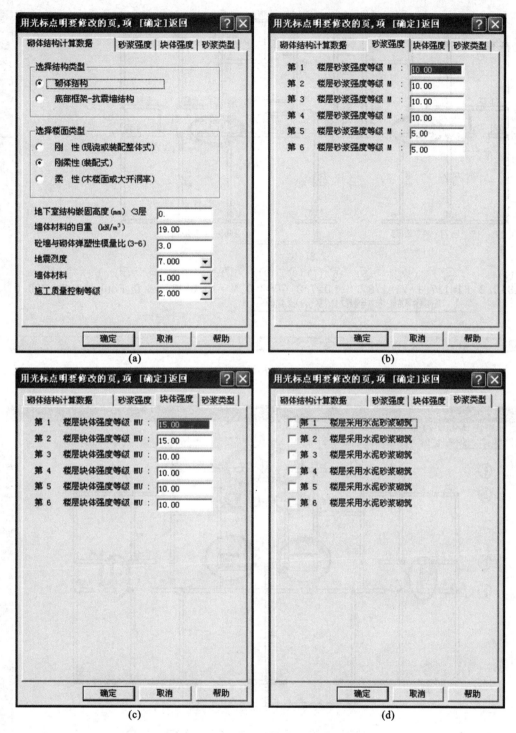

图 11.28　抗震及其他计算参数取值
(a) 砌体结构计算数据;(b) 砂浆强度;(c) 块体强度;(d) 砂浆类型

图 11.29 中所标注数字为各片墙体抗力与效应之比,红色数字表示抗震验算不满足,括号内数字为采用配筋砖砌体所需钢筋面积。

点击屏幕菜单"受压计算",可得本层墙体受压承载力计算结果,如图 11.30 所示。点击"墙高厚比",可得本层墙体高厚比验算结果,如图 11.31 所示。点击"局部承压",可得本层墙体局部受压验算结果,如图 11.32 所示。各图中验算不能满足要求之处均用红色数字提示,以引起用户注意。

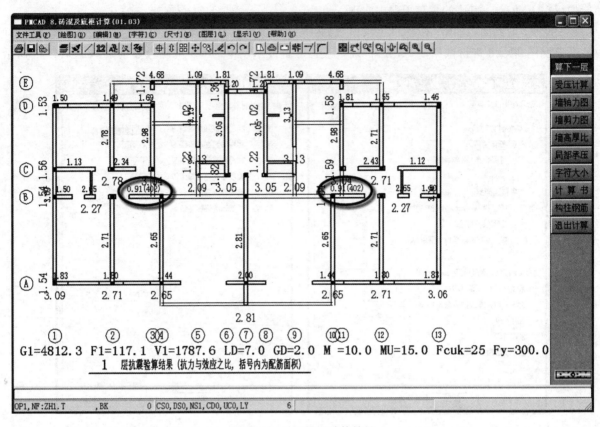

图 11.29 1 层抗震验算结果

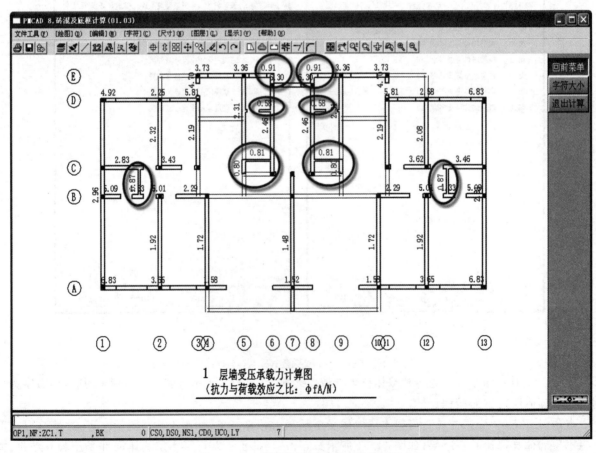

图 11.30 1 层墙体受压承载力计算结果

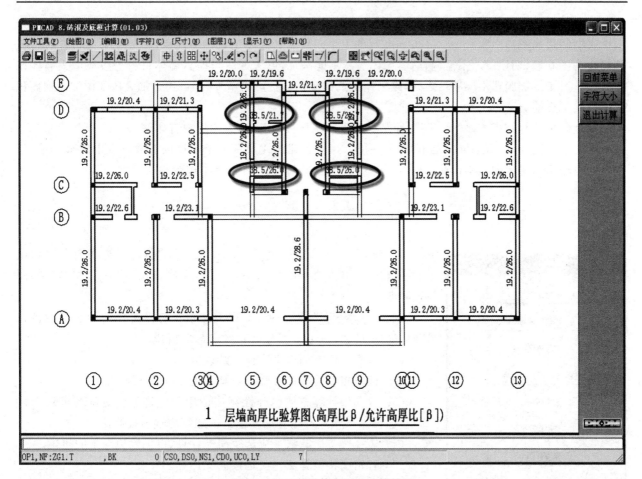

图 11.31　1 层墙体高厚比验算结果

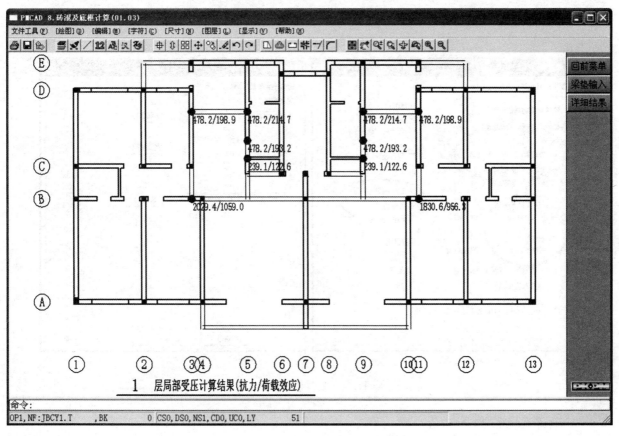

图 11.32　1 层墙体局部受压验算结果

　　综合考虑以上各项验算结果,对不能满足之处应返回 PMCAD 主菜单❶进行模型修改。例如,由于本楼底层的层高较高(4200 mm),120 mm 宽的卫生间隔墙其高厚比自然不能满足,故在平面布置时可将其修改为 180 墙(两层以上不需调整)。墙体受压不能满足,可考虑适当提高墙体材料等级或增大墙体截面面积。对于抗震验算不能满足之处,除采用配筋砖砌体的抗震措施外,还可通过加大该部位构造柱面积来提高其抗震能力。

　　以上各项验算结果均以" * . T"文件保存在当前工作目录下,以方便用户打印输出。

　　本层验算完成后,点击屏幕菜单"算下一层",可对各建筑楼层从下至上逐层验算。点击屏幕菜单"计算书",可输出该房屋的结构计算书,为纯文本文件,可用 Windows 记事本进行编辑。

11.7　绘制结构平面图

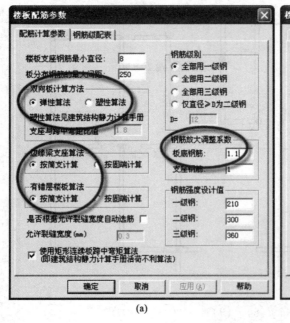

图 11.33　"前处理菜单"对话框

　　在 PKPM 主界面,选择 PMCAD 主菜单"❺画结构平面图",点击应用⒜按钮,输入要画的楼层号(1 层),程序弹出"前处理菜单",如图 11.33 所示。

　　点击 1.修改楼板配筋参数 按钮,对现浇楼板计算及配筋的相关参数进行调整,如图 11.34 所示。关于其中的参数取值说明如下:

　　(1)楼板支座钢筋最小直径　默认值 8,可选用。

　　(2)板分布钢筋的最大间距　默认值 250,与板厚有关。

　　(3)双向板计算方法　弹性算法适用于允许裂缝宽度要求较严格的建筑,框架梁端负弯矩有调幅系数的建筑应选塑性算法。

　　(4)边缘梁支座算法　应选按简支计算,以消除边缘梁的扭矩。

　　(5)有错层楼板算法　应选按简支计算。

　　(6)是否根据允许裂缝宽度自动选筋　选用应慎重。

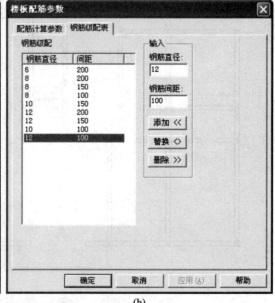

图 11.34　修改楼板配筋参数
(a) 配筋计算参数;(b) 钢筋级配表

　　(7)允许裂缝宽度　默认值 0.3。

　　(8)使用矩形连续板跨中弯矩算法　双向板计算方法,选择弹性算法时选用。

(9) 钢筋级别　共 4 个选项,根据需要选取。

(10) 钢筋放大调整系数　板底钢筋可适当放大。

(11) 钢筋强度设计值　可用默认值。

(12) 图 11.34(b)中无选项,设计中应注意　嵌固于砌体墙的板角,上部筋应按《混凝土结构设计规范》(GB 50010—2010)的规定配置。

(13) 图 11.34(b)中无选项,设计中应注意　应按《混凝土结构设计规范》(GB 50010—2010)的规定配置温度收缩钢筋。

(14) 在钢筋级配表里确定实用钢筋级配类别。

点击 2.修改边界条件 按钮,可对程序自动选定的板边界进行调整,如图 11.35 所示。

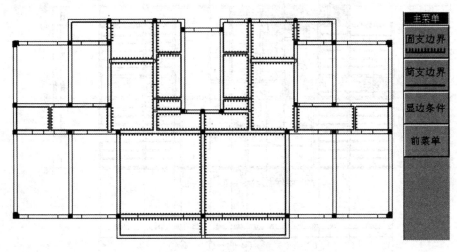

图 11.35　修改板边界条件

点击 4.画平面图参数修改 按钮,可根据个人习惯对画图参数进行修改,参见图 11.36。

点击 0.继续 按钮,弹出菜单"楼板计算结果图形",如图 11.37 所示。点击相应项次,用户可选择查询现浇楼板的弯矩、剪力、裂缝计算结果及配筋结果,并可对配筋结果进行人工干预和修改。

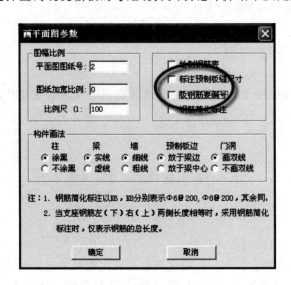

图 11.36　画平面图参数修改　　　　图 11.37　"楼板计算结果图形"对话框

点击 0.进入绘图 按钮,进入"PMCAD 绘制结构平面图"主界面,可根据计算结果完成本层结构平面图的绘制,如预制板绘制、现浇板配筋,并可自动标注建筑轴线,注写细部尺寸、楼面标高和图名,如图 11.38 所示。

PMCAD 其他主菜单的功能在 11.2.2 节已作介绍,限于篇幅,这里不再一一演示。在设计中用得较多的是主菜单"◎平面荷载显示校核"。利用该菜单不仅可绘出各层楼面荷载、梁墙荷载、次梁荷载、柱间荷载和节点荷载图,还能进行全楼竖向导荷,得出房屋建筑单位面积的平均设计荷载值。上述图形及结果为设计人员校核模型荷载提供了一个很好的平台。

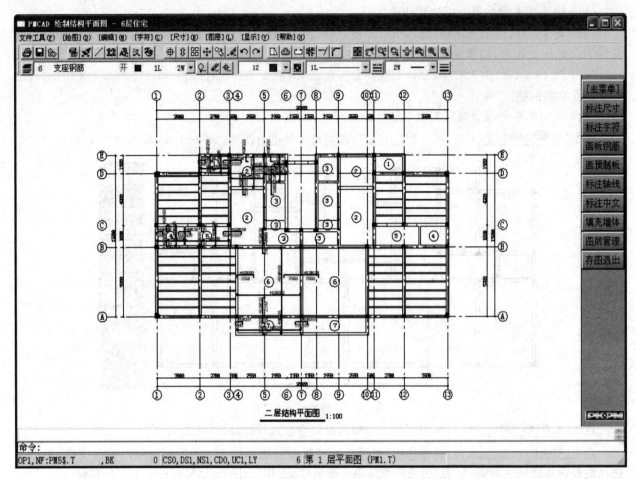

图 11.38　"PMCAD 绘制结构平面图"主界面

11.8　PKPM 其他主要结构模块功能概述

除 PMCAD 外,PK、TAT、SATWE 等结构模块的应用也非常广泛。下面对这三个模块的主要功能作一些简要介绍。

11.8.1　框排架计算机辅助设计软件——PK

PK 是整套 PKPM 软件中最早推出的模块之一,从 PKPM 的命名即可了解 PK 在整套软件中的地位。

其主要功能有:

(1) PK 具有二维结构计算和钢筋混凝土梁柱施工图绘制两大功能。

(2) PK 本身提供一个平面杆系的结构计算软件,适用于工业与民用建筑中各种规则和复杂类型的框架结构、框排架结构、排架结构、剪力墙简化成的壁式框架结构及连续梁、拱形结构、桁架等的计算。

(3) 在整个 PKPM 软件系统中,PK 还承担了钢筋混凝土梁、柱施工图辅助设计的工作。除接力 PK 二维计算结果,完成钢筋混凝土框架、排架、连续梁的施工图辅助设计外,还可接力多、高层三维分析软件 TAT、SATWE、PMSAP 计算结果及砖混底框、框支梁计算结果。可为用户提供四种方式绘制梁、柱施工图,包括梁柱整体画、梁柱分开画、梁柱钢筋平面图表示法和广东地区梁表柱表施工图,绘制 100 层以下高层建筑的梁柱施工图。

(4) PK 可处理梁柱正交或斜交、梁错层、抽梁抽柱、底层柱不等高、铰接屋面梁等各种情况,可在任意位置设置挑梁、牛腿和次梁,可绘制十几种截面形式的梁,如折梁、加腋梁、变截面梁、矩形梁、工字梁等,还可绘制圆形柱或排架柱,且柱箍筋形式多样。

(5) PK 可按现行规范要求作强柱弱梁、强剪弱弯、节点核心、柱轴压比、柱体积配箍率的计算与验算,还可进行罕遇地震下薄弱层的弹塑性位移计算、竖向地震力计算、框架梁裂缝宽度计算、梁挠度计算。

(6) PK 可按现行规范和构造手册自动完成构造钢筋的配置。

(7) PK 具有很强的自动选筋、层跨剖面归并、自动布图等功能,同时又给设计人员提供多种方式干预选钢筋、布图、构造筋等施工图绘制结果。

(8) 在中文菜单提示下,可提供丰富的计算模型简图及结果图形,提供模板图及钢筋材料表。

(9) 可与 PMCAD 连接,自动导荷并生成结构计算所需的平面杆系数据文件。

(10) PK 还可生成梁柱实配钢筋数据库,为后续的时程分析、概预算软件等提供数据。

11.8.2 结构三维分析与设计软件——TAT

TAT 是采用薄壁杆件原理的空间分析程序,适用于分析设计各种复杂体型的多、高层建筑,不但可以计算钢筋混凝土结构,还可以计算钢-混凝土混合结构、纯钢结构,井字梁、平面框架及带有支撑或斜柱的结构。

其主要功能有:

(1) 计算结构的最大层数达 100 层。

(2) 可计算框架结构、框剪和剪力墙结构、筒体结构。对纯钢结构可作 P-$\triangle$ 效应分析。

(3) 可进行水平地震、风力、竖向力和竖向地震力的计算和荷载效应组合及配筋。

(4) 可与 PMCAD 连接生成 TAT 的几何数据文件及荷载文件,直接进行结构计算。

(5) 可与动力时程分析程序 TAT-D 接力运行动力时程分析,并可按时程分析的结果计算结构的内力和配筋。

(6) 对于框支剪力墙结构或转换层结构,可与高精度平面有限元程序 FEQ 接力运行,其数据可自动生成,也可人工填表,并可指定截面配筋。

(7) 可接力 PK 绘制梁柱施工图,接力 JLQ 绘制剪力墙施工图,接力 PMCAD 绘制结构平面施工图。

(8) 可与 JCCAD、BOX 等基础软件连接进行基础设计。

(9) TAT 与本系统其他软件密切配合,形成了一整套多、高层建筑结构设计计算和施工图辅助设计系统,为设计人员提供了一个良好的、全面的设计工具。

11.8.3 结构空间有限元分析与设计软件——SATWE

SATWE 是基于壳元理论开发的高层有限元分析与设计软件。其核心是解决剪力墙和楼板的模型化问题,尽可能地减小其模型化误差,提高分析精度,使分析结果能够更好地反映出高层结构的真实受力状态。

其主要功能有:

(1) SATWE 采用空间杆单元模拟梁、柱及支撑等杆件;采用在壳元基础上凝聚而成的墙元模拟剪力墙。对于尺寸较大或带洞口的剪力墙,按照子结构的基本思想,由程序自动进行细分,然后用静力凝聚原理将由于墙元的细分而增加的内部自由度消去,从而保证墙元的精度和有限的出口自由度。墙元不仅具有墙所在的平面内刚度,也具有平面外刚度,可以较好地模拟工程中剪力墙的实际受力状态。

(2) 对于楼板,SATWE 给出了四种简化假定,即:楼板整体平面内无限刚,楼板分块无限刚,楼板分块无限刚加弹性连接板带,弹性楼板。在应用中,可根据工程实际情况和分析精度要求,选用其中的一种或几种简化假定。

(3) SATWE 适用于高层和多层钢筋混凝土框架、框架-剪力墙、剪力墙结构以及高层钢结构或钢-混凝土混合结构。还可用于复杂体型的高层建筑,多塔、错层、转换层、短肢剪力墙、板柱结构及楼板局部开洞等特殊结构形式。

(4) SATWE 可完成建筑结构在恒载、活载、风载、地震作用下的内力分析及荷载效应组合计算,对钢筋混凝土结构还可完成截面配筋计算。

（5）SATWE 可进行上部结构和地下室联合工作分析，并进行地下室设计。

（6）SATWE 所需的几何信息和荷载信息都从 PMCAD 建立的建筑模型中自动提取生成，并有多塔、错层信息自动生成功能，大大简化了用户操作。

（7）SATWE 完成计算后，可经全楼归并接力 PK 绘制梁、柱施工图，接力 JLQ 绘制剪力墙施工图，并可为各类基础设计软件提供设计荷载。

> **提示**：最后，编者在这里要提醒每一位读者，如果想成为一名优秀的结构工程师，在任何时刻都应当清醒地认识"再先进的程序也只不过是一个工具，真正的设计者还是你自己"。只有拥有扎实的力学基础和清晰的结构概念，才能真正设计出技术先进、安全适用、经济合理、确保质量的房屋。

附录 AutoCAD常用快捷键

快捷键	命令	快捷键	命令	快捷键	命令
F1	帮助	A	圆弧	MI	镜像
F2	文本窗口	AA	面积周长	ML	多线
F3	自动捕捉	AL	对齐	O	偏移
F4	数字化控制	AR	阵列	P	平移
F5	等轴测平面	AREA	面积	PD	修改文本
F6	坐标显示	ATE	编辑属性	PE	多段线编辑
F7	栅格	ATT	定义属性	PL	多段线
F8	正交	B	创建块	PO	单点
F9	捕捉控制	BO	创建边界	POL	多边形
F10	极轴控制	BR	打断	PU	清理
F11	对象追踪	C	圆	R	重新生成
		CAL	计算器	RA	射线
Ctrl+1	特性对话框	CH	特性	REC	矩形
Ctrl+2	图像资源管理器	CHA	倒角	REG	面域
Ctrl+6	图像数据库管理器	CO	复制	REN	重命名
Ctrl+C	复制	COLOR	颜色	RO	旋转
Ctrl+N	新建	D	标注样式管理器	S	拉伸
Ctrl+O	打开文件	DI	查询距离	SC	比例
Ctrl+P	打印	DIV	定数等分	SETTVAR	设置变量
Ctrl+S	保存	DO	圆环	SPL	样条曲线
Ctrl+U	极轴模式控制	DT	单行文字	ST	文字样式管理器
Ctrl+V	粘贴	E	删除	SU	减集
Ctrl+W	对象追踪	EL	椭圆	T	多行文字
Ctrl+X	剪切	EX	延伸	TH	厚度
Ctrl+Y	重做	F	圆角	TIME	时间
Ctrl+Z	取消	G	群组	TO	工具栏
		H	图案填充	TR	修剪
捕捉		I	插入块	TXTEXP	分解文字
TT	临时追踪点	ID	点坐标	U	重复上次命令
FROM	从临时参照到偏移	IN	交集	UCS	三维坐标
MID	捕捉圆弧或线的中点	L	直线	UN	单位
INT	线、圆、圆弧的交点	LA	图层	UNI	加集
CEN	圆弧、圆的圆心	LE	引线管理器	V	视图对话框
QUA	圆弧或圆的象限点	LS	列表显示	W	外部块
TAN	圆弧或圆的限象点	LT	线型管理	X	分解
PER	线、圆弧、圆的垂足	LW	线宽管理	XL	放射线
PAR	直线的平行线	M	移动	Z	显示缩放
NOD	捕捉到点对象	MA	特性匹配	Z/A	缩放全部
INS	对象的插入点	MASSPROP	质量特性	Z/D	动态缩放
NEA	最近点捕捉	ME	定距等分	Z/E	范围缩放

参 考 文 献

[1] 同济大学,西安建筑科技大学,东南大学,等.房屋建筑学[M].3版.北京:中国建筑工业出版社,1997.

[2] 何培斌,李健.建筑制图与房屋建筑学[M].重庆:重庆大学出版社,2003.

[3] 中华人民共和国住房和城乡建设部.房屋建筑制图统一标准:GB/T 50001—2017[S].北京:中国建筑工业出版社,2018.

[4] 中华人民共和国住房和城乡建设部.总图制图标准:GB/T 50103—2010[S].北京:中国计划出版社,2010.

[5] 中华人民共和国住房和城乡建设部.建筑制图标准:GB/T 50104—2010[S].北京:中国计划出版社,2010.

[6] 中华人民共和国住房和城乡建设部.建筑结构制图标准:GB/T 50105—2010[S].北京:中国计划出版社,2010.

[7] 中国建筑西北设计研究院,建设部建筑设计院,中国泛华工程有限公司设计部.建筑施工图示例图集[M].北京:中国建筑工业出版社,2000.

[8] 吴涛.建筑CAD技术应用教程[M].北京:清华大学出版社,2004.

[9] 马翠芬,栾焕强,张成娟.建筑设计制图与识图[M].北京:中国电力出版社,2007.

[10] 鲍凤英.怎样看建筑施工图[M].北京:金盾出版社,2006.

[11] 康全玉.AutoCAD专业绘图基础[M].徐州:中国矿业大学出版社,2002.

[12] 高志清.AutoCAD 2000建筑设计疑难问题解答100例[M].北京:机械工业出版社,2001.

[13] 黄德胜.二维建筑渲染图绘制高级技法[M].北京:机械工业出版社,2002.

[14] 数码建筑编辑部.Photoshop CS建筑表现应用培训教程[M].北京:中国电力出版社,2005.